建设项目
环境影响评价
全过程管理及高新技术研究与实践

生态环境部环境工程评估中心
水电环境研究院 编

中国环境出版集团·北京

图书在版编目（CIP）数据

建设项目环境影响评价全过程管理及高新技术研究与实践/生态环境部环境工程评估中心，水电环境研究院编. —北京：中国环境出版集团，2019.9

ISBN 978-7-5111-4089-0

Ⅰ. ①建… Ⅱ. ①生…②水… Ⅲ. ①水利水电工程—环境影响—评价—研究 Ⅳ. ①X820.3

中国版本图书馆 CIP 数据核字（2019）第 195771 号

出 版 人　武德凯
责任编辑　李兰兰
责任校对　任　丽
封面设计　宋　瑞

更多信息，请关注
中国环境出版集团
第一分社

出版发行　中国环境出版集团
（100062　北京市东城区广渠门内大街 16 号）
网　　址：http://www.cesp.com.cn
电子邮箱：bjgl@cesp.com.cn
联系电话：010-67112765（编辑管理部）
010-67112735（第一分社）
发行热线：010-67125803，010-67113405（传真）
印　　刷　北京建宏印刷有限公司
经　　销　各地新华书店
版　　次　2019 年 9 月第 1 版
印　　次　2019 年 9 月第 1 次印刷
开　　本　787×1092　1/16
印　　张　14
字　　数　300 千字
定　　价　52.00 元

《建设项目环境影响评价全过程管理及高新技术研究与实践》编委会

主　编　谭民强　刘伟生　王冬朴　王殿常

副主编　孔令辉　曹晓红　祁昌军　李　翀

编　委　王海燕　黄　茹　温静雅　葛德祥　曹　娜

步青云　王　民　李　倩　吴玲玲　吴兴华

赵修江　陈　敏　赵微微　黄　峰　颜剑波

王宣入　周家飞　张志明

前　言

建设生态文明是中华民族永续发展的根本大计，党的十九大再次将“以共抓大保护、不搞大开发为导向推动长江经济带发展”纳入新时代实施区域协调发展战略的重要内容。为贯彻落实党中央的要求和决策部署，推动环保领域“放管服”改革，2016 年，环境保护部印发了《“十三五”环境影响评价改革实施方案》，明确提出环保工作由注重事前审批向加强事中事后监管转变。2017 年 10 月，新修订的《建设项目环境保护管理条例》开始实施，新修订的管理条例强调了要简化建设项目环境保护审批事项和流程，取消了行业主管部门预审等环境影响评价的前置审批程序，环境保护管理的重心由事前审批转向事中事后监管。

水利水电项目的影响以生态影响为主，影响点多面广，且具有长期性、潜在性、累积性、滞后性。近 20 多年来，水利水电快速发展所造成的生态影响，也引起了广泛关注。随着环保工作的深入开展，无人机、遥感、大数据及其他信息化技术等高新技术越来越多地应用在水利水电监测、评估、管理过程中，丰富了水利水电环保管理方法和手段，发挥了重要的技术支撑作用。

在此背景下，生态环境部环境工程评估中心于 2018 年 10 月举办了“第七届水利水电生态保护研讨会——水利水电工程环境保护全过程管理中的高新技术研究与实践”。会议围绕水利水电工程环境保护全过程管理政策、方法及高新技术在全过程管理中的应用等相关问题和对策建议开展了交流讨论。编者从会议成果中遴选出 22 篇论文汇编成册，形成《建设项目环境影响评价全过程管理及高新技术研究与实践》一书，期望能够总结当前我国水利水电工程全过程管理及高新技术应用过程中的现有经验、发展方向和存在的问题，分享技术方法和管理经验，促进水利水电行业交流，也期望能为从事水利水电环保相关工作的科研单位和研究人员提供参考。

由于时间和编者水平有限，本书仍存在不足之处，敬请广大读者批评指正。

编　者

2019 年 4 月

目录

我国水利水电工程事中事后环境管理现状及展望

曹晓红[1] 步青云[1] 黄 峰[2] 颜剑波[3]

（1. 生态环境部环境工程评估中心，北京 100012；2. 河海大学水文水资源学院，南京 210098；3. 中国电建集团中南勘测设计研究院有限公司，长沙 410014）

摘 要： 水利水电工程全过程环境管理是河流生态环境保护的有效手段，也是流域生态文明建设和绿色发展的必然需求。我国在水利水电环境管理方面初步形成了一套制度体系，在发挥环境影响评价从源头严防生态环境破坏方面起到了重要作用，但在过程严管、违法严惩方面还存在明显不足。探索性提出了水利水电工程全过程环境管理对策建议，通过制定水利水电工程全过程环评管理制度、完善水利水电工程全过程环境管理保障机制、构建水利水电建设项目全过程环境管理信息平台等手段，提高全过程管理能力和水平。

关键词： 水利水电工程；全过程；环境管理；展望

Outlook on Whole-process Environmental Management of Hydraulic and Hydropower Projects in China

Abstract: The whole-process environmental management of hydraulic and hydropower projects is an effective means of riverine ecological and environmental protection. It is also necessary for ecological civilization construction and green development of basins. China has formed a set of system in the environmental management of hydraulic and hydropower projects. The environmental impact assessment（EIA）plays an important role in strictly preventing ecological and environmental damage. However, there are still some deficiencies in strict regulation of process and severe punishment of illegal behaviors. This paper tentatively put forward countermeasures and suggestions for the whole-process environmental management of hydraulic and hydropower projects. The whole-process management capacity and level could be improved through the development of whole-process EIA management system, the improvement of whole-process environmental management guarantee mechanism, and the construction of environmental management information platform.

Keywords: hydraulic and hydropower projects; whole-process; environmental management; outlook

1 引言

目前，美国、瑞士等发达国家从国家到省（州、邦）再到市、县等各级政府环境保护部门和机构，制定了包括环境保护法等基本法在内的、较为完整的水利水电工程环境保护法律体系。如美国的“水电许可证”制度、瑞典的“绿色水电认证”制度、巴西的“规划、建设、运行三阶段许可证”制度等，对水利水电工程基本实现了全过程环境管理。我国在水利水电环境管理方面建立了一套较为完整的体系，在源头预防方面发挥着重要作用，但“重审批、轻监管”等问题一直存在，造成违法成本低、环保“三同时”制度实施效果不尽如人意。

2015 年以来，为落实“放管服”的总体要求，环境保护部印发了《“十三五”环境影响评价改革实施方案》，明确提出环保工作由注重事前审批向加强事中事后监管转变。水利水电工程的影响以生态影响为主，工程面广、建设周期长，其影响具有潜在性、长期性、累积性，同时水利水电工程关键环保措施一般布置于主体工程，通常无法采用“亡羊补牢”末端治理方式补建。上述特性均对水利水电工程事中事后监管提出了更高要求，如何开展全过程管理成为当前形势下亟待研究和解决的课题。

2 水利水电工程环境管理现状及面临的主要问题

我国水利水电工程全过程环境管理总体可划分为 3 个阶段，即规划设计阶段、建设实施阶段和生产运行阶段。对于规划设计这个事前阶段，已经形成了一套较为完善的环保管理体系，经过多年发展，尤其是 2003 年《环境影响评价法》实施后，规划环评和项目环评相互联动，生态保护措施逐渐深化，在减缓和预防生态破坏与环境污染方面发挥了重要作用，但是对项目实施和生产运行阶段的环保管理比较弱，已不适应当前的改革，主要体现在以下方面。

2.1 项目建设实施事中阶段

《建设项目环境保护管理条例》要求工程建设实施阶段必须做到“三同时”，《建设项目环境保护事中事后监督管理办法（试行）》规定，建设项目环境保护事中阶段，建设单位在项目环评文件审批后到正式投入生产期间，应落实环评文件及其批复要求。水利水电工程本阶段环境监管的重要环节是工程蓄水前环保验收和工程竣工环保验收。大部分水利水电项目要求在施工期间开展环境监理和环境监测，但也主要是由建设单位自主实施。建设单位往往会通过各种招投标形式将工程建设任务连同环保措施分标给各个施工单位，因此，施工单位成为落实环保措施建设的主要执行方。建设单位和施工单位的环保意识、管理和技术能力水平，往往决定着环保措施实施的到位程度。若过程中缺乏有效监管，验收时发现问题则已无法挽回。

（1）“三同时”制度不落实。现行管理多是要求建设方定期向环保主管部门汇报进展，环保主管部门定期或随机巡视检查，缺乏管理细则及技术规范指导，人员投入也不足，“三同时”制度存在一定程度的“真空”、无人监管。新《环境影响评价法》实施之后，取消了环评作为项目核准的前置条件，一些建设单位为加快前期设计进度，要求设计单位在环评审批前完成可行性研究（水电工程）或初步设计（水利工程），并开展设计报告的审查。由于环保主管部门在这个过程中参与度不够，使得设计报告审定后，很难再纳入环评及批复要求，特别是与主体工程结合紧密的环保措施，设计衔接不畅导致环保措施“同时设计”无法保障，后续“同时施工”更无从落实。

（2）环境监理缺位。《“十三五”环境影响评价改革实施方案》提出，鼓励建设单位委托具备相应技术条件的第三方机构开展建设期环境监理。但我国现行的法律体系未对环境监理进行明确规定，缺乏法律保护和行业规范指导，由于问责压力小，建设方主动开展环境监理的意愿不强，且环境监理服务水平良莠不齐，一定程度上阻碍了环境监理作用的发挥，也削弱了环境监管这一强有力的抓手。

（3）竣工环保验收质量管控体系不健全。开展竣工环保验收是“三同时”制度中“同时投入使用”的重要保障，但目前竣工环保验收重点关注“措施建了没有”，至于措施是否满足设计要求、是否达到预期效果往往被忽视。环保验收改为企业自验后，由于自验技术规范不健全、自验细则尚无配套，企业自验较为粗放，难以保障验收质量。

2.2　项目运行事后阶段

水利水电工程运行阶段环境监管主要是要求建设单位落实环评文件及其批复的要求，保障环保措施正常运行，按期开展环境监测，定期开展跟踪评价或后评价工作。

（1）事后监管机制不健全。新《环境影响评价法》提出，“环境保护主管部门应当对建设项目投入生产或者使用后所产生的环境影响进行跟踪检查，对造成严重环境污染或者生态破坏的，应当查清原因、查明责任。”由于监管手段落后、监管人力有限、监管渠道不畅，环保主管部门对水利水电项目开展跟踪检查仅限于重点项目或社会关注度较高的项目，长效机制尚未建立，对建设单位运行期的管理尚未形成压力。由于事后监管体系尚不健全，很多企业认为项目通过竣工环保验收后就“万事大吉”，一验了事，事后无人问津。

（2）后评价机制不健全，技术支撑薄弱。新《环境影响评价法》对必须开展后评价的项目类型进行了规定，《建设项目环境影响后评价管理办法（试行）》对水利水电项目开展后评价的范围作了进一步明确，即“实际环境影响程度和范围较大，且主要环境影响在项目建成运行一定时期后逐步显现”，但仍是原则性规定，刚性约束力不足，后评价制度尚未成为投资方的自觉行为。《环境影响评价法》虽然提及开展环境影响后评价，但缺少法律责任的规定，当流域上下游、干支流项目为不同建设方时，后评价由谁组织落实成为难题；且以单个项目开展后评价，难以从流域生态系统的整体性进行考虑，存在较大的局限性，无法解决流域层面的问题。基础资料不足，缺乏系统性、长期性监测数据，技术方法不成熟，造成现有后评价结论科学性有待提高，有些结论不清晰、不明确，尚不足以指导措施改进和支撑环保部门的决策[1]。

（3）缺乏企业激励机制，内在动力不足。受限于一定时期的认识水平和技术水平，建设方依据环评要求落实了各项环保措施，也仍存在难以达到预期效果的情况。还需配套激励机制，如优先上网、绿色电价等，为企业自发地持续改进环保措施注入动力，激发企业采用新技术来提高环境效益。

除上述问题外，水利水电工程环境管理还面临管理手段和技术难以适应新形势要求、规范性和指导性技术文件尚需补充强化、奖惩制度和信用制度不够完善、关键技术联合研究及基础数据共享存在障碍、历史遗留问题尚待统筹解决、信息公开和公众参与监督度需要进一步提高等问题。

3 水利水电工程事中事后环境管理展望

为贯彻党的十九大、十八大和历届全会、习近平总书记系列重要讲话精神，围绕行政审批改革和政府职能转变要求，结合简政放权、放管结合、环评改革、强化事中事后监督管理等政策要求，需构建水利水电全过程环境管理体系。在生态文明建设理念指导下，根据“放管服”的环评改革思路，强化“保姆”至“警察”的角色转换，形成“企业—政府—社会”共管共治的管理体系。

3.1 探索制定水利水电工程全过程环评管理制度

水利水电建设项目全过程环评管理制度通过出台相关管理政策和建设项目信息大数据管理，进一步加强规划环评与建设项目联动、建设项目环境影响评价前期介入等事前监督管理；对建设项目环境影响评价制度、环境保护设施“三同时”制度、环境影响后评价制度进行有效串联，使水利水电建设项目环境保护事中事后监管与环境影响评价成果有机衔接，保障建设项目基本建设程序各环节和运营过程中最大限度地落实环境影响评价提出的对策、措施、要求，减缓生态环境影响，并通过长期跟踪监测识别环保措施实施运行效果和生态环境影响，从而进一步优化、完善生态环境保护对策措施，使生态环境影响减少到最小限度，并为生态环境监察部门提供信息支持[1-2]。

3.2 配套完善水利水电工程全过程环境管理保障机制

3.2.1 强化健全水利水电全过程环评制度保障

对现有水利水电工程项目实施环保违法违规清理整治是实施新的建设项目全过程环境监管的基础，需进一步加强环保违法违规水利水电项目清理整治。建设项目环评审批权限逐级下放以后，受项目建设周期、环评机构技术水平、评估机构技术力量、专家资源等各方面因素影响，地方各级别审批的环评文件质量参差不齐，应加强对下级环评审批技术质量的管理。在环境管理相关法律法规和规章及规范性文件基础上，结合水利水电建设项目基本建设程序，根据水利水电全过程管理程序和内容，出台“水利水电工程建设项目环境影响评价事中事后监督管理办法”，为水利水电全过程管理提供总体政策依据。实施水利水电工程生态保护措施清单管理制度，加强环境监测的技术指导和日常监管，完善水利水电工程环境保护自验管理程序，加强水利水电工程环境影响后评价工作，推行绿色水电考核评比制度。

3.2.2 建立健全全过程环评管理违法违规惩戒体系

全过程环评管理立足于加强事中事后监管，衔接环境影响评价等事前环境管理制度，建立明确、有效的违法违规惩戒体系是保障全过程环评管理制度有效落实的基石。应开展水利水电建设项目违法违规惩戒行为研究，梳理现有处罚依据，填补处罚依据空白，完善违法违规惩戒体系，为执法提供依据，为提升执法处罚能力提供保障。对缺少处罚依据的环节开展深入研究，同时强化已有处罚依据落实；制订水利水电现场执法指南或手册，为提升执法处罚能力提供保障。

3.2.3 完善水利水电全过程环境管理技术标准体系

针对水利水电开发的环境影响特点及环保要求，在已有通用性环境影响评价技术规范体系基础上，研究制定“水电工程环境保护总体设计技术规范”“水电工程环境保护总体设计报告编制规程”“生态环境质量监测技术规范”“环保设施运行效果标准规范”等。加强流域生态保护基础调查与研究工作，开展生态流量、分层取水、过鱼设施、鱼类栖息地建设、珍稀特有鱼类人工繁殖驯养、生态调度等关键技术攻关及其运行效果跟踪调查研究，为水利水电开发的环境保护工作提供技术指导，也为违法惩戒依据提供技术支撑。研究出台流域生态影响评价和关键生态修复技术、流域栖息地保护方案设计及有效性评估、增殖放流措施设计及有效性评估、过鱼措施设计及有效性评估、流域联合生态调度方案设计及有效性评估、分层取水措施设计及有效性评估等规范。

3.2.4 研究制定全过程管理信息公开管理体系

在《建设项目环境影响评价信息公开机制方案》及信息公开相关法律法规、规章制度等基础上，根据水利水电建设项目工程特点、施工建设和运行特点、环境影响特点和基本建设程序特点等，研究制定水利水电全过程环境管理信息公开管理体系，为建设流域水利水电环境管理信息平台提供支撑。

3.3 构建水利水电建设项目全过程环境管理信息平台

3.3.1 信息平台应用范围

为切实提高水利水电全过程环境管理现代化水平，构建水利水电建设项目全过程环境管理信息平台，进行数据动态管理，收集、统计、分析、挖掘建设项目及其环保措施落实与运行状况、河段与流域环境质量数据，推动管理向精细化方向发展[3]。从行业类别来看，信息平台的应用范围为全国范围内的水利水电建设项目。从项目阶段来看，信息平台的应用范围包括水利水电建设项目规划阶段、环境影响评价阶段、初步设计阶段、施工阶段、竣工环保验收阶段、运行阶段等。从终端用户来看，信息平台可为各级环境保护主管部门提供便捷的数据查询与统计分析功能，提高流域水利水电生态环境监管能力；可为流域公司、发电企业提供优质的生态环境数据整合平台及良好的数据填报平台，方便管理、查询生态环境数据。

3.3.2 信息平台主要功能

（1）建设项目全过程环境守法情况监管。本平台拟实现的首要功能即是围绕“放管服”改革，强化对建设项目全过程环境守法情况的监管。可以基于企业填报、职能部门政务信息共享或公开媒体信息抓取的信息，通过录入数据的完整性分析、关键时间节点的判断，以及与法律、政策文件、技术导则等要求的对标分析，初步识别企业可能存在的违法行为，提醒监管部门及时介入。通过平台版本的不断升级，拟实现（包括但不限于）以下管理功能：规划环评和建设项目环评联动管理、“未批先建”监督管理、“重大变动”监督管理、“三同时”监督管理。

（2）主要环保设施的运行监管及效果评估。对于一些需长期运行的环保设施，如生态流量泄放、分层取水、栖息地保护、过鱼、增殖放流、植物园建设、植被恢复等，可以通过现场设置固定的监测点、监测数据与平台实时在线互联或通过企业定期录入等方式，实现平台对水利水电工程主要环保设施的运行监管及效果评估。

（3）流域环境质量变化及环境风险预警。通过实施流域电站环境监测数据的平台接入及与国家环境监测系统（国控、省控、市控）联网，可实时查询、分析各监测点位环境监测数据，并和环境功能标准对标，分析环境因子超标情况和超标倍数。预警数据管理功能是对流域环境监测指标中超标或异常情况进行超限和超期预警。当流域环境监测的某项指标或通过智能分析后的关键指标超过或者将要超过某一临界值时，平台能够发出预警，包括生态流量预警、水质超标预警、环保设施运行预警等。

（4）行业大数据分析及统计报表。结合地图数据查询水利水电工程分布情况，可实现从流域、省份、业主单位、工程建设状态等多个维度进行分类查询的工程信息管理功能及地理信息可视化查询管理功能。将流域规划环评报告及审查意见、工程环评报告及批复、竣工环保验收报告及验收意见、环境影响后评价报告及审查意见等存入数据库，平台可实现报告及重要文函查询功能。

3.3.3 信息平台维护管理与保障措施

（1）规范平台水利水电环境管理数据的填报和接入。对于阶段性考核的环境保护目标，环保“三同时”管理信息可以采用定期填报的形式。对于需连续达标的环境保护目标，在实现实时观测的基础上，可以采用实时数据接入共享的形式。为保障源头数据质量，做到数出有据，建立健全填报资料的审核、签署、交接和归档等管理制度。建议强化责任，企业应按要求填报各项数据，并对填报数据的真实性负责，数据填报情况纳入企业质量管理考核，不按要求填报的企业纳入环境执法日常监管的重点；实施鼓励，如对企业积极填报，填报信息完整、准确的，优先推荐纳入年度绿色水电评比对象。环保部门可制定发布系列技术规范，供企业、环保部门、社会公众共同遵守，最大限度地减少企业填报的随意性和执法部门的自由裁量权。

（2）加强政务信息的互联共享。运用大数据和信息化建设推动经济发展、完善社会治理、提升政府现代化服务和监管能力已成为改革趋势。对于平台所需流域环境信息，包括环境敏感区、水文、水环境、水生态等相关信息，除一部分依靠项目单位自身监测填报外，一部分需要依靠有关职能部门的政务信息共享。根据《科学数据管理办法》，建议环境保护主管部门与相关职能部门建立流域环境管理相关数据汇交制度，在国家统一政务网络和数据共享交换平台的基础上开展基础数据的汇交工作。

（3）建立流域环境管理数据的维护管理机制。流域环境管理数据应及时进行维护管理，包括数据的纠错、更新、补充和备份。企业填报的数据，应在规定日期内进行填报，填报过程中可以暂存并可随时修改。但在正式提交后，填报单位不能随意修改，对于填报之后发现数据有误的，需履行规定的申请修改流程，并留下修改痕迹。其他职能部门交汇的数据，应建立数据更新通知制度。数据填报在网上完成后，建设单位应导出数据表打印，作为环境管理档案存档备查。各级环境保护部门应当加强环境监督管理能力建设，强化培训，提高环境监督管理队伍政治素质、业务能力和执法水平，健全依法履职、尽职免责的保障机制。

4 结语

由于水利水电工程建设过程及环境影响的特殊性，我国在水利水电工程环评文件审批后的全过程环境管理方面一直存在明显“短板”，已无法适应当前“放管服”的要求，亟待建立一套针对水利水电工程的全过程环境管理体系。建议探索制定水利水电工程全过程环评管理制度，配套完善全过程环境管理保障机制并构建全过程环境管理信息平台，以实现“源头严防、过程严管、违法严惩”的环境保护全过程监管，从而提升环境管理科学化、法治化、精细化和信息化水平，提高环保决策效率和能力，达到开发与保护并举、生态效益与经济效益“双赢”。

参考文献

[1] 梁鹏，陈凯麒，苏艺，等. 我国环境影响后评价现状及其发展策略[J]. 环境保护，2013，1：35-37.

[2] 王汉席，徐建玲. 加强规划环境影响评价的全过程管理研究[J]. 环境科学与管理，2015，40（11）：182-186.

[3] 唐芬，钟华. 建设项目环评综合监管平台建设和应用[J]. 数字技术与应用，2018，36（6）：71-74.

金沙江上游水电生态环境全过程管理保护体系研究

崔　磊　陈柏言

（水电水利规划设计总院，北京 100120）

摘　要：金沙江上游环境敏感、脆弱复杂，生态环境保护工作难度大、历时长，为满足水电开发生态环境保护工作的需要，以规划阶段和项目前期已有成果为基础，结合国家现行水电开发环境保护要求，从流域层面尝试构建了金沙江上游生态环境全过程管理的保护体系，并对今后工作提出了建议。

关键词：金沙江；水电；全过程管理；保护体系

Study on Ecology and Environment Protection System for the Whole Process Management of Hydropower Development in the Upper Reaches of Jinsha River

Abstract: The upper reaches of the Jinsha River are sensitive, fragile and complex, and its ecological environmental protection work is difficult and long-lasting. In order to meet the needs of hydropower development and ecology and environment protection, this paper is based on the existing achievements in the planning phase and the pre-project, combined with the current national requirements of hydropower environment protection. The protection requirements, from the basin level, attempted to construct a protection system for the whole process of ecology and environment management in the upper reaches of the Jinsha River, and made recommendations for future work.

Keywords: Jinsha River; hydropower development; whole process management; protection system

1 引言

2012 年，国家发改委批复了金沙江上游水电规划，规划及环评文件对流域的生态环保工作进行了初步安排[1]。近五年来，党中央、各级政府及环境保护主管部门针对长江的生态环境保护工作提出了一系列新思路和新要求，为了更好地落实水电规划、环评以及最新生态环境保护政策的相关要求，便于政府主管部门及水电开发主体从流域层面统筹安排尚处于实施初期的金沙江上游生态环境保护工作，有必要从流域层面梳理构建金沙江上游生态环境保护体系[2]。

本文以水电规划批复以来水电开发与环境保护有关的调查、设计、研究成果及其他相关资料为基础，就金沙江上游生态环境保护全过程管理的需要，尝试构建了保护体系，同时就体系中的主要内容进行了分析说明。

2 金沙江上游水电开发概况

金沙江为长江上游河段，发源于青藏高原唐古拉山脉主峰格拉丹东雪山西南侧，全长 3 479 km，天然落差 5 142 m，分别占长江干流全长和总落差的 55%和 95%。金沙江上游水电规划河段为金沙江干流青海玉树巴塘河口—云南迪庆奔子栏河段，河段长约 772 km，天然落差 1 516 m，河道平均坡降 1.96‰，主要支流左岸有赠曲、欧曲、降曲，右岸有藏曲、热曲、董曲等。

金沙江上游水电共规划资源梯级 13 级（见图 1），其中岗托、波罗、叶巴滩、拉哇、巴塘、苏洼龙、昌波、旭龙等 8 个梯级属规划推荐实施方案。目前，叶巴滩、苏洼龙、巴塘已核准开工建设，拉哇待核准，其他项目处于预可研和可研阶段。

3 生态环境全过程管理保护体系

金沙江上游川藏段地处青藏高原东南部，位于《全国主体功能区规划》限制开发的重点生态功能区，涉及全国生态功能区划中的川西北水源涵养与生物多样性保护重要区，生态环境较脆弱。根据规划环评及各项目现阶段研究成果，结合国内外水电开发经验，金沙江上游川藏段梯级电站开发将主要对区域生态环境带来以下几方面的不利影响：①大坝建设将显著改变河道水文情势，破坏原有水生生态系统的完整性和连通性；②水库蓄水将淹没部分河谷区陆生生态系统，同时显著改变库区水文情势及水生生态系统；③水电工程规模巨大，工程施工将可能对区域陆生生态、环境空气、声环境以及水质等造成一定程度的不利影响。上述部分不利影响甚至在流域尺度上存在显著的累积效应[1]。

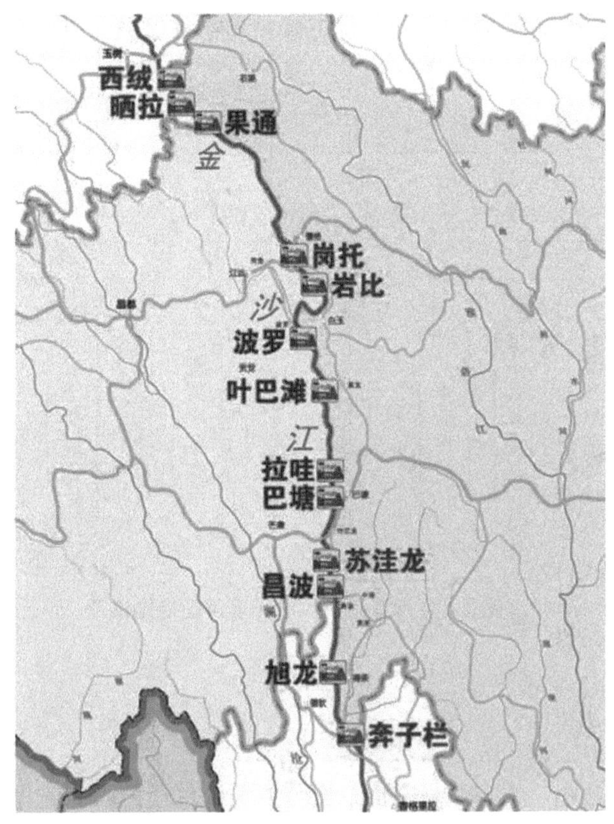

图 1　金沙江上游水电规划资源梯级

目前，研究江段部分梯级已陆续开展前期工作，在环境保护工作方面进展不一。鉴于各梯级的生态环境保护研究工作主要立足于单个电站，从流域层面看还存在一定程度的不协调性。因而有必要从流域层面开展生态环境保护规划，统筹协调各梯级电站开发的生态环境保护工作[2-3]。同时，为保障流域生态环境保护规划有效落实，需同步开展流域综合管理体系规划[4]。为此，拟从流域层面提出生态环境保护与综合管理体系的构建思路。

金沙江上游水电生态环境全过程管理的保护体系包括生态环境保护措施体系、生态环境监测与调查体系、科学研究体系与综合管理体系 4 个方面。

3.1　生态环境保护措施体系

3.1.1　体系构建

生态环境保护措施体系按环境要素划分为水环境保护措施、水生生态保护措施及陆生生态保护措施 3 个分项，其中水环境保护措施包括生态流量、水温影响减缓措施、生态调度和水质保护；水生生态保护措施包括过鱼措施、鱼类栖息地保护及鱼类增殖放流；陆生生态保护措施包括表土资源保护、陆生生态修复和物种保护（见图 2）[5]。

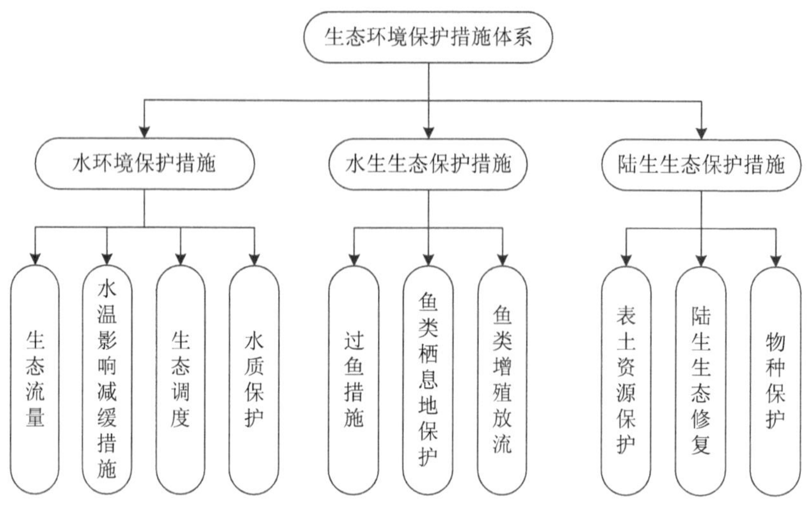

图 2 金沙江上游生态环境保护措施体系

3.1.2 重点内容分析

水环境保护措施中，生态流量方面，应重点关注保留河段、库尾回水变动段和减水河段，开展维持水生生态系统稳定所需最小水量的研究，同时，在重点河段开展鱼类产卵期生态流量过程的研究；水温影响减缓措施方面，应统一提出水库水温分布结构的判别方法，并根据判别结果，针对水温分层型水库提出对应的水温影响减缓措施规划；生态调度第一阶段主要考虑叶巴滩、拉哇、巴塘、苏洼龙 4 个电站联合调度研究，第二阶段为龙头水库岗托水电站建成后与第一阶段 4 个电站联合生态调度研究，第三阶段为梯级全面实施后的联合生态调度研究[6]。

水生生态保护措施中，鱼类栖息地保护方面，应从流域层面提出栖息地保护范围，开展鱼类种群恢复等相关的跟踪观测与研究工作；过鱼措施方面，应提出流域总体规划，统筹关键参数的设计原则，包括重点鱼类、过鱼季节、过鱼设施型式选择等；鱼类增殖放流方面，应统筹提出放流站布局和放流范围。

陆生生态保护措施中，陆生生态修复方面，应包括迹地生态恢复、消落带治理和库周防护林建设等内容；物种保护方面，应包括山莨菪、松口蘑的保护措施及古大树保护等内容；表土资源保护方面，应从流域层面统一安排收集、保存和利用。

3.2 生态环境监测与调查体系

3.2.1 体系构建

生态环境监测与调查体系和生态环境保护措施体系紧密衔接，针对生态环境保护措施体系所涵盖的重要生态因子，可划分为水环境监测、水生生态调查、陆生生态调查 3 个分项（见图 3）。

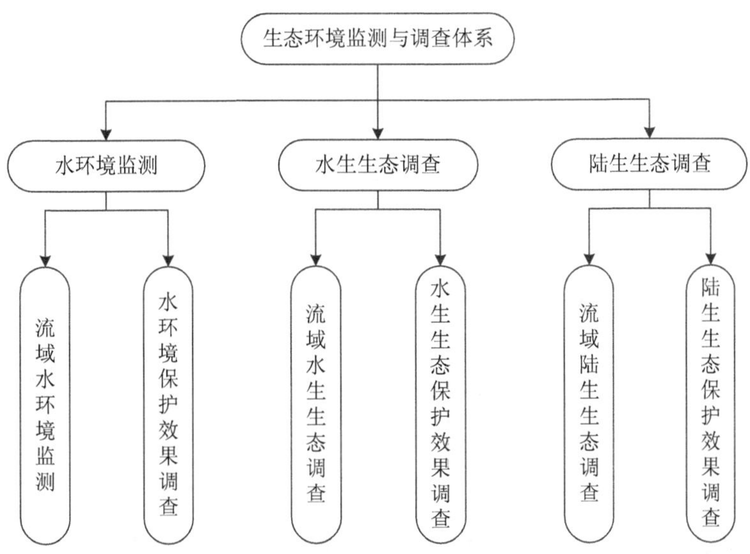

图 3 金沙江上游生态环境监测与调查体系

3.2.2 重点内容分析

水环境监测中应包括水质监测、水文观测和水温观测的断面以及监测指标、监测频次等要求；水环境保护效果调查应包括生态流量监测和水温影响减缓措施调查。

水生生态调查应包括调查内容及相应的调查河段、调查断面、调查项目、频次及时段等要求；水生生态保护效果调查应包括栖息地保护效果调查、过鱼措施效果调查以及增殖放流效果调查等内容。

陆生生态调查应包括陆生植物和动物的调查内容、方法，以及调查频次、时段等要求；陆生生态保护效果调查应包括生态修复措施效果调查以及珍稀物种保护效果调查。

3.3 科学研究体系

3.3.1 体系构建

科学研究体系应充分考虑金沙江上游生态学基础研究的缺口，结合生态环境保护措施体系在本流域的规划与实施要求，进行流域和区域性统筹，为流域生态环境保护措施体系有效实施提供重要支撑。科学研究体系从研究类别划分为基础性研究、应用性研究和管理性研究 3 个分项（见图 4）。

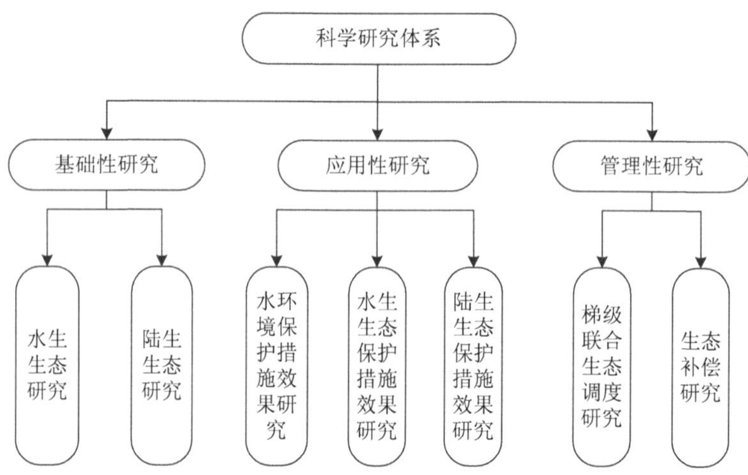

图 4 金沙江上游生态环境保护科学研究体系

3.3.2 重点内容分析

科学研究体系应从基础性研究、应用性研究、管理性研究 3 个层面涵盖水环境、水生生态、陆生生态相关的研究工作，为把握流域水电开发的生态环境效应提供基础。

3.4 综合管理体系

3.4.1 体系构建

综合管理体系应系统、全面地指导流域生态环境保护的管理工作，包括管理机构体系和监测管理与信息管理平台两部分（见图 5）。

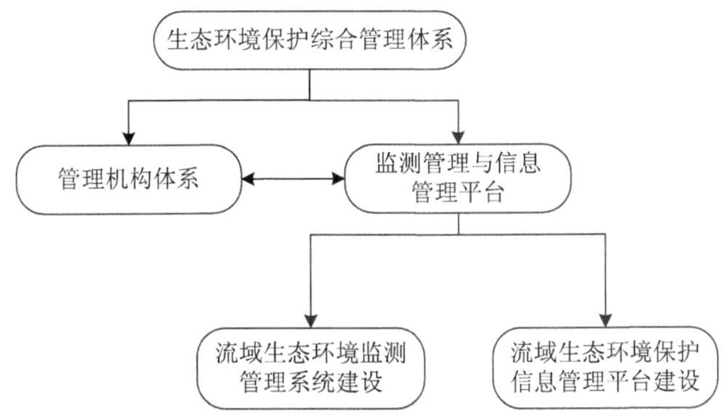

图 5 金沙江上游生态环境保护综合管理体系

3.4.2 重点内容分析

综合管理体系应以建设单位现有的管理机构体系为核心，以流域生态环境监测管理系统和流域生态环境保护信息管理平台为补充，并兼顾施工期、运行期的管理工作。

4 建议

为确保金沙江上游水电开发过程中生态环境保护全过程管理能够顺利进行，建议今后重点关注以下三方面工作。

4.1 开展流域层面的生态保护与建设研究

尽快开展梯级联合生态调度、鱼类栖息地近自然修复与保护效果、过鱼和增殖放流措施统筹、表土资源保护、消落带治理、生态环境监测网络建设等研究工作，统筹各建设项目的料源选择、交通规划、移民安置等工程设计内容，从流域层面上尽可能地减少水电开发带来的生态环境影响。

4.2 统筹流域项目技术要求

建议统筹各项目生态环境保护措施设计及监测工作的技术要求，确保各参与单位对关键问题从技术上达成共识，避免流域内不同梯级电站之间生态环境保护工作的差异化。

4.3 统筹流域组织管理形式

建议统筹各项目生态环境保护工作的组织管理形式，尽量避免出现流域内不同梯级电站之间管理工作不统一的现象，确保流域生态环境保护工作的实施合理有序。

参考文献

[1] 水电水利规划设计总院. 金沙江上游（川藏段）水电开发生态环境保护与综合管理体系总体规划[R]. 2016.

[2] 崔磊. 长江水电开发与生态环境保护[J]. 水力发电，2017（7）：13-15.

[3] 顾洪宾，喻卫奇，崔磊. 中国河流水电规划环境影响评价[J]. 水力发电，2006，32（12）：5-8.

[4] 黄进. 我国水电环境保护工作发展、现状及思考[J]. 科学技术创新，2014（20）：86.

[5] 祝兴祥，常仲农. 中国水电环境保护状况与对策[J]. 中国电力企业管理，2005（4）：56-58.

[6] 李春晖，郝芳华，崔磊. 瀑河水库加固扩建工程的环境影响及其对策[J]. 北京师范大学学报（自然科学版），2003，39（1）：138-142.

流域水电开发水生生态及鱼类保护浅析

陈帮富　彭旭初

（国家能源集团大渡河流域水电开发有限公司，成都 610041）

摘　要：如何在水电开发中更好地保护好水生生态，将其负面影响降到尽可能小，是近年来水电开发者及相关参与者努力的方向。鱼类作为水生生态中最为重要的物种，理应获得更多的关注和保护。主要介绍了大渡河公司在水电开发的同时，对水生生态及鱼类开展的保护工作。重点阐述了大渡河公司水生生物及鱼类保护理念，特别是过鱼设施、鱼类增殖放流、鱼类栖息地保护和生态调度等鱼类保护措施，以及围绕鱼类保护开展的相关科研工作。

关键词：大渡河公司；水电开发；水生生态保护；鱼类保护；措施

Analysis on Aquatic Ecology and Fish Protection of Hydropower Development in River Basin

Abstract：How to better protect aquatic ecosystem and minimize the negative impact of hydropower development is the direction of hydropower developers and related participants in recent years. As the most important species of aquatic ecosystem，fish deserves more attention and protection. This paper mainly introduces the protection work of aquatic ecosystem and fish in the process of hydropower development of Dadu River Company. This paper focuses on the aquatic biology and fish conservation ideas of Dadu River Company，which are mainly about fish conservation measures such as fish-pass facilities，fish proliferation and release，fish habitats protection and ecological regulation，as well as relevant scientific research work on fish conservation.

Keywords：Dadu River Company；hydropower development；aquatic ecosystem protection；fish conservation；measure

1 引言

水电工程设施是合理开发利用水资源的重要手段，有效实现了流域内水资源的均衡配置，促进了当地的社会和经济发展[1]。但另一方面，水电工程建成后，阻断了河流的连通性，造成水电站上下游间的物理和生物隔断，同时，水电工程蓄水后，改变了河流的原始流态，造成河流水动力特征和水温条件的改变[2-3]。这些水文情势的改变，引发了一系列生态环境变化，进而影响水生生物的生存、发展、演化。鱼类作为重要的水生生物组成，是目前水利工程水生生态影响的关注焦点。

大渡河流域作为我国规划的十三大水电基地之一，水能资源丰富。国家能源集团大渡河公司作为大渡河流域主要开发业主，自 2000 年成立以来，始终秉承“与青山绿水为伴，让青山绿水更美”和“绿色发展”的环保理念，始终坚持“在保护中开发、在开发中保护”原则，在开发水电的同时，积极开展了水生生态及鱼类的保护工作。本文主要介绍大渡河公司近年来采取的水生生态及鱼类保护措施，以期为水电开发中的鱼类保护工作提供借鉴。

2 流域水电开发概况

大渡河发源于青海省果洛山东南麓，干流全长 1 062 km，天然落差 4 175 m，大渡河干流水电规划推荐三库 28 级开发方案，总装机容量 2 670 万 kW，年发电量约 1 123 亿 kW·h。

大渡河公司负责承担大渡河干流 17 个梯级电站的开发，合计总装机容量约 1 757 万 kW。其中，已建成投产的龚嘴、铜街子、瀑布沟、深溪沟、大岗山、猴子岩、枕头坝一级、沙坪二级等 8 个梯级电站，共计装机容量 1 011.24 万 kW；待建的双江口电站装机容量 200 万 kW；筹建项目有金川、巴底、丹巴等 8 个项目，总装机容量约 470 万 kW。

3 鱼类资源状况

大渡河流域鱼类资源丰富，共有鱼类 116 种，隶属 8 目 19 科 78 属。其中，鲤形目 4 科 57 属 83 种，占 71.6%；鲇形目 5 科 11 属 20 种，占 17.2%；鲈形目 5 科 5 属 8 种，占 6.9%；鲑形目、鳗鲡目、鳉形目、合鳃目、鲟形目均为 1 科 1 属 1 种。

大渡河上游、中游、下游鱼类区系组成差异较大，上游和河源的鱼类区系组成基本上是适应于高原宽谷和高山峡谷的鱼类，如川陕哲罗鲑、大渡裸裂尻、长须裂腹鱼等，上游鱼类的目、科、属和种类均比中游、下游少。中游的鱼类区系组成具有上游、下游鱼类的一些特点，由于中游地处东部盆地和西部高山高原之间，得天独厚的自然环境造就了中游鱼类区系中常混杂有上游、下游适应能力强的物种，同时也出现了独特的种类，如稀有鮈鲫仅在中游的鱼类区系中存在。下游河段由于与岷江干流接近，有许多岷江干流鱼类进入下游河段，如长薄鳅、鲈鲤等。因此，下游鱼类种类上与岷江干流多数相同，形成了大渡河下游鱼类资源分布最多的特点。

大渡河流域有国家二级保护鱼类两种，即川陕哲罗鲑和胭脂鱼。目前，由于人类活动、水质污染、水电工程设施建设等的影响，大渡河流域上述鱼类野生群落受到了显著影响，迫切需要对上述鱼类进行科学保护。

4 水生生态及鱼类保护措施

基于“生态优先”和“统筹考虑”的原则，在系统研究梯级水库生态特点的基础上，大渡河流域以长期动态的生态监测为依托，从河流生态环境整体考虑，形成了干流上下游、支流、干支流统筹保护的格局，建立了以栖息地保护为主，增殖放流、过鱼设施、渔政管理、生态调度、生境修复等多种保护措施为辅的综合保护体系。具体为河源区河段以栖息地保护与人工繁殖研究相结合，上游及中游河段以鱼类增殖放流和栖息地保护为主，下游深溪沟梯级以下以鱼道等过鱼通道建设为主的流域鱼类保护措施总体格局。根据这一总体保护规划，行业行政主管部门在项目环评批复中，对各项目都提出了详细的要求。

大渡河公司在水电开发中采取的主要水生生态及鱼类保护措施如下。

4.1 栖息地保护

河流鱼类栖息地不仅提供了鱼类的生存空间，同时还提供了满足鱼类生存、生长、繁殖的全部环境因子，如水温、地形、流速、流量、河流地貌、河床质、水质条件、饵料生物等环境要素，因此栖息地保护是鱼类资源保护最有效的措施，从流域的角度而言，栖息地保护是以能够尽可能保护所有的鱼类为原则而进行规划布局。

根据大渡河流域“二区三段”的栖息地保护规划，双江口电站以上河段鱼类种类较少，主要以川陕哲罗鲑保护为主，将其库区支流梭磨河全河段和茶堡河河口段作为鱼类栖息地保护区，拆除梭磨河松岗、热足水电站进行鱼类生境修复，在梭磨河和茶堡河河口修建 4 处总面积为 1.07 hm^2 的人工产卵场；金川电站将坝址至安宁库尾 13 km 大渡河干流段和金川坝下支流新扎沟入大渡河汇合口以上 4 km 支流河段作为鱼类栖息地进行保护及生境营造；瀑布沟主库区、流沙河支库及流沙河支流河段作为大渡河中游产黏沉性卵流水性鱼类栖息地保护河段；沙坪电站坝址下游至龚嘴库尾约 7 km 流水河段、深溪沟至龚嘴坝址河段 6 条支流汇口、龚嘴库区主要支流龙池河和黑水河口以上各 2 km 河段作为鱼类栖息地。

4.2 过鱼设施

大渡河公司涉及项目主要包括鱼道和升鱼机两种过鱼设施，目前已建成枕头坝一级和沙坪二级电站 2 座鱼道。其中，枕头坝一级水电站鱼道工程是大渡河流域第一座建成投运的竖缝式鱼道工程，鱼道总长 1 228.25 m，净宽 2 m，最大运行水头超过 30 m；沙坪二级电站鱼道总长 597 m，净宽 2 m。待核准的金川电站鱼道为洞式+仿自然旁通道模式，总长 5.05 km，其中新扎沟天然河道段鱼道长约 4.0 km，人工隧洞鱼道段全长 1.05 km。正在开展前期工作的老鹰岩一级和二级电站、枕头坝二级及沙坪一级电站均设置了鱼道；待建的双江口电站过鱼设施主要为有轨道式升鱼机，由集鱼槽、地面桥梁轨道、地下隧洞滑道和库内地面滑道四部分建筑物组成。

4.3 增殖放流及鱼类科研

大渡河流域干流共计规划 9 座鱼类增殖放流站，大渡河公司共涉及 3 座，分别是瀑布沟黑马、猴子岩和双江口鱼类增殖站，主要负责承担大渡河公司 17 个开发建设项目的珍稀鱼类保护研究和增殖放流任务，放流规模达 200 万尾/年。其中，瀑布沟黑马鱼类增殖站主要服务于瀑布沟、深溪沟、大岗山、枕头坝一级和二级、沙坪一级和二级共计 7 级电站，设计放流规模为 97.3 万尾/年，截至 2019 年 7 月，瀑布沟黑马鱼类增殖放流站共计放流 707.25 万尾；猴子岩鱼类增殖站主要服务于猴子岩、安宁、巴底、丹巴 4 级电站，设计放流规模为 48 万尾/年，截至 2019 年 7 月，猴子岩鱼类增殖放流站共计放流 70 万尾；双江口鱼类增殖站主要服务于双江口、金川 2 级电站，设计放流规模为 42.7 万尾/年。

为更好地开展后续增殖放流工作，大渡河公司依托瀑布沟黑马鱼类增殖放流站开展了红唇薄鳅、大渡白甲鱼、长鳍吻鮈、侧沟爬岩鳅、青石爬鮡、川陕哲罗鲑等中长期放流要求的珍稀特有鱼类科学研究工作，其中侧沟爬岩鳅、长鳍吻鮈、红唇薄鳅、青石爬鮡等实现了野生亲鱼收集、驯养和人工繁殖技术突破；侧沟爬岩鳅驯养野生亲鱼 1 000 尾，繁育幼鱼 800 余尾；青石爬鮡驯养野生亲鱼 200 余尾，繁育鱼苗 120 余尾；长鳍吻鮈驯养野生亲鱼 28 尾，繁育鱼苗 150 余尾；红唇薄鳅驯养野生亲鱼 15 尾，繁育鱼苗 120 余尾。侧沟爬岩鳅、长鳍吻鮈、红唇薄鳅、青石爬鮡等鱼类，虽然在某些关键节点已取得技术突破，但尚未形成较为稳定的规模化生产力，还需在催产药物配置优化、水花鱼苗开口饵料选择及转食、顽固性寄生虫疾病防治等方面开展进一步研究。

4.4 生态调度研究及生态流量

按照大渡河水电梯级生态调度是维持大渡河河流生态系统的基本稳定与健康发展，保障河流各项功能得到正常发挥，促进实现大渡河流域水资源综合利用的最大效益的总体目标要求，大渡河公司委托科研单位开展了大岗山至铜街子共 7 级电站的大渡河中下游河段生态调度研究工作。

大渡河公司已运行的各梯级电站均设置生态流量泄放保障设施，并按要求将生态流量监测系统接入相关地方行政主管部门官方系统，接受监督管理。

5 结论及建议

大渡河是长江流域岷江水系的最大支流，在我国能源资源建设中具有重要的战略地位。因此，大渡河水电开发与环境保护的协调发展对于我国能源的可持续发展意义重大。本文着重介绍了大渡河公司在水电开发过程中采取的水生生态及鱼类保护措施，主要结论及建议如下：

（1）大渡河流域共有鱼类 116 种，隶属 8 目 19 科 78 属。其中，国家二级保护鱼类 2 种，四川省级保护鱼类 11 种，长江上游特有鱼类 39 种。尽管大渡河流域鱼类资源丰富，但目前在大渡河流域上述鱼类野生群落均极为少见或濒临灭绝，对鱼类进行科学保护刻不容缓。

（2）大渡河流域采取的以栖息地保护为主，增殖放流、过鱼设施、生态调度、生境修复等多种保护措施为辅的综合保护体系是积极有效的，最大限度地降低了人类过度捕捞、水质污染、水电开发等对鱼类的影响。

（3）建议结合“河长制”的建立，加强流域综合监管，充分调动所有参与者的积极性，为大渡河流域水生生态及鱼类保护做出更大贡献。

参考文献

[1] Bhagabati S，Kawasaki A，Babel M，et al. A cooperative game analysis of transboundary hydropower development in the Lower Mekong：Case of the 3S sub-basins[J]. Water Resources Management，2014，28（11）：3417-3437.

[2] Gelda R K，Effler S W. Simulation of operations and water quality performance of reservoir multilevel intake configurations[J]. Journal of Water Resources Planning & Management，2007，133（1）：78-86.

[3] Yang M，Li L，Li J. Prediction of water temperature in stratified reservoir and effects on downstream

irrigation area：A case study of Xiahushan reservoir[J]. Physics & Chemistry of the Earth，2012，53-54（6）：38-42.

[4] 白音包力皋，郭军，吴一红. 国外典型过鱼设施建设及其运行情况[J]. 中国水利水电科学研究院学报，2011，9（2）：116-120.

[5] Braufigam A. 淡水生物多样性危机[J]. 朱江，译. 世界自然保护联盟通讯（IUCN），1999（4）：3-4.

国外水电水利环境管理和监测制度及其借鉴

陈柏言　薛联芳

（水电水利规划设计总院，北京 100120）

摘　要：国外在水电水利工程环境管理和监测方面已积累了丰富的经验，特别是在工程运行期，已经基本形成了不断优化、改进和完善的良性循环机制。通过梳理美国等主要国家水电水利环境管理起源、发展、现状和特色，以及与之相配合的监测制度，提出了国外水电水利工程“环评—政府—公众—许可”的闭环体系。结合我国基本国情，在借鉴国外制度的基础上，提出了“环评—政府—激励—改进”的闭环体系。

关键词：水电；水利；国外；美国；环境管理；环境监测

Foreign Hydropower and Water Resource Environment Management and Monitoring System and Its Reference

Abstract: Foreign countries have accumulated rich experience in environmental management and monitoring of hydropower and water resource projects. Especially, a virtuous cycle mechanism which is continuously optimized and improved has been basically formed during the operation period of the project. A closed-loop system of “EIA-Government-Public-License” for foreign hydropower projects is proposed by combing the origin, development, status and characteristics of hydropower and water resource project environment management in major countries such as the United States and introducing a monitoring system that is compatible with it. In addition, a closed-loop system of “EIA-Government-Incentive-Improvement” for China was proposed based on China’s basic national conditions and the reference to foreign countries.

Keywords: hydropower; water resource; overseas; the United States; environment management; environmental monitoring

1 引言

世界水电开发距今已有百年历史，但早期并未将生态环境影响作为方案论证的重要依据。如美国在 1930—1940 年代修建的胡佛坝、大古力坝等水电工程，当时并未开展系统的环境影响评价工作[1]。随着社会经济的发展，各国水电开发的环境保护理念也开始不断探索并逐渐提升。1969 年，美国通过了《国家环境政策法》，成为世界上第一个用法律形式将环境影响评价制度固定下来的国家[1-2]。此后，世界各国在环境保护管理制度上均不断发展，日趋完善。美国、加拿大等发达国家均建立了从国家到省（州、邦）再到县、市等各级环境保护政府部门和机构，同时均制定了包括环境保护法等基本法在内的、完整的环境保护法律体系[1-2]。

国外在水电水利工程环境管理和监测方面已经积累了丰富的经验，特别是在工程运行期，已经基本形成了不断优化、改进、完善的良性循环机制，这对我国水电水利工程全过程环境管理政策的制定和实施具有重要的指导和借鉴意义。

2 国外水电水利环境管理制度

2.1 美国水电水利环境管理制度

2.1.1 美国水电水利制度和政策概况

美国的水电水利制度和政策涵盖国家涉及水电行业的所有法律、法规、规划、管理方式等内容。美国有关水力发电的制度和政策已历经相当长的时间，时至今日有些制度和政策已经发生了巨大的变化，如水资源、水的用途、水资源的竞争等方面的优先级已经发生了改变，人口和商业需求的增加也推动了美国水电水利制度和政策的发展和变化[3]。

水资源制度：联邦层面美国水资源的制度和政策（包含水电）早在现代电力网络存在之前已然成熟。美国水电水利制度可追溯到 1824 年，联邦层面水电水利的最高权力机构是美国陆军工程兵团（USACE），此时有关水电水利的制度仅限于发展航道及保障安全。至 1850 年代，防洪工作被引入。至 1920 年代，在水资源利用方面产生了诸多竞争问题，如西部地区的灌溉需求与电力需求的竞争。如何保护并更好地利用水资源，成为当前制度和政策不断优化、改进和完善的议题[3-4]。

水电行业制度：美国水电行业一直受到各类机构规章和利益的影响。自 1977 年以来，联邦能源管理委员会（FERC）一直是水电行业的主要监管机构。目前，FERC 负责新项目建设的许可、现有项目的重新许可以及运营监督（如大坝安全检查和环境监测）。有关水电项目的环境影响则由联邦和州的自然资源机构或国家的水质机构进行评估[3, 5]。这些联邦机构包括但不限于美国国家环境保护局（EPA）、农业部森林局、商业部国家海洋渔业局和内政部。美国国家水电协会是一个水电贸易组织，其目的是进行有利于该行业的政策游说，并不参与监管[3-5]。

水电行业激励政策：美国对水电技术进步有许多激励制度和政策，包括可再生能源生产税收抵免（PTC）、贷款担保、清洁可再生能源债券（CREB）和合格节能债券（QECB）[6]。

2.1.2 美国水电许可法律

美国涉及水电许可的法律主要包括联邦电力法（FPA）、国家环境政策法（NEPA）和濒危物种法（ESA）。

联邦电力法本质是通过建立一个联邦能源管理委员会（FERC）并通过委员会的许可证制度来授权许可私人和市政开发商建造和运营水电项目，从而发展电力公益事业。FERC决定的水电项目必须符合公共利益，并且必须考虑多用途的开发。其许可证长达 50 年，到期若被许可人已收回了其初始投资，则被许可人必须通过竞争性的申请来获得新的许可证。FPA 在其历史上已多次修正，其中两套修正案与现阶段水电项目环境管理特别相关：①1986 年修正案。要求 FERC 平等考虑节能、保护、减轻对鱼类和野生动物（包括相关的产卵场和栖息地）的损害，并且保护水域的娱乐潜力以及其他环境质量，并征求和处理来自联邦和州自然资源机构的鱼类和野生动植物的建议。②2005 年修正案，给予任何人通过请求审判式听证会来获取水电许可的权利。利益相关者有权提出更低成本或高发电量的替代方案[3]。

国家环境政策法要求所有联邦机构分析其行为的环境影响，以及这些行为可能的替代方案。对于水电项目，FERC 需要编写一份环境文件，分析颁发水电项目许可证的后果以及合理的替代许可证。FERC 工作人员的环境分析是许可证制度的一部分，通常在环境文件中分析 3 个替代方案：①申请人的建议；②FERC 工作人员的首选替代方案；③不开发的替代方案。各类保护措施（如鱼道或生态流量）被分解在各方案中进行分析[3, 7]。

濒危物种法旨在防止动植物的灭绝，同时恢复濒危物种。在水电许可期间，FERC 必须咨询美国鱼类和野生动物管理局（FWS）和国家海洋渔业局（NMFS），以确保其决定不会对物种产生威胁或不利影响[3]。

2.1.3 美国水电环境管理政策

美国根据水电装机容量将其分为大型与小型两类，一般而言，装机容量大的水电会受到限制。然而，仅限制装机容量并不能保护环境免受影响。为了尽量减少对环境的影响，一些州规定除非增加发电量或提高效率，否则禁止新的蓄水工程或变更河道工程[3-5]。

12 个州对水电开发资格规定了额外的环境限制，如生态基流、鱼道、水质、流域保护等。例如，俄亥俄州未对新建或现有水电设施（包括毗邻其他国家的水电设施）规定装机容量限制，但要求所有设施都符合严格的环境标准，包括：①保证河流流量，以致不会对野生动植物和水质产生影响，并且提供符合许可机构要求的季节性的流量波动；②符合国家水质标准；③符合俄亥俄州环境保护局的建议；④在设施不受 FERC 管理的情况下，符合设施管辖机构建议的要求[3-5]。

4 个州要求低影响水电研究所（LIHI）对项目进行认证。LIHI 是一个旨在减少水电工程环境影响的非营利组织，其提供了自愿认证计划，以认可对环境影响最小的水电设施。其认证计划确定了评估水电设施环境影响的 8 项标准，包括河流、水质、鱼类通道和保护、流域保护、受威胁和濒危物种保护、文化资源保护、娱乐和建议移除的设施。这些标准既可以应用于现有设施，又可以应用于新建设施。LIHI 不认证抽水蓄能设施。一般而言，这些环境标准要比现行法律更加严格[3-5, 8-9]。截至 2017 年，已有 143 个认证项目[8]。

对于抽水蓄能项目，各州态度也各不相同。9 个州明确禁止抽水蓄能工程，允许抽水蓄能的州通常要求抽蓄泵由可再生能源供电。加利福尼亚州允许抽水蓄能设施，但必须符合如下条件：①设施满足小型水力发电设施的国家要求；②用于将水泵入蓄水池的电力符合再生能源配额制（RPS）资格。纽约州则主要使用潮汐电能为抽水蓄能供电[3-5]。

美国水电水利环境管理制度总体完善，然而仍有制度性缺陷。在美国水电多级开发现状、联邦政府与州政府权力交叉、农业人口较少、社会舆论不支持蓄水等多因素下，导致美国抗旱蓄水严重不足且难以调度，直接或间接导致了 2011—2012 年美国中西部地区的严重干旱。

2.2 瑞士水电水利环境管理制度

瑞士对水电较为依赖，近 10 年间水电占全部发电量的 55%。与美国类似，瑞士的水电立法也是源于水域管理的逐渐发展。瑞士有关水的立法经过了 3 个阶段：第一阶段是 19 世纪末的防洪问题；第二阶段是 1908—1953 年水电的利用问题；第三阶段是采取保护水资源的政策，最初的重点是在 1950 年代的质量方面，后来扩展到 1990 年代的数量方面。1916 年的《联邦水资源法》（LFH，RS 721.80）是瑞士水电管理的主要法律，1991 年的《联邦水保护法》（LEaux，RS 814.20）规定了环境缓解措施[1-2, 5, 10]。

瑞士联邦环境科学与技术研究所（EAWAG）提出了绿色水电认证的技术标准，建立了绿色水电认证制度。其绿色水电标准从水文特征、河流系统连通性、泥沙与河流形态、景观与生境、生物群落 5 个方面反映健康河流生态系统的特征，并通过最小流量管理、调峰、水库管理、泥沙管理、电站设计 5 个方面的管理措施来实现。对于水电站，要对其造成的生态环境问题进行分析，并通过综合实施上述 5 个方面的环境管理措施，将其对生态环境造成的负面影响降至最低程度，方可满足“绿色水电”认证的基本要求[5, 11]。

通过绿色水电认证的水电站，根据电站具体情况，可对电价进行固定价格的上浮，以作为“绿色电力”对外进行销售。该上浮电价被称为生态投资，必须用于河流生态修复。与美国的低影响水电认证不同，目前具体实施绿色水电认证的并不是 EAWAG，而是私营的瑞士环境健康电力协会（VUE），以体现发电公司、输电公司、环境和消费方面的非政府组织之间的相互平等。有评论认为，EAWAG 绿色水电标准的评价程序达到了欧洲各项生态认证的最高标准，从而为消费者提供了信赖的基础。自 2000 年以来，该标准已经被成功地应用于瑞士的 50 个水电工程，并且被欧洲绿色电力网（European Green Electricity Network）确定为欧洲技术标准向欧盟其他国家推广[5, 11]。

2.3 巴西水电水利环境管理制度

2017 年，水电为巴西提供了约 79%的电力，水电站在巴西的能源行业中发挥着主导作用。巴西大部分水电潜在开发区域位于亚马孙地区，然而这些地区通常是环境敏感区[1-2]。

巴西《联邦宪法》规定，每当开发活动可能对环境造成重大影响时，许可证必须始终遵循环境影响评价（EIA）和相应的环境影响报告（RIMA）。巴西是少数几个在水电水利管理方面采用 3 个阶段并单独授予许可证（初步许可证、安装许可证和经营许可证）的国家之一，此过程或有助于在上述 3 个阶段重新审视问题。发放许可证的 3 个阶段过程如下：①在项目初步规划阶段授予初步许可证（LP），最长 5 年。许可证批准项目的位置和设计，证明其环境可行性，并确定后续执行阶段要遵守的基本要求和条件。②安装许可证（IL）：根据批准的计划、计划和项目中包含的规范，包括环境减缓规定和其他条件，授权安装开发建设。③经营许可证（OL）：根据环境缓解措施和经营要求，授权经营许可证，以确认以前的许可条件得到满足。经营许可证期限可以在 4～10 年变化，并且在主管环境机构确定的合法期限内可续期[4, 12]。

除巴西环境部和各级地方环保局负责水电水利项目的环境管理外，检察署（Ministério Público）在巴西的环境体系中也发挥了重要作用。1988 年巴西《联邦宪法》赋予检察署职能、物质和技术权力，远远超过其他机构，包括司法机构。检察官有广泛的授权，例如：①制定国家能源规划；②建立区域经济发展目标，并根据能源需求构建其目标；③建立经济和环境优先事项；④评估这些优先事项的影响[4, 12]。巴西的检察署模式与我国“重大项目审计”模式类似，可以起到一定的监督监管作用，但事实上专业性不足，难以提出切实可行的建议和对策。

2.4 其他国家水电水利环境管理制度

加拿大水电开发要求凡涉及联邦资助或批准的用地，或需要联邦许可和核准的项目都要完成环境影响评价，并需举行公开听证会，听证会通过环境影响评价报告后，方可获得环境许可并进行工程建设[1-2, 4]。

挪威由水资源和能源局承担水资源管理责任，该部门收到水电开发者的工程申请后，将根据工程环境影响评价的结论，参考公众、相关组织以及受影响土地所有者的意见，并与当地政府和其他专家协商后进行水电项目综合评价，最后政府根据地方发展规划和法律法令决定是否授予许可证[1-2]。

俄罗斯自然资源部及其管理的联邦水资源署对水电资源开发的环境保护审查和执行监督工作进行统筹管理。

印度水电建设项目按其规模和影响须向环境和森林部申请并获得环境许可证以后方可开工建设，小型水电站项目可在邦或地区政府进行审批[1-2]。

3 国外水电水利环境监测制度

3.1 美国水电水利环境监测制度

3.1.1 监测制度

美国约有 2 500 个水电站，发电量约占美国电力的 7%。除发电外，这些水坝也承担供水和防洪任务。然而，水坝拦截河流对水流、鱼类以及水质会产生影响。FERC 许可证针对每个设施制定了特定的环境指标、操作规程和报告制度，包括但不限于生态流量、缓解措施、测量规程（如溶解氧最小值）和评价规程（栖息地和水生生物）。根据大坝结构和环境现状，这些规则因州而异、因地而异。下文以溶解氧（DO）为例阐述美国水电水利环境监测制度[3-5, 13]。

DO 是水质的主要指标，水电站大坝通过蓄水改变正常的 DO 水平，通过水电设施的水通常比其他生态系统水的 DO 要低得多。当这种欠氧的水被释放到下游时，会降低河流的含氧量，并威胁到水坝以下的水生生物。DO 监测系统旨在确保大坝上下 DO 水平一致。FERC 与其他联邦和州政府机构已建立了水电设施运行的报告程序和 DO 限值，并提出了当 DO 浓度低于可接受水平时的缓解措施。DO 监测工作使水电站业主能够立即实施这些缓解措施并尽量减少生态系统退化。虽然 FERC 负责颁发运营许可证，但该许可证中的环境法规和要求受到州和其他联邦机构的影响，如美国国家自然资源部（DNR）通常根据《清洁水法》要求 FERC 水电许可证需纳入任何推荐和强制性的水质监测和减缓措施[13]。

3.1.2 监测技术

美国通常使用浸没式快速脉冲或光学传感器来测量 DO，可持续监测大坝上方和下方的 DO 水平，提供瞬时水质数据，然后可以根据对生态系统的影响启动及时的控制措施。

对于许多水电设施，FERC 要求的 DO 监测通常由 3 个监测站完成：1 个在上游（用于背景数据）、1 个在蓄水区（用于风险分析）、1 个在下游（在受大坝释放影响的地点）。为实时有效地提供 DO 监测数据，通常使用集成的遥测系统（见图 1），通过大量的传感器数据，并实时安全地传输到互联网，以备快速响应[13]。

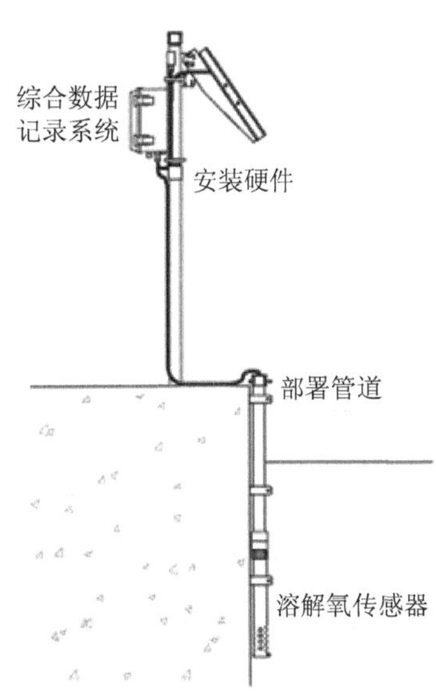

图 1 浸没式传感器-遥测系统

水温、泥沙量等其他指标也有相应的监测制度与监测技术。

3.2 其他主要国家水电水利环境监测制度

阿斯旺高坝兴建的年代，水电水利工程引起的生态与环境问题尚未引起普遍重视。当公众开始重视水电水利工程的不利环境影响后，阿斯旺高坝即成为主要争论的水电工程之一。埃及政府和科学家对阿斯旺工程的生态环境不利影响开展了研究和长时间的监测，包括泥沙淤积和冲刷、水质（如温度、浊度、电导率、氮、磷、悬浮物等）、人群健康（血吸虫病）、水库诱发地震（建立地震台）等[14-15]。

伊泰普水电站位于巴西和巴拉圭两国界河的巴拉那河上，是两国为了共同的利益而开发共有的水电水利项目。巴西和巴拉圭两国政府对环境影响进行监测和控制以及建库前后的对比分析，包括水质（物理、物理化学、化学、生物和微生物等）、鱼类和渔业资源、气候、泥沙、森林调查、陆生动物调查等多因素[14-15]。

4 国外水电水利环境管理和监测对我国的借鉴

通过上文对国外水电水利环境管理和监测制度的梳理可知，国外水电水利管理制度大多源于水域和防洪管理，逐渐演变为水资源保护，其措施包括但不限于环评（综合评估、替代方案）、政府（绿色认证、激励政策）、公众（公众监督、审判听证）、许可（许可期限、竞争续期），并通过技术手段实时掌握监测信息，以保证管理过程合理合法，从而完成闭环的良性循环（见图 2）。然而，上述政策需以生态环境保护为第一前提，且建立在“水权”产权明确、“水权”可交易、丰枯“水权银行”的基础上，我国现阶段水资源保护和开发尚未达到该阶段，在借鉴时需减少其市场化的调配措施，增强其渐进性的改进措施。

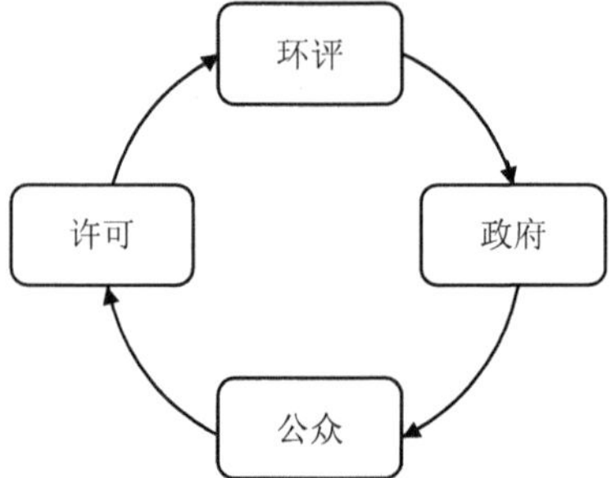

图 2 国外水电水利环境管理制度闭环体系示意

由于我国仍是发展中国家，且土地政策、监督模式、许可制度与国外有较大差异，不可直接照搬国外制度。但在结合我国基本国情的基础上，可借鉴其综合评估、绿色认证、激励政策等制度以及保障技术手段，从而形成环评（环境综合评估、水电空间管控）、政府（建立标准规范、地方管理指导）、激励（电价上浮制度、企业抵税政策）、改进（绿色水电评估、环保竞争排行）的闭环体系（见图 3）。

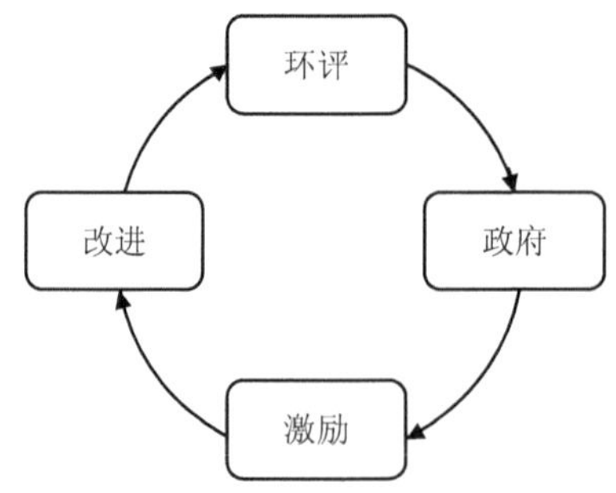

图 3 建议我国水电水利环境管理制度闭环体系示意

此外，因环境监测是环境管理的基础，我国还需加强监测手段，建议通过流域水电综合监测等方式，现阶段重点监测水能利用率、生态流量等指标，中远期可开展水质及水生生物资源监测，并且提供实时监测数据（而非填报模式），确保管理过程合理合法，维护管理制度良性循环。

参考文献

[1] 单婕，周祥林，岳增璧，等. 我国与世界水电工程环境保护比较研究[J]. 水科学与工程技术，2015（2）：55-59.

[2] 单婕，顾洪宾，薛联芳，等. 水电开发环境保护管理机制分析[J]. 水力发电，2016，42（9）：1-4.

[3] Laws Governing Hydropower Licensing[EB/OL]. https：//www.hydroreform.org/resources/laws [2017-12-19].

[4] Pineau P O，Tranchecoste L，Vega-Cárdenas Y. Hydropower royalties：A comparative analysis of major producing countries（China，Brazil，Canada and the United States）[J]. Water，2017，9（4）：287.

[5] Tonka L. Hydropower license renewal and environmental protection policies：A comparison between Switzerland and the USA[J]. Regional Environmental Change，2015，15（3）：539-548.

[6] 周淼. 我国水能资源开发法律问题研究[D]. 北京：华北电力大学，2012.

[7] 王正旭. 美国水电站许可证制度及改革现状[J]. 国际电力，2002，6（2）：27-29.

[8] Low Impact Hydropower Institute. Low Impact Hydropower Certification Handbook[M]. United States：LIHI，2016.

[9] 禹雪中，廖文根，骆辉煌. 我国建立绿色水电认证制度的探讨[J]. 水力发电，2007（7）：1-4.

[10] 傅振邦，何善根. 瑞士绿色水电评价和认证方法[J]. 中国三峡建设，2003（9）：21-23.

[11] 唐万林，禹雪中. 国外水电环境认证制度对我国的借鉴意义[J]. 长江流域资源与环境，2007，16（1）：123-127.

[12] von Sperling E. Hydropower in Brazil：Overview of positive and negative environmental aspects[J]. Energy Procedia，2012，18：110-118.

[13] Monitoring Dissolved Oxygen at Hydropower Facilities[EB/OL]. http：//www.fondriest.com/ environmental-measurements/environmental-monitoring-applications/monitoring-dissolved-oxygen-hydropower-facilities/ [2017-12-19].

[14] 黄真理. 国内外大型水电工程生态环境监测与保护[J]. 长江流域资源与环境，2004，13（2）：101-108.

[15] ŞAHİN M，GÜVEN Y，Yüksel O，et al. Importance of hydroelectric power plants in terms of environmental policy[J]. El-Cezeri Fen ve Mühendislik Dergisi，2016，3（3）：513-520.

初探电站下泄水温改善措施的水温监测体系

楚凯锋　黄膺翰　颜剑波　张德见

（中国电建集团中南勘测设计研究院有限公司，长沙 410014）

摘　要：针对常规的“坝前+坝下”水温监测方案难以精确反映水库分层取水措施运行效果的问题，根据水温改善效果评估的数据需求，建立了以坝前水温、机组过流水体水温、尾水水温和下泄水温监测为一体的水温监测体系。在此基础上，以西南山区某电站叠梁门分层取水措施为例，介绍该水温监测体系的应用，并通过实测数据分析，计算得到叠梁门运行的水温改善效果，说明了该体系的可行性。

关键词：下泄水温；改善措施；监测体系；叠梁门

Preliminary Study on Water Temperature Monitoring System for Improvement Measures of the Discharge Water Temperature

Abstract：It is difficult to objectively reflect the operation effect of discharge water temperature improvement measures by conventional water temperature monitoring，which only monitors the water temperature in front of dam and the discharge water temperature. According to the data requirements of water temperature improvement effect evaluation，a water temperature monitoring system is established，which is based on the monitoring of the water temperature in front of the dam，the water temperature of the over-flowing water of the turbine guide，the tail water temperature and discharge water temperature. On this basis，the application of the water temperature monitoring system is introduced with an example of a power station with stoplog gates in southwest mountainous area. Through data analysis，the water temperature improvement effect of the stoplog gate operation is calculated，which shows the feasibility of the system.

Keywords：discharge water temperature；improvement measures；monitoring system；stoplog gate

1 研究背景

高坝大库的库区水体在春夏季易形成水温分层现象，温度较高、密度较低的水体位于上层，温度较低、密度较大的水体位于下层[1]。为避免机组运行时出现气蚀现象，电站进水口多设置于电站死水位以下，下泄水多为下层水，这使得大部分电站在夏季存在一定低温水下泄问题。目前，环保人士普遍认为低温水下泄可能带来一系列不利生态影响，如鱼种资源减少、农作物减产等[2-4]。为缓解水库低温水下泄影响，一般采取叠梁门、多层取水口等分层取水，以及设置挡墙或隔水幕墙等促进坝前水体交换措施（见图 1）。高坝大库具备规模大、下泄水量大的特点，从目前工程实践来看，分层取水措施应用较多。

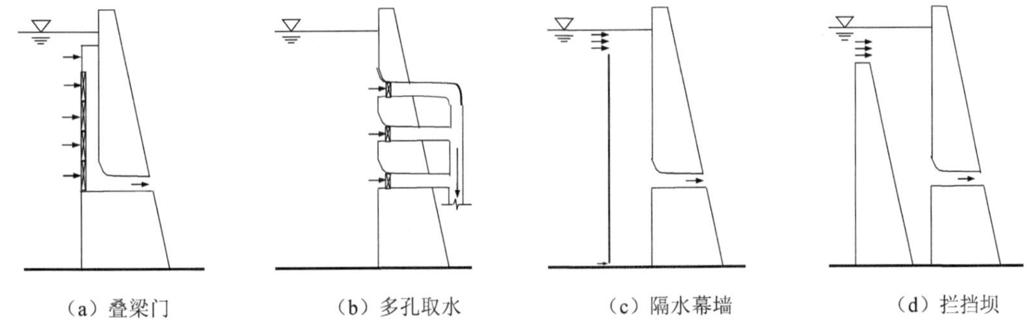

图 1 下泄水温改善措施示意

为分析低温水影响及减缓措施效果，目前普遍采用“坝前+坝下”水温监测方案，即监测坝前垂向水温分布和下游河流水温。这种监测方案虽然便捷，但存在一定的局限性，例如：坝前垂向水温监测点间距如不合理，温跃层和电站进水口附近的测点比较稀疏，则难以有效评估坝前水温和下泄水温的相关关系；下游河道水温监测由于坝下水流复杂、涨落频繁，实测下游河流水温难以精准反映下泄尾水水温；部分低温水影响减缓措施的效果有限，其量级与水温的日间变幅、水温监测准确度相当。因此，仅通过基础的坝前垂向水温和下泄水温监测，难以直接反映下泄水温改善措施的运行效果，也制约了下泄水温改善措施运行效果的评估工作，阻碍了下泄水温改善措施的优化设计研究。因此，有必要研究提出更加科学、精度更高的水库低温水影响监测体系。

2 下泄水温改善措施运行效果的分析

根据误差计算理论，随机误差可通过重复实验来减小，与实验次数的平方根成反比。基于此，提出以下分析思路：通过数学方法汇总大量监测数据，减小水温监测引起的随机误差，对下泄水温改善效果进行合理评估。

2.1 下泄水温与坝前水温的相关关系分析

水温监测和研究成果表明，下泄水温和坝前水温存在一定的相关关系，且同一个电站取水口形态和坝前地形固定，其相关关系比较稳定；不同电站受取水口形态差异等因素影响，相关关系有所不同。通过对同一电站运行和未运行下泄水温改善措施工况下泄水温和坝前水温的相关关系分析，可运用统计分析，分别找到运行和未运行措施时坝前水温与下泄水温的映射关系，即由坝前水温计算下泄水温的方法。由此，可计算出每一个时刻运行和未运行措施时，电站下泄水温改善措施的运行效果。具体的流程见图 2。

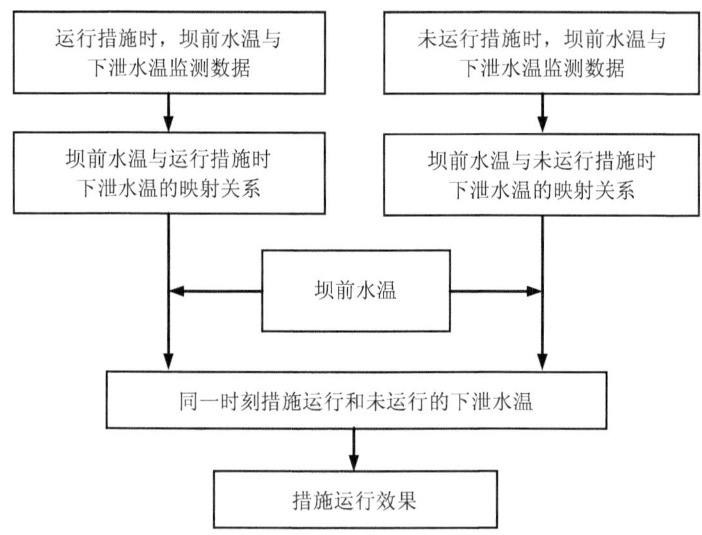

图 2　下泄水温与坝前水温的相关关系分析流程示意

2.2 机组过流水体水温分析

通过数据分析可获取每台机组的过流水体水温的测量误差，提高测量精度，同时可通过分析不同机组过流水体水温的相关关系，评估叠梁门在运行状态变化时的水温改善效果。

采用叠梁门措施的电站，由于每个机组的叠梁门有落门和提门分开进行，在提门阶段或落门阶段，存在若干时间点每个机组不同时的情况。若两台机组的叠梁门运行状态相同时，则两机组过流水温之差为系统误差；若运行状态不同时，两机组过流水温之差为系统误差和叠梁门运行偶然误差之和。通过分析已落门机组与未落门水体的过流水体水温之间的相关关系，即可得到叠梁门对下泄水温的影响。具体的流程见图 3。

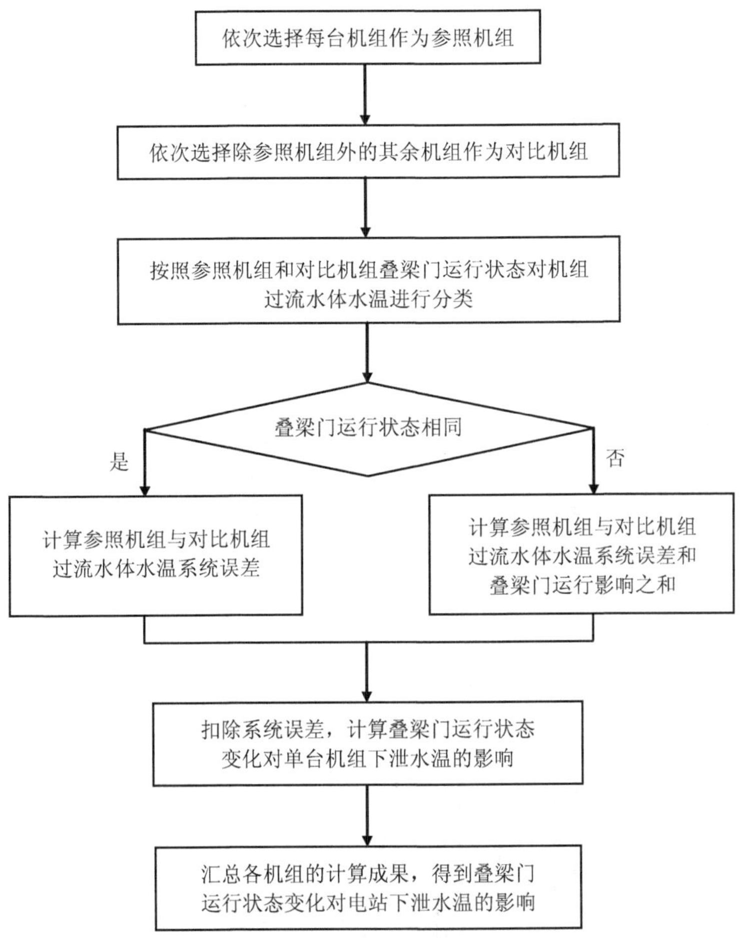

图 3　机组过流水体水温分析流程示意

3　下泄水温改善措施的监测体系分析

考虑到现有的常规水温监测体系无法满足分层取水措施运行效果评估精度要求，因此需依据数据分析、构建更为全面的针对下泄水温改善措施运行效果评估的水温监测体系。该体系包含坝前水温监测、机组过流水体水温监测、机组尾水和电站下泄水温监测。下面以叠梁门作为分层取水措施的代表（见图 4），以隔水幕墙作为拦挡式下泄水温改善措施的代表（见图 5），介绍该体系水温测点的布设。

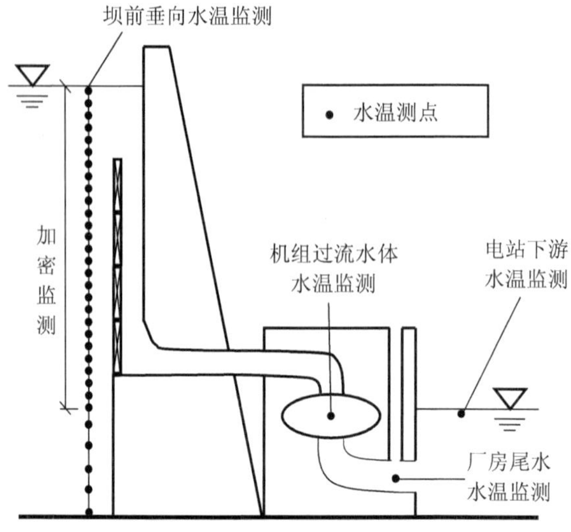

图 4　分层取水措施水温监测体系示意

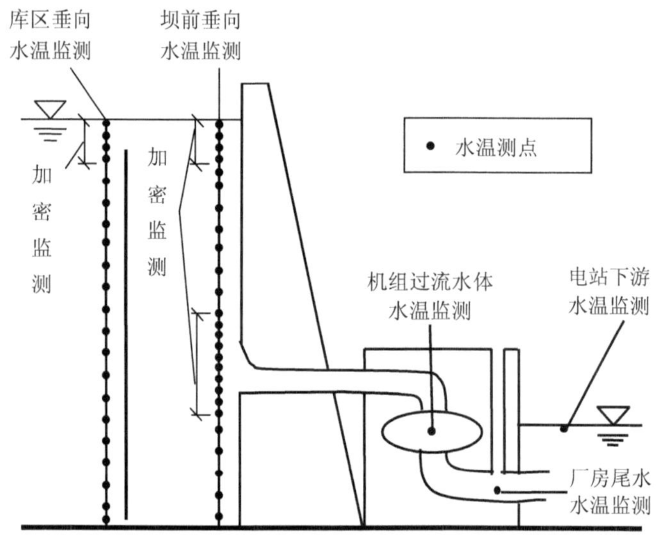

图 5　拦挡式下泄水温改善措施监测体系示意

3.1　坝前水温加密监测

坝前垂向水温监测的精细程度对运行效果的评估至关重要。对于下泄水温改善措施的坝前水温监测，需针对其取水形式进行水温测点加密。对于分层取水措施，需通过分析下泄水温与其取水高程范围内坝前水温的相关关系来评估其下泄水温，因此测点加密范围需覆盖分层取水范围，并向上和向下适当扩充。对于隔水幕墙等拦挡式措施，不仅需加密其顶部过流通道范围内的水温测点，还需加密坝前电站进水口高程范围的水温测点。

3.2 机组过流水体水温监测

对于每台机组过流水温的监测，可有效提高电站下泄水温的测量精度。在水轮机组装配时，会预埋数百枚用于水温监测的温度传感器，以感知机组各部件的运行状态。这些温度传感器监测频率可达到逐小时，且数据储存于机组运行日志中，提取非常方便。其中，水导轴承冷却水、空冷器冷却水等均取自机组尾水或进水管道，其进水水温与机组的进水、出水水温相同，因此其进水水温可作为机组过流水体水温的代表值，用于数据分析。

3.3 机组尾水和电站下泄水温监测

对于大多数电站，各尾水洞均设有检修井，在此处布设在线水温监测工具可获得各尾水洞的出水水温。通过将各尾水洞水温与电站下游水温一起进行系统分析，可排除大量监测误差，显著提高下泄水体水温的监测精度，为下泄水温改善措施的运行效果评估提供良好的数据基础。

4 在叠梁门措施运行效果分析中的应用

4.1 电站叠梁门运行情况简介

西南地区某水电站具备不完全年调节性能，水温结构为混合型，春夏季呈现出较为明显的水温分层特征，秋冬季温度分层现象不明显。电站共有机组 18 台，每三台机组共用一个尾水洞，所有机组进水口的底板高程为 518 m，上游设挡水叠梁门，闸门孔口尺寸 3.8 m×48 m（宽×高），为平面滑动叠梁闸门，共分 4 层，每层高度 12 m。电站叠梁门运行分为落门、正常运行和提门 3 个阶段，运行时间起于 1 月 15 日，止于 5 月 3 日，历时总计 109 天。落门阶段完成第一层 90 扇叠梁门落门工作，历时 25 天；正常运行阶段维持单层叠梁门运行，历时 68 天；提门阶段完成 90 扇叠梁门提门工作，历时 16 天。

4.2 水温监测系统布设

4.2.1 坝前垂向水温监测

在该电站坝前断面布设光纤测温主机监测垂向水温，每日进行 24 段 24 次观测，水温测点间隔为 1 m，属全断面加密监测；设备通过 RS232 接口与控制终端设备 RTU（YAC9900）连接。RTU 定时读取的测量主机中自动采集的各层水温数据通过 GPRS/GSM 发送至中心站。

4.2.2 发电机组水导水温监测

该电站机组（和主变）技术供水系统的取水部位在机组水轮机尾水管处、系统分机组技术供水系统和主变技术供水系统，而水导轴承的冷却水取自机组技术供水系统，水导轴承的冷却水的进水温度（以下简称水导进水水温）可作为发电机组过流水体水温的参照。水导水温监测时间为 3 h，该数据由机组运行日志自动储存，无须额外监测，从运行日志内提取即可。

4.2.3 下泄水温监测

本次监测分别于 1#尾水洞（1#～3#机组尾水）、6#尾水洞（16#～18#机组尾水）、电站左右岸尾水、电站下游 1 km 处布设下泄水温测点，测点共计 5 个。各测点水温均为逐小时监测，数据传输方式同坝前垂向水温监测。

4.3 叠梁门运行效果分析

4.3.1 下泄水温数据修正

电站下泄水温各测点实测值与修正值见图 6。对于电站下游水温监测数据，水温监测值在 4 月 4—17 日出现较大波动，其中 4 月 6—10 日测量值为 20～27℃，平均值为 23.8℃。远高于同期左岸、右岸尾水水温和 1#尾水洞、6#尾水洞水温，以及同期电站库区取水口中心高程（523 m）处水温（15.2～15.7℃），存在不合理现象，将该时段水温监测数据删除。

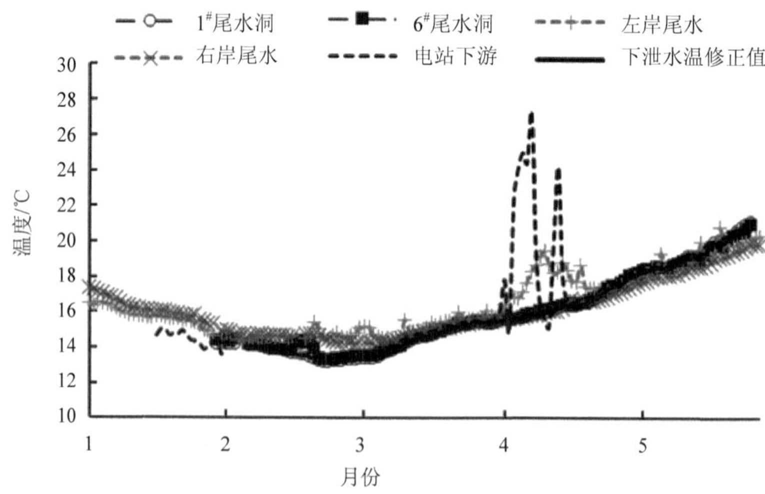

图 6 电站下泄水温实测值与修正值

1#尾水洞、6#尾水洞水温与电站下游水温监测值平均偏差分别为 0.18℃和 0.2℃，除个别时段外，其监测值与电站下游水温监测值基本相符。而左岸、右岸尾水监测数据与电站下游监测数据差别较大，左岸平均偏差为 0.86℃，右岸平均偏差为 0.43℃。基于此，可认为 1#尾水洞和 6#尾水洞的水温监测数据和电站下游除 4 月 4—17 日时段外的水温监测数据基本能反映电站下泄水温的变化过程。

从测点区位来看，选取电站下游的监测数据为基准。鉴于 1#和 6#机组的监测数据与电站下游水温最为接近，水温偏差在可接受范围内，因此对部分存在小幅度异常波动的数据，以 1#和 6#机组的监测数据作为替代进行修正。

由上述分析可见，从机组尾水水温、左右岸尾水水温和电站下游水温 3 个维度对下泄水温进行分析，可为各站点的水温监测值的对比分析提供数据基础，使得设计人员能对电站下游水温监测值进行充分修正。若按照常规监测方案，仅监测电站下游水温，则无法为设计人员提供监测数据合理性分析的依据，也无法合理修正监测时出现的异常值。

4.3.2 坝前水温与下泄水温的对比分析

基于均方误差的计算分析，发现未运行叠梁门时，530 m 高程处水温与下泄水温最为接近，均方误差为 0.04℃；运行叠梁门时，537 m 高程处水温与下泄水温最接近。以 530 m 高程处的坝前水温作为电站进水口下泄水温代表，537 m 高程处的坝前水温作为叠梁门取水的下泄水温代表，计算得到叠梁门运行期间每日运行和未运行的下泄水温（见图 7）及叠梁门的下泄水温改善效果（见图 8）。

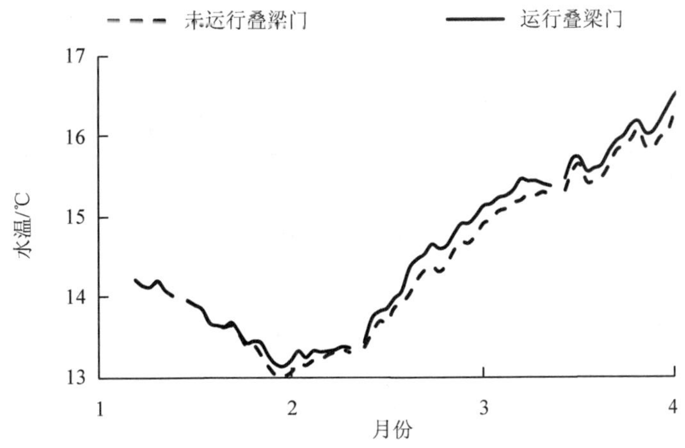

图 7 运行和未运行叠梁门时的下泄水温

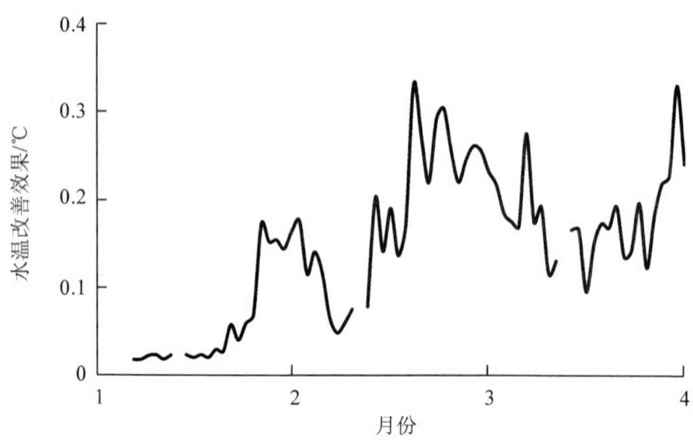

图 8 叠梁门水温改善效果

在春季之前，库区温跃层尚未形成，因此叠梁门水温改善效果不明显。3 月上旬以后，库区温跃层形成，叠梁门的运行效果逐渐体现，为 0.1～0.3℃。由于该时段水库水位较低，仅运行一层叠梁门，因此水温改善效果较为有限。

4.3.3 机组过流水体水温分析

通过对叠梁门落门和提门阶段，各机组水导进出水水温的对比计算分析，得出叠梁门运行对各机组下泄水温的影响。落门阶段的计算结果见表 1，提门阶段的计算结果见表 2。

表 1 叠梁门落门对各机组水导水温的影响程度

机组编号	1#	4#	5#	6#	10#	11#	12#	13#	14#	17#
水温变化/℃	+0.10	+0.03	+0.10	−0.04	+0.03	−0.05	−0.02	+0.03	+0.08	+0.03

表 2 叠梁门提门对各机组水导水温的影响程度

机组编号	11#	12#	14#	15#	16#	17#
水温变化/℃	−0.31	−0.19	−0.21	−0.10	−0.15	−0.25

在落门阶段，各机组水导水温总体呈现出略微的上升趋势；该阶段处于冬末春初，库区温度分层尚未形成，因此升温效果有限。在提门阶段，各机组水温均有所下降，平均降幅为 0.20℃。

5 结论与展望

5.1 结论

由于目前部分下泄水温改善措施的水温改善效果有限，与水温的日间变幅、水温监测准确度处于同一量级，仅通过基础的坝前垂向水温和下泄水温监测，难以直接真实反映下泄水温改善措施的运行效果。针对这一局限，本文基于坝前水温与下泄水温的相关性，以及不同机组过流水温差异分析原理，提出了以坝前水温加密监测，机组过流水温、尾水水温、下游水温多方位监测的水温监测体系。以西南山区某电站叠梁门运行效果评估为例，介绍该水温监测体系的应用，并通过对坝前水温与下泄水温的对比分析和机组水导水温的对比分析对叠梁门运行效果进行评估，说明了该监测体系的可行性。

5.2 展望

下泄水温改善措施运行后，将对水库水温结构产生一定程度的影响，即运行或未运行分层取水措施，坝前水温将出现一定程度的差异。对于单个电站，其气象、水文、电站调度等边界条件均会对坝前水温产生影响，由于上述边界条件均不具备可重复性，后续将进一步获取长系列的实测水温数据，通过统计分析方法进一步减少随机因素影响，提高分析精度。

参考文献

[1] 刘玉璐. 水库下泄低温水对河道水温影响研究[D]. 南京：河海大学，2008.

[2] 张士杰，刘昌明，谭红武，等. 水库低温水的生态影响及工程对策研究[J]. 中国生态农业学报，2011，19（6）：1412-1416.

[3] 刘仲桂. 水库水温与水导丰产灌溉[M]. 北京：水利电力出版社，1985.

[4] 薛联芳，顾洪宾，冯云海. 减缓水电工程水温影响的调控措施与建议[J]. 环境影响评价，2016，38（3）：5-8.

金沙江上游巴塘水电站生态调度保护模式研究

刘　睿

（中国电建集团西北勘测设计研究院，西安 710065）

摘　要：水利水电工程建设会阻断天然河流的连续性，改变河流的水文情势，破坏鱼类栖息环境，因此需提出有效的生态调度措施。通过对巴塘水电站生态调度模式的分析，提出了一种水生生态环境保护思路：采取“高坝大库+反调节水库”梯级布置，上游梯级进行调峰运行以实现经济效益，下游梯级进行反调节调度以保护下游河段，实现经济效益与环境保护的“双赢”。

关键词：巴塘水电站；鱼类保护；生态调度模式

Study on Ecological Dispatching Model of Batang Hydropower Station on the Upper Reaches of Jinsha River

Abstract：The construction of water conservancy and hydropower projects will block the continuity of natural rivers，change the hydrological situation of rivers，destroy the habitat of fish，and therefore need to provide effective ecological dispatching measures. Through the analysis of the ecological dispatching model of Batang hydropower station，this paper puts forward an idea of aquatic ecological environment protection：take the cascade arrangement of “high dam large reservoir + anti-regulation reservoir”，upstream cascade carry out peak load operation in order to realize economic benefit，downstream cascade to adjust the dispatching regulation to protect the downstream river，to achieve economic and environmental protection win-win situation.

Keywords：Batang hydropower station；fish protection；ecological dispatching model

1　工程概况

巴塘水电站工程位于四川省和西藏自治区交界的金沙江干流，是金沙江上游梯级规划中的第 9 级电站，上接拉哇水电站，下游 12 km 后为苏洼龙水电站。该水电站为Ⅱ等大（2）型工程，坝址处多年平均流量为 859 m^3/s，装机容量为 750 MW，总库容为 1.42 亿 m^3，调节库容为 0.21 亿 m^3，回水长度为 18.4 km，具有日调节能力。金沙江上游河段梯级开发方案见图 1。

2　巴塘水电站坝下河段产卵场分布

巴塘水电站所在河段分布有 10 种鱼类，隶属 2 目 3 科 5 属，其中鲤形目 2 科 4 属 8 种，鲇形目 1 科 1 属 2 种。鱼类名录详见表 1。

表 1　巴塘水电站所在河段鱼类名录

鲤形目				鲇形目
鳅科（条鳅亚科）	鲤科（裂腹鱼亚科）			鮡科
高原鳅属	裂腹鱼属	裸裂尻鱼属	裸鲤属	石爬鮡属
安氏高原鳅	长丝裂腹鱼	软刺裸裂尻鱼	硬刺松潘裸鲤	青石爬鮡
勃氏高原鳅	短须裂腹鱼			黄石爬鮡
细尾高原鳅	四川裂腹鱼			

河段内鱼类无《国家重点保护水生野生动物名录》及《中国濒危动物红皮书》所列种类。其中，长丝裂腹鱼和青石爬鮡为四川省重点保护种，在《中国物种红色名录》中，青石爬鮡被列为极危种（CR），长丝裂腹鱼列为濒危种（EN）。勃氏高原鳅、短须裂腹鱼、长丝裂腹鱼、四川裂腹鱼、软刺裸裂尻鱼、硬刺松潘裸鲤、黄石爬鮡、青石爬鮡等 8 种为长江上游特有鱼类。

该区段鱼类有 2 个主要繁殖期，第 1 个繁殖期在 3—4 月，以裂腹鱼类为主，裂腹鱼类多产卵于砾石缝隙或黏附于砾石上。第 2 个繁殖期在 8—9 月，属金沙江丰水期，以软刺裸裂尻鱼为主。

根据现场调查，巴塘水电站所在河段的鱼类产卵场主要分布在巴塘坝下至苏洼龙库尾江段，拉哇至巴塘江段产卵场分布较少。在坝下的 12 km 河段内，分布着 3 处鱼类产卵场（见表 2）。

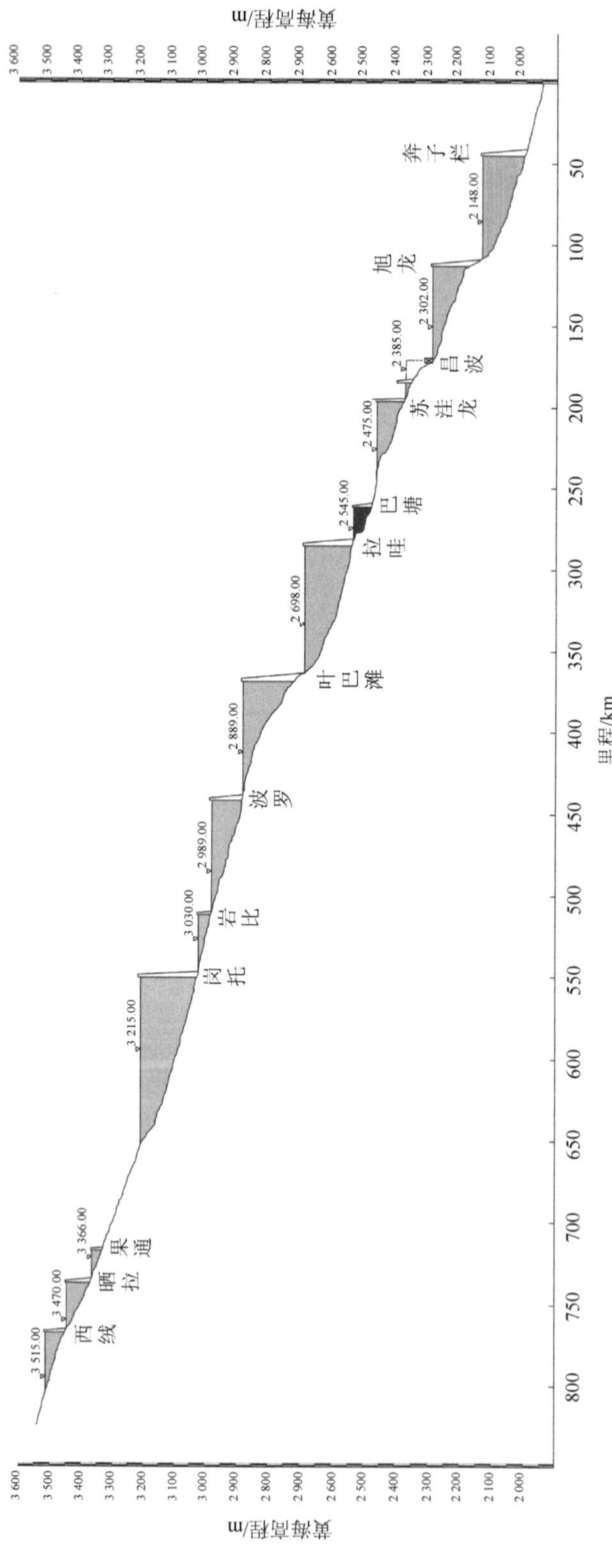

图 1 金沙江上游河段梯级开发方案

表 2 巴塘水电站坝下 12 km 河段产卵场基本情况

产卵场	主要产卵鱼类	环境条件	流速/（m/s）	底质	水深/m
巴塘水电站坝址以下 0.66 km（长度 2.8 km）	裂腹鱼类、高原鳅类	岸边浅滩	0.3～1.0	砾石、细沙	＜1.0
巴塘水电站坝址以下 3.86 km（长度 1.6 km）	裂腹鱼类、高原鳅类	岸边浅滩	0.3～1.0	卵石、小砾石、细沙	＜1.0
巴塘水电站坝址以下 10.36 km（长度 4 km）	裂腹鱼类、高原鳅类	连续长浅滩	0.3～1.0	卵石、小砾石、细沙	＜1.0

根据梯级规划布置可以看出，巴塘水电站上游均为高坝大库，仅在巴塘坝下至苏洼龙库尾之间存在 12 km 的天然河段，且存在 3 处集中产卵场，水生生态环境敏感，因此需通过生态调度的方式减缓工程建设对坝下水文情势的影响，保护下游河段的水生生态环境。

3 巴塘水电站生态调度方案

根据现场调查可知，巴塘上游的叶巴滩水电站已经开工建设，叶巴滩水电站具有不完全年调节性能，调度方式会影响巴塘水电站的上游来水量，对巴塘水电站的生态调度运行有一定制约作用，因此巴塘水电站的生态调度方案需在上游叶巴滩水电站调度的基础上制订，叶巴滩水电站的生态调度方案见表 3。

表 3 叶巴滩水电站下游生态流量过程说明

时段		生态流量过程
时间划分	时段划分依据	流量过程
1—2 月	非鱼类集中产卵期	不低于 132 m^3/s
3—4 月	长丝裂腹鱼产卵期	在鱼类产卵期 3—4 月下泄流量不低于 272 m^3/s，期间每月各进行一次为期 10 天的生态调度过程，期间电站不进行日内调峰，按不低于上游来流量泄流
5—7 月	非鱼类集中产卵期	不低于 132 m^3/s
8—9 月	软刺裸裂尻鱼产卵期	在鱼类产卵期 8—9 月下泄流量不低于 405 m^3/s，期间每月各进行一次为期 10 天的生态调度过程，期间电站不进行日内调峰，按不低于上游来流量泄流
10—12 月	非鱼类集中产卵期	不低于 132 m^3/s

根据叶巴滩的生态调度方式，在鱼类产卵期的 3—4 月以及 8—9 月仅进行 10 天的生态调度，其余时间为调峰运行。基于以上生态调度方式，为保护下游 12 km 干流天然河段，巴塘水电站预留了 0.125 亿 m^3 的生态反调节库容，对上游梯级的调峰过程进行坦化。具体的生态调度过程见表 4。

表 4　巴塘水电站生态流量过程说明

时段		生态流量过程
时间划分	时段划分依据	流量过程
1—2 月	非鱼类集中产卵期	不低于 138 m^3/s，弱化调峰幅度
3—4 月	长丝裂腹鱼产卵期	在鱼类产卵期，3—4 月下泄流量不低于 277 m^3/s；根据上游叶巴滩电站的生态调度时间，每月分别进行一次至少持续 10 天的生态调度过程，期间巴塘水电站日内不调峰，按照上游来水量进行下泄。在 3—4 月的其他时段，巴塘水电站对上游叶巴滩电站进行反调节，日内不调峰
5 月	鱼类产卵期（水温影响延迟）	不低于 138 m^3/s，对上游叶巴滩电站进行反调节，日内不调峰
6—7 月	非鱼类集中产卵期	不低于 138 m^3/s，弱化调峰幅度
8—9 月	软刺裸裂尻鱼产卵期	在鱼类产卵期，8—9 月下泄流量不低于 413 m^3/s；根据上游叶巴滩电站的生态调度时间，每月分别进行一次至少持续 10 天的生态调度过程，期间巴塘水电站日内不调峰，按照上游来水量进行下泄。在 8—9 月的其他时段，巴塘水电站对上游叶巴滩电站进行反调节，日内不调峰
10—12 月	非鱼类集中产卵期	不低于 138 m^3/s，弱化调峰幅度

按照巴塘水电站的生态调度过程，以平水年 4 月为例分析生态调度后对坝下 0.66 km 处断面水文情势的减缓作用。

平水年 4 月天然情况、巴塘生态调度后、叶巴滩单独运行（没有巴塘水电站进行生态调度的情况下）典型日运行工况下，坝下 0.66 km 处断面流量、断面平均流速、最大水深、水面宽变化见图 2 至图 5。

从图中可以看出，叶巴滩水电站单独运行时，平水年 4 月坝下 0.66 km 处断面流量小时间最大涨幅为 193 m^3/s，小时间最大降幅为 192 m^3/s；断面平均流速小时间最大涨幅为 0.29 m/s，小时间最大降幅为 0.25 m/s；最大水深小时间最大涨幅为 0.25 m，最大降幅为 0.26 m；水面宽小时间最大涨幅和最大降幅均为 2.0 m。巴塘水电站生态调度后，平水年 4 月坝下 0.66 km 处断面各水力参数日内保持恒定。

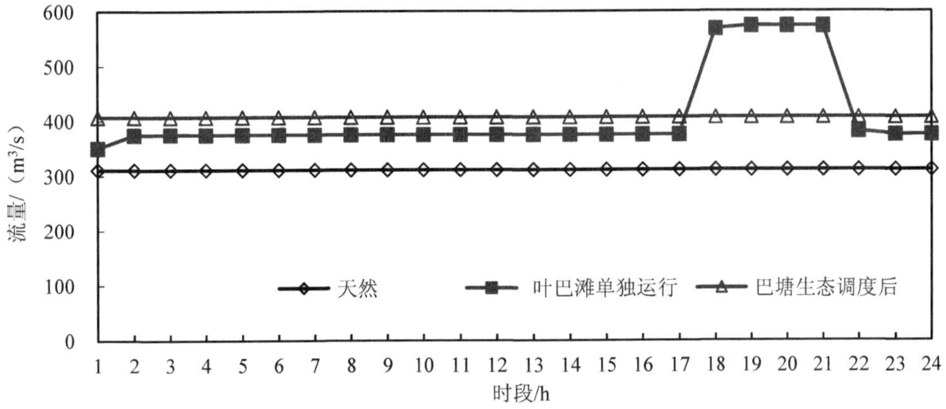

图 2　4 月坝下 0.66 km 处断面流量日内变化

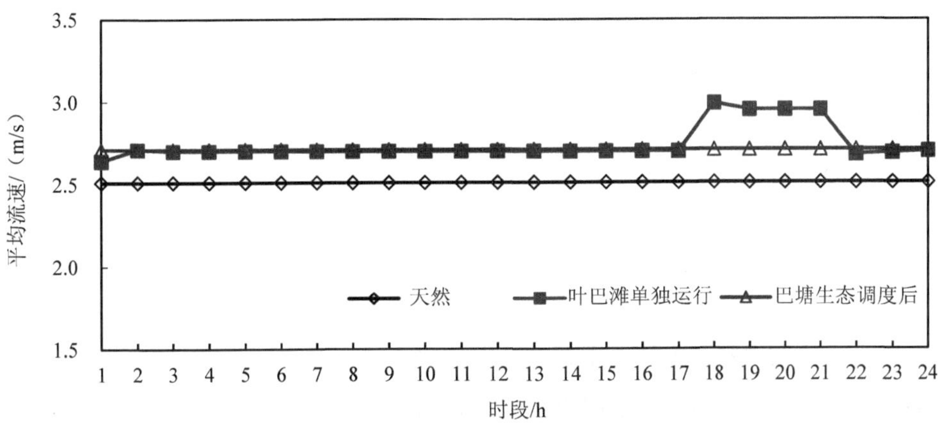

图 3　4 月坝下 0.66 km 处断面平均流速日内变化

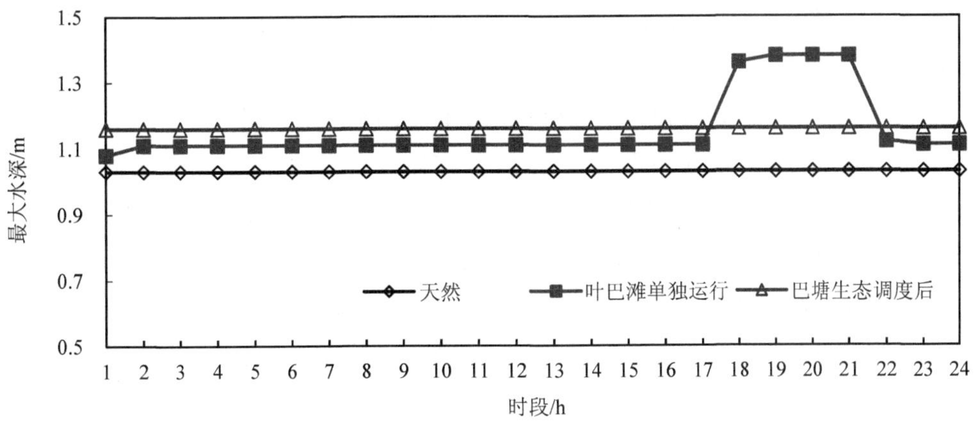

图 4　4 月坝下 0.66 km 处断面最大水深日内变化

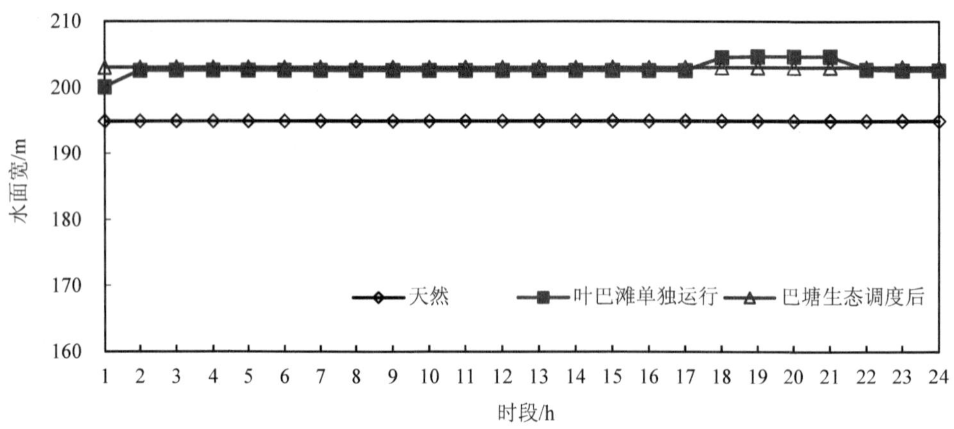

图 5 4 月坝下 0.66 km 处断面水面宽日内变化

巴塘水电站的生态调度对上游叶巴滩的调峰运行过程进行了反调节，使得下游断面的各水力参数日内保持恒定，减缓了水文情势突然变化对下游天然河道的影响，进而保护了水生生态环境。

4 巴塘水电站生态调度模式研究

巴塘水电站的生态调度模式主要是针对河段内梯级联合调度情况提出的，在上游梯级叶巴滩水电站进行调峰运行的情况下，通过预留的生态调度库容对上游梯级进行反调节，进一步减缓对下游河段水文情势的影响，从而保护下游河段的水生生态环境。

与巴塘水电站生态调度模式极为相似的还有大渡河金川水电站和其上游双江口水电站的生态调度模式，双江口水电站进行调峰运行、金川水电站对上游进行反调节生态调度，从而减缓对下游河道水文情势的影响。

巴塘水电站的生态调度模式是在已有梯级布置的基础上提出生态调度的方案，这种调度方案可以兼顾上游梯级的调峰发电效益和下游河段的水生生态环境保护。这为后续的水生生态保护提供了一种思路，即在水电规划阶段就统筹考虑是否存在类似巴塘梯级布置的可能性，从而兼顾环境保护与经济效益。主要思路为：

（1）在河段规划阶段，通过调查河段水生生态现状确定需要保护的河段。

（2）为兼顾水生生态保护和发电效益，在推荐梯级实施方案中，采取高坝大库+反调节水库的方式。

（3）采取类似于巴塘水电站的生态调度方式，既保障上游梯级的调峰运行效益，又减缓对下游水文情势的影响。

（4）通过以上的生态调度模式达到水生生态保护与经济效益“双赢”的效果。

5 结语

巴塘水电站的生态调度模式是对上游梯级生态调度方式的补充，在上游梯级进行调峰运行时，通过调节库容对上游梯级进行反调节，从而减缓工程运行对坝下河段水文情势的影响。

通过对巴塘水电站生态调度模式的分析，提出了一种水生生态保护的思路，在水电规划阶段就统筹考虑水生生态保护，通过高坝大库+反调节水库的梯级布置，一方面保障上游梯级调峰运行的经济效益，另一方面通过下游梯级的反调节调度来减缓工程运行对下游河段水文情势的影响。

巴塘水电站的生态调度方式为水生生态保护提供了一种新的思路，在后续的工作中需要进一步研究梯级生态调度的联动机制，通过调度方式的改变，实现经济效益与环境保护的“双赢”。

参考文献

[1] 陈学强，牛天祥. 基于鱼类保护的水电站生态调度的初探[J]. 西北水电，2013（3）：12-14.

[2] 曹娜，毛战坡. 大渡河干流水电开发中鱼类保护对策及建议[J]. 水利水电技术，2017，48（3）：116-121.

[3] 张陆良，蒋红，孙大东，等. 双江口水电站鱼类栖息地保护方案设计[J]. 环境影响评价，2015，37（3）：22-25.

[4] 黄光明，王海龙，王伟营，等. 澜沧江流域鱼类栖息地保护实践[J]. 水生态学杂志，2015，36（6）：86-90.

[5] 范骢骧，李永，唐锡良. 基于鱼类产卵期栖息地需求的水库生态调度方法研究[J]. 四川环境，2017，36（2）：132-138.

[6] 中国电建集团成都勘测设计研究院有限公司. 金沙江上游叶巴滩水电站环境影响报告书（报批稿）[R]. 2016.

[7] 中国电建集团西北勘测设计研究院有限公司. 金沙江上游巴塘水电站环境影响报告书（报批稿）[R]. 2017.

龙开口水电站坝上坝下鱼类群落结构变化趋势

王红丽[1,3]　王海龙[2]　张宏伟[1]　王烈恩[2]　郑　欢[1,3]　王　齐[1,3]　杨　标[1]

（1. 武汉中科瑞华生态科技股份有限公司，武汉 430080；2. 华能澜沧江水电股份有限公司，昆明 650214；3. 武汉中科瑞华检测技术有限公司，武汉 430080）

摘　要：2016 年 3 月至 2017 年 4 月在龙开口水电站库区和坝下江段开展鱼类资源调查，库区 6 个采样点，坝下 3 个采样点，共采集到鱼类 4 目 9 科 32 属 42 种。该江段主要种为短须裂腹鱼（*Schizothorax wangchiachii*）、细鳞裂腹鱼（*Schizothorax chongi*）、齐口裂腹鱼（*Schizothorax prenanti*）、圆口铜鱼（*Coreius guichenoti*）、鲫（*Carassius auratus*）、棒花鱼（*Abbottina rivularis*）、子陵吻鰕虎鱼（*Rhinogobius giurinus*）。除以上主要种，坝下还有鲤（*Cyprinus carpio*）、岩原鲤（*Procypris rabaudi*）、鲇（*Silurus asotus*）、泉水鱼（*Pseudogyrincheilus procheilus*）、䱗（*Hemicculter Leuciclus*）、麦穗鱼（*Pseudorasbora parva*）、红尾副鳅（*Paracobitis variegatus*）、蛇鮈（*Saurogobio dabryi*）和鲢（*Hypophthalmichthys molitrix*）等类群。坝上坝下鱼类主要类群较为一致，但是坝下鱼类资源更为丰富，其鱼类群落多样性指数为 2.751、丰富度指数为 5.322，均高于坝上。但是与建坝前相比，库区鱼类群落结构由流水型鱼类向水库型演变，坝下鱼类总种类锐减 12 种，对水流和底质要求较低的经济性鱼类如䱗、麦穗鱼及家鱼类占据生态位，喜高流速砂石底质的中华金沙鳅（*Jinshaia sinensis*）、犁头鳅（*Lepturichthys fimbriata*）、宽鳍鱲（*Zacco platypus*）、前鳍高原鳅（*Triplophysa anterodorsali*）、长薄鳅（*Leptobotia elongata*）等类群大量锐减。主要捕捞群体短须裂腹鱼、细鳞裂腹鱼和齐口裂腹鱼的生长以库区占据优势，坝下鱼类捕捞规格相对偏小。坝上坝下圆口铜鱼平均捕捞体长为 19.98 cm 和 22.35 cm，比长江干流江段建议的最小捕捞个体 27.8 cm 要小。总之，与建坝前相比，龙开口坝上坝下处于鱼类群落演变期，其中坝下资源呈萎缩状态，本次调查中坝下江段尚未采集到四川裂腹鱼（*Schizothorax kozlovi*）、中华金沙鳅、前臀鮡（*Pareuchiloglanis anteanalis*）、安氏高原鳅（*Triplophysa angeli*）等具保护价值的特有鱼类。

关键词：龙开口水电站；鱼类资源；坝下；变化趋势

Variation Trend of Fish Community in Upper and Under Longkaikou Dam

Abstract: We took an investigation for fish resources of six sampling sites in upper and three sampling sites under the Longkaikou dam from March 2016 to April 2017. There were 42 fish species investigated which attributed to 32 genus, 9 families, 4 orders. The main fish species in upper and under dam were *Schizothorax wangchiachii*, *Schizothorax chongi*, *Schizothorax prenanti*, *Coreius guichenoti*, *Carassius auratus*, *Abbottina rivularis*, *Rhinogobius giurinus*. Besides these species, *Cyprinus carpio*, *Procypris rabaudi*, *Silurus asotus*, *Pseudogyrincheilus procheilus*, *Hemicculter Leuciclus*, *Pseudorasbora parva*, *Paracobitis variegatus*, *Saurogobio dabryi*, *Hypophthalmichthys molitrix* etc. were main species under dam. Though the main species in under dam were accordance with the upper dam species, the fish resources were more abundant in under dam whose fish diversity index was 2.751 and richness index was 5.322. However, comparing to the fish community before the construction of dam, fish community in upper dam were evoluting from running river adapted species to reservoir adapted species. Fish community under dam variated with the newcomer of *Hemicculter Leuciclus*, *Pseudorasbora parva* and Chinese carps which had lower requirement for water velocity and river substrate. Fishes under dam like *Jinshaia sinensis*, *Lepturichthys fimbriata*, *Zacco platypus*, *Triplophysa anterodorsali*, *Leptobotia elongata* which were likely to flow water and sand substrate declined sharply. The main species *Schizothorax wangchiachii*, *Schizothorax chongi* and *Schizothorax prenanti* grew bigger in reservoir comparing to the under dam. The averaged catching size of *Coreius guichenoti* in reservoir and under dam were 19.98 cm and 22.35 cm, respectively which were lower than the suggested catching body length 27.8 cm in stem stream of Yangtze river. All in all, fish community in upper and under dam were in evolution and reduction, respectively. The endemic fishes to upper reaches of Yangtze river like *Schizothorax kozlovi*, *Jinshaia sinensis*, *Pareuchiloglanis anteanalis*, *Triplophysa angeli* and so on had not been collected which valued for protection.

Keywords: Longkaikou dam; fish resources; under dam; variation trend

1 引言

龙开口水电站位于云南省大理州鹤庆县龙开口镇境内，是金沙江中游河段一库八级水电开发方案的第六个梯级，是一座以发电为主要开发任务同时兼顾灌溉和供水的水电工程，距上游金安桥水电站 41.4 km，距下游鲁地拉水电站 99.5 km[1-3]。2009 年 1 月，主河床截流，龙开口河道水文情势如流速、流量、水质以及水深等的急剧变化直接影响河中水生生物群落结构，从而影响鱼类种类组成以及数量[4]。大坝修建对该江段鱼类资源的具体影响如何，是否有必要采取相应的管理与保护措施？目前，该江段鱼类群落结构研究尚属空白，仅在建坝前 2007 年 8 月的《金沙江龙开口水电站水生生态环境影响研究专题报告》中有涉及鱼类资源调查。

为了解龙开口水电站库区、坝下江段的鱼类群落结构及变化趋势，2016 年 3 月至 2017 年 4 月，对龙开口水电站库区、坝下江段的鱼类资源展开了周年调查，旨在为该江段的鱼类资源保护提供依据，并列出保护建议。

2 材料与方法

2.1 采样时间与地点

2016 年 3 月至 2017 年 4 月，分别在龙开口水电站库区和坝下进行鱼类资源调查，其中库区 6 个采样点，分别为金安桥坝下、梓里、龙门村、沙田村、上甘村和小庄河口，距龙开口水电站坝址的距离分别为 40 km、35 km、18 km、11 km、5 km 和 1 km；坝下 3 个采样点，分别为永久桥、漾弓江河口和相子坪村，距龙开口水电站坝址的距离分别为 0.5 km、3.5 km 和 6 km。采样点示意见图 1。

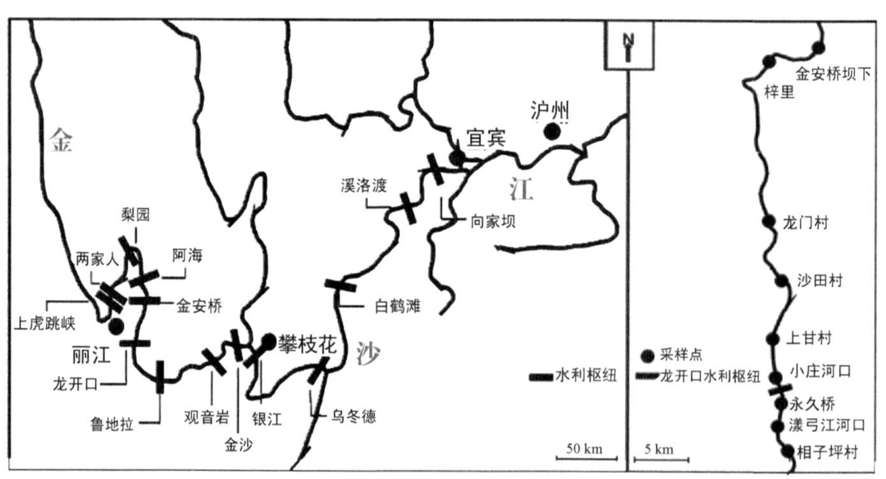

图 1 金沙江梯级布置及采样点位置

2.2 样本采集与鉴定

鱼类资源调查按照《水库渔业资源调查规范》（SL 167—2014）以及《内陆水域渔业自然资源调查手册》[5]进行。调查中使用网具为地笼网（20.0 m×0.4 m×0.4 m）和三层刺网（内层网目 2～3 cm，外层网目 8～10 cm）。根据《中国鱼类系统检索》[6]、《云南省鱼类志》[7]和《横断山区鱼类》[8]等资料对所采集的样本进行物种分类与鉴定。渔获物样本测量中体长精确到 1 mm，体重精确到 0.1 g。

2.3 数据处理

使用 Microsoft Excel 2013 和 SPSS19.0 软件进行数据分析和处理。其中，鱼类群落结构多样性、丰富度和均匀度分析分别采用 Shannon-Wiener、Margalef 和 Pielou 三种指数。

Shannon-Wiener 多样性指数（H'）反映群落结构的复杂程度，是衡量种类数和均匀度的综合指标，公式：

$$H'=-\sum(P_i/P)\ln(P_i/P) \tag{1}$$

式中，P_i 为第 i 种鱼类的个体数；P 为鱼类总物种数量。

Margalef 指数（D_{Ma}）反映了生物群落中物种的丰富程度，公式：

$$D_{\mathrm{Ma}}=(S-1)/\ln N \tag{2}$$

式中，S 为鱼类的种类数；N 为渔获物所有物种总尾数。

Pielou 均匀度指数（J'）反映了生物群落中各物种间个体均匀分布的程度，公式：

$$J'=H'/\ln S \tag{3}$$

式中，S 为鱼类的种类数；H' 为 Shannon-Wiener 多样性指数。

3 结果

3.1 种类组成

2016 年 3 月至 2017 年 4 月，对龙开口水电站库区、坝下的渔获物调查，共统计渔获物 101.1 kg，采集鱼类样本 1 389 尾。分别隶属于 4 目 9 科 32 属 42 种（附表 1），其中长江上游特有鱼类 13 种，占种类数的 29.55%。采集到鲤形目 3 科 26 属 35 种，鲇形目 4 科 4 属 5 种，鲈形目 1 科 1 属 2 种，鲟形目 1 科 1 属 1 种，分别占鱼类总种类数的 83.33%、11.91%、2.38%和 2.38%。以鲤科鱼类种类占比最高，为 61.90%，26 种；其次是鳅科，占 16.67%，7 种。

库区采集到鱼类 24 种，主要以圆口铜鱼、细鳞裂腹鱼、短须裂腹鱼、齐口裂腹鱼、棒花鱼、鲫、子陵吻鰕虎鱼 7 种较为常见。坝下采集鱼类 37 种，主要种为圆口铜鱼、细鳞裂腹鱼、短须裂腹鱼、齐口裂腹鱼、棒花鱼、鲫、子陵吻鰕虎鱼、泉水鱼、麦穗鱼、䱗、红尾副鳅、鲤、鲇等。坝下鱼类物种数和主要类群较库区丰富。

3.2 鱼类群落结构多样性

库区鱼类资源 Shannon-Wiener 多样性指数（H'）为 2.233，Margalef 丰富度指数（D_{Ma}）为 2.912，Pielou 均匀度指数（J'）为 0.773（见表 1）。坝下鱼类资源 Shannon-Wiener 多样性指数（H'）为 2.751，Margalef 丰富度指数（D_{Ma}）为 5.322，Pielou 均匀度指数（J'）为 0.756。龙开口水电站坝下鱼类群落结构物种多样性和丰富度均显著较库区高（$P<0.05$），均匀度同坝下无差异（$P>0.05$）。

表 1　库区和坝下鱼类群落多样性指数

地点	种类数	多样性（H'）	丰富度（D_{Ma}）	均匀度（J'）
库区	18	2.233	2.912	0.773
坝下	38	2.751	5.322	0.756

3.3 主要渔获物捕捞规格

龙开口江段主要渔获物的体重、体长及数量分布见表 2。库区主要类群，除棒花鱼、鲫、鲤、鲇等小型经济鱼类，主要以长江上游特有鱼类短须裂腹鱼、细鳞裂腹鱼、齐口裂腹鱼、圆口铜鱼 4 种为主，分别占渔获物总重的 5.51%、18.10%、6.31%、25.98%，合计 55.90%。坝下鱼类主要类群短须裂腹鱼、细鳞裂腹鱼、齐口裂腹鱼、圆口铜鱼占渔获物总重分别为 8.17%、9.68%、7.76%、31.40%，合计 57.01%。此外，鲫、鲇、泉水鱼等是坝下主要渔获物的经济鱼类。

库区江段捕捞到的短须裂腹鱼、细鳞裂腹鱼和齐口裂腹鱼的平均体重分别为 97.01 g、147.56 g 和 111.08 g，均高于坝下的 54.26 g、117.57 g 和 90.43 g；库区平均体长分别是 16.22 cm、23.25 cm 和 16.5 cm，坝下平均体长为 14.5 cm、16.85 cm 和 16.93 cm。圆口铜鱼、鲇等主要类群坝下江段的体重、体长均大于库区江段。短须裂腹鱼、细鳞裂腹鱼、齐口裂腹鱼、泉水鱼和鲫等的生长均以库区占据优势。

表 2 龙开口水电站主要渔获物分析

种类	库区							坝下						
	数量/尾	体重/g		体长/cm		总重/g	重量比/%	数量/尾	体重/g		体长/cm		总重/g	重量比/%
		范围	平均	范围	平均				范围	平均	范围	平均		
短须裂腹鱼	25	11.6～468.3	97.01	9.4～32.5	16 22	2 425.2	5.51	86	5.4～224.6	54.26	7～23.8	14.5	4 666.7	8.17
细鳞裂腹鱼	54	8.2～478.6	147.56	7.5～29.5	23.25	7 968.3	18.10	47	14.6～552.6	117.57	8.6～30.8	16.85	5 525.6	9.68
齐口裂腹鱼	25	11.6～468.5	111.08	9.4～30.1	16.5	2 777	6.31	49	12.9～403.3	90.43	10.2～28.6	16.93	4 430.9	7.76
圆口铜鱼	92	37～317.2	124.32	13.1～26.2	19.98	11 437.4	25.98	106	64～402.8	169.07	16～29.1	22.35	17 921.7	31.40
鲫	46	53.2～119.8	91.05	10.9～14.8	13.40	4 188.1	9.51	94	36.4～151.4	70.04	10.8～16.3	14.02	6 583.9	11.54
鳘	1	—	60.6	—	15.2	60.6	0.14	181	3～13.7	4.69	6～10.6	8.02	849.5	1.49
棒花鱼	34	4.2～9.8	3.72	4.4～7.2	5.89	126.6	0.29	68	1.4～11.8	4.77	4～7.7	6.29	324.3	0.57
麦穗鱼	9	1.8～7.5	3.72	3.3～7.6	5.87	33.5	0.08	99	0.1～5.2	2.23	2.8～6.2	4.34	221.1	0.39
鲇	5	50.6～1 507.6	109.43	13.5～28.4	20.02	1 945.3	4.42	24	46.7～769.6	196.29	18.8～47.2	25.36	4711	8.25
泉水鱼	7	58.7～202.3	129.16	16.3～23.4	20.23	904.1	2.05	59	13.8～160.4	103.33	8.9～22.2	16.29	4 856.7	8.51
其他鱼类	45	—	—	—	—	12 153.1	27.61	575	—	—	—	—	6 985.6	12.24

4 讨论

4.1 种类组成

库区和坝下鱼类群落结构差异显著，以坝下鱼类资源更为丰富。坝下江段鱼类主要组成覆盖了坝上主要群落，此外泉水鱼、麦穗鱼、餐、红尾副鳅、鲤、鲇等中小型经济鱼类也是坝下主要分布类群。该江段长江上游特有鱼类主要类群分布一致，均以圆口铜鱼、细鳞裂腹鱼、短须裂腹鱼、齐口裂腹鱼为主。

坝上区域种类组成与 2004 年[9]调查种类数一致，但是出现了餐、鲢等适合库区缓流水或静水栖息的鱼类，以及营底栖生活的鲤、泉水鱼、圆口铜鱼、蛇鮈、圆筒吻鮈、中华沙鳅、紫薄鳅、鲇、中华纹胸鮡、岩原鲤、杂交鲟等。喜流水性鱼类如云南盘鮈、墨头鱼、红尾副鳅、福建纹胸鮡、前臀鮡等在本次调查中尚未出现。大坝截流后，龙开口水电站坝址上游形成水库已有 8 年，库区处于由流水型生态系统向水库型生态系统转变的时期，库区鱼类也由流水性物种向静水或缓流水种类变化。这种系统变化类似三峡水库形成后外来物种入侵，由于水流形态的改变，库区初级营养盐输入增加以及初级生产力的增加为外来物种提供了空缺生态位，利于广适性物种和外来种的生存[10-11]。

坝下区域鱼类总种数与建坝前相比，大量鱼类在本次调查中未采集到，且出现了新的种类，但总种类数少 12 种。未采集到的鱼类包括繁殖季节做短距离生殖洄游的长丝裂腹鱼（*Schizothorax dolichonema* Herzenstein），喜流水性鱼类宽鳍鱲、白甲鱼（*Onychostoma sima*）、四川华吸鳅（*Sinogastromyzon szechuanensis* Fang）、福建纹胸鮡（*Glyptothorax fukianensis*），长江上游特有鱼类西昌白鱼（*Anabarilius liui*）、四川裂腹鱼、中华金沙鳅、前臀鮡、安氏高原鳅、硬刺松潘裸鲤（*Gymnocypris potanini firmispinatus* Herzensten），以及其他底栖性鱼类如侧纹云南鳅（*Yunnanilus plenrotaenia*）、横纹南鳅（*Schistura fasciolata*）、粗唇鮠（*Leiocassis crassilabris* Günther）、紫薄鳅（*Leptobotia taeniaps*）等。较建坝前新发现的经济性鱼类包括草鱼（*Ctenopharyngodon idellus*）、团头鲂（*Megalobrama amblvcephala*）、青鱼（*Mylopharyngodon piceus*）、鲢、黄颡鱼（*Pelteobagrus fulvidracoi*）、瓦氏黄颡鱼（*Pelteobagrus vachelli*）等，以及喜生活于急缓流交界处的齐口裂腹鱼。

4.2 鱼类群落结构多样性

库区鱼类短须裂腹鱼、细鳞裂腹鱼等长江特有流水性鱼类逐渐减少，静水性经济鱼类鲫和流速要求相比较低的圆口铜鱼和齐口裂腹鱼大量出现。鱼类群落组成发生重大转变，向水库型鱼类群落结构转变。建坝前，坝址上游短须裂腹鱼、鲈鲤、中华金沙鳅、细鳞裂腹鱼为主要种，分别占渔获物重量的 61.21%、16.95%、9.67%和 7.39%[9]。这不同于现在的库区主要鱼类群落组成，即短须裂腹鱼、细鳞裂腹鱼、圆口铜鱼、鲫、齐口裂腹鱼等。

现在鱼类群落结构发生重大转变，喜高流速砂石底质的中华金沙鳅、犁头鳅、宽鳍鱲、前鳍高原鳅、长薄鳅等类群大量锐减，对水流条件和砂石底质要求不高的经济性鱼类如餐、泉水鱼、麦穗鱼及家鱼类占据生态位。建坝前，坝址下游渔获物百分比以细鳞裂腹鱼、鲇、宽鳍鱲、鲤、长鳍吻鮈、犁头鳅、中华金沙鳅、圆口铜鱼、红尾副鳅、四川裂腹鱼、前鳍高原鳅、长薄鳅等为主，重量百分比均超 3%[9]。这很大程度上是由于大坝下游河床常年冲刷，床沙粗化[12-13]，原有地形发生重大转变，为底栖鱼类提供了不同于建坝前的生态位。

4.3 主要渔获物捕捞规格

现有裂腹鱼坝上、坝下的平均捕捞体重分别为 97～148 g 和 54～118 g。裂腹鱼亚科体重 500 g 时为 6～9 龄，性成熟较迟，通常雄性为 3 龄、雌性为 4 龄始成熟繁殖[14]。目前没有关于短须裂腹鱼、细鳞裂腹鱼和齐口裂腹鱼的年龄与生长具体资料，其适宜捕捞年龄尚未有定论。但是坝下 54 g 平均体重的捕捞规格偏小。坝下短须裂腹鱼类的平均捕捞规格偏小。坝下裂腹鱼群落生长较坝上普遍偏小。

本调查坝上、坝下圆口铜鱼的平均体长为 19.98 cm 和 22.35 cm，杨志等对长江干流宜昌和重庆江段的圆口铜鱼研究发现其 3 龄前为快速生长期，建议以 27.8 cm 为最小捕捞个体的体长[15]，以保护长江干流圆口铜鱼资源，故现阶段捕捞个体偏小。

4.4 资源变化趋势

文献资料显示，金沙江已认定有鱼类 142 种（亚种），其隶属于 19 科[7, 16-18]，与历史记录相比，龙开口水电站库区和坝下的鱼类种数明显减少。与 2004 年对龙开口江段的调查相比，坝上、坝下处于鱼类群落演变期，但是坝下资源呈萎缩状态，尤其是短须裂腹鱼、圆口铜鱼等捕捞规格减小的长江上游特有鱼类，以及本次调查中坝下江段尚未采集到的四川裂腹鱼、中华金沙鳅、前臀鲱、安氏高原鳅等具保护价值的特有鱼类。故建议：首先，加快对现有鱼类的保护设施建立，如建立集运鱼平台，扩大鱼类的生境类型与范围以缓解大坝阻隔造成的生境破碎化；其次，开展对珍稀特有鱼类的研究与保护，如裂腹鱼的生物学研究；最后，提高当地渔民的鱼类资源保护和可持续化利用观念，加强渔业资源管理与实际捕捞调查。

参考文献

[1] 张之平，任成功. 龙开口水电站工程建设综述[J]. 水力发电，2013，39（2）：1-4.

[2] 强继红，张信，李英，等. 金安桥水电站建设对金沙江中游河段渔业资源的影响研究及保护措施[C]. 水电国际研讨会，2006.

[3] 叶建群，熊立刚，赵士正，等. 金沙江龙开口水电站工程概述[J]. 华东工程技术，2013，124（2）：1-4.

[4] 汤优敏，傅菁菁，张晓璐，等. 龙开口水电站鱼类增殖站设计[J]. 华东工程技术，2013，124（2）：113-116.

[5] 张觉民，何志辉. 内陆水域渔业自然资源调查手册[M]. 北京：农业出版社，1991.

[6] 成庆泰，郑葆珊. 中国鱼类系统检索[M]. 北京：科学出版社，1987.

[7] 褚新洛. 云南鱼类志[M]. 北京：科学出版社，1990.

[8] 陈宜瑜. 横断山区鱼类[M]. 北京：科学出版社，1998.

[9] 郑海涛，韩德举，吴生桂，等. 金沙江龙开口水电站水生生态环境影响研究专题报告[R]. 2007.

[10] 巴家文，陈大庆. 三峡库区的入侵鱼类及库区蓄水对外来鱼类入侵的影响初探[J]. 湖泊科学，2012，24（2）：185-189.

[11] H A C C Perera，李钟杰，S S De Silva，等. 三峡水库不同区域对鱼类群落结构和鱼类组成动态的影响（英文）[J]. 水生生物学报，2014，38（3）：438-445.

[12] 赖晓鹤. 三峡建坝后河床冲刷过程与机理及其对入海泥沙通量的影响和预测[D]. 上海：华东师范大学，2018.

[13] 刘万利. 枢纽坝下冲刷深度及水位降落研究[D]. 武汉：武汉大学，2009.

[14] 伍献文，等. 中国鲤科鱼类志（上卷）[M]. 上海：上海科学技术出版社，1982：137-139.

[15] 杨志，万力，陶江平，等. 长江干流圆口铜鱼的年龄与生长研究[J]. 水生态学杂志，2011，32（4）：46-52.

[16] 吴江，吴明森. 金沙江的鱼类区系[J]. 四川动物，1990（3）：23-26.

[17] 丁瑞华. 四川鱼类志[M]. 成都：四川科学技术出版社，1994.

[18] 张志英，袁野. 溪落渡水利工程对长江上游珍稀特有鱼类的影响探讨[J]. 淡水渔业，2001，31（2）：62-63.

附表 1 龙开口鱼类名录与分布

种类			2004 年环评调查		本研究	
			坝上	坝下	坝上	坝下
鲤形目 Cypriniformes	鲤科 Cyprinide	宽鳍鱲 *Zacco platypus*		*		
		西昌白鱼 *Anabarilius liui*★		*		
		䱗 *Hemiculter Leuciclus*		*	+	+
		黑尾䱗 *Hemiculter nigromarginis*				+
		鲢 *Hypophthalmichthys molitrix*			+	+
		泉水鱼 *Pseudogyrincheilus procheilus*		*	+	+
		麦穗鱼 *Pseudorasbora parva*	*	*	+	+
		中华鳑鲏 *Rhodeus sinensis* Günther		*		+
		高体鳑鲏 *Rhodeus ocellatus*	*	*		
		棒花鱼 *Abbottina rivularis*	*	*	+	+
		钝吻棒花鱼 *Abbottina obtusirostris* ★		*		+
		鲤 *Cyprinus carpio*		*	+	+
		岩原鲤 *Procypris rabaudi* ★			+	+
		鲫 *Carassius auratus*	*	*	+	+
		圆口铜鱼 *Coreius guichenoti* ★		*	+	+
		草鱼 *Ctenopharyngodon idellus*				+
		团头鲂 *Megalobrama amblycephala*				+
		青鱼 *Mylopharyngodon piceus*				+
		蛇鮈 *Saurogobio dabryi*		*	+	+
		鲈鲤 *Percocypris pingi pingi* ★	*	*	+	+
		云南光唇鱼 *Acrossocheilus yunnanensis*		*		
		白甲鱼 *Onychostoma sima*		*		
		吻鮈 *Rhinogobio typus*				+

种类			2004 年环评调查		本研究	
			坝上	坝下	坝上	坝下
鲤形目 Cypriniformes	鲤科 Cyprinide	圆筒吻鮈 *Rhinogobio cylindricus* ★			+	
		长鳍吻鮈 *Rhinogobio ventralis* ★	*	*	+	+
		墨头鱼 *Garra pingi pingi*	*	*		+
		云南盘鮈 *Discogobio yunnanensis*	*			
		细鳞裂腹鱼 *Schizothorax chongi* ★	*	*	+	+
		长丝裂腹鱼 *Schizothorax dolichonema*★		*		
		短须裂腹鱼 *Schizothorax wangchiachii* ★	*	*	+	+
		齐口裂腹鱼 *Schizothorax prenanti* ★	*		+	+
		四川裂腹鱼 *Schizothorax kozlovi* ★	*	*	+	
		硬刺松潘裸鲤 *Gymnocypris potanini firmispinatus*★		*		
		裸体异鳔鳅鮀 *Xenophysogobio nudicorpa* ★		*		+
	鳅科 Cobitidae	红尾副鳅 *Paracobitis variegatus*	*	*		+
		侧纹云南鳅 *Yunnanilus plenrotaenia*		*		
		横纹南鳅 *Schistura fasciolata*		*		
		安氏高原鳅 *Triplophysa angeli*★		*		
		斯氏高原鳅 *Triplophysa stoliczkae*		*		
		泥鳅 *Misgurnus anguillicaudatus*		*		+
		中华沙鳅 *Botia superciliaris*			+	+
		长薄鳅 *Leptobotia elongata* ★	*	*	+	+
		紫薄鳅 *Leptobotia taeniaps*		*	+	
		前鳍高原鳅 *Triplophysa anterodorsali* ★		*		+
		细尾高原鳅 *Triplophysa stenura*		*		+
	平鳍鳅科 Homalopteridae	犁头鳅 *Lepturichthys fimbriata*		*		+
		中华金沙鳅 *Jinshaia sinensis* ★	*	*	+	
		四川华吸鳅 *Sinogastromyzon szechuanensis*★		*		

种类			2004 年环评调查		本研究	
			坝上	坝下	坝上	坝下
鲇形目 Siluriformes	鲿科 Bagridae	黄颡鱼 *Pelteobagrus fulvidracoi*				+
		瓦氏黄颡鱼 *Pelteobagrus vachelli*				+
		粗唇鮠 *Leiocassis crassilabris*		*		
	钝头鮠科 Amblycipitidae	白缘䱀 *Leiobagrus marginatus*		*		+
	鲇科 Siluridae	鲇 *Silurus asotus*		*	+	+
		大口鲇 *Silurus meriordinalis*		*		
	鮡科 Sisoridae	中华纹胸鮡 *Glyptothorax sinenses*		*	+	+
		福建纹胸鮡 *Glyptothorax fukianensis*	*	*		
		前臀鮡 *Pareuchiloglanis anteanalis*★	*	*		
鳉形目 Cyprinodontiformes	花鳉科 Poeciliidae	食蚊鱼 *Gambusia affinis*		*		
	大颌鳉科 Adrianichthyidae	中华青鳉 *Oryzias latipes sinensis*		*		
鲈形目 Perciformes	鰕虎鱼科 Gobiidae	子陵吻鰕虎鱼 *Rhinogobius giurinus*		*		+
		波氏吻鰕虎鱼 *Rhinogobius cliffordpopei*		*		
		小黄黝鱼 *Micropercops swinhonis*		*		
鲟形目 Acipenseriformes	鲟科 Acipenseridae	杂交鲟 *hybrid sturgeon*			+	
种类合计			17	49	17	37

注：* 2004 采集到的鱼类；+本研究采集到的鱼类；★ 该种为长江上游特有鱼类。

水库生态调度效果评价指标体系研究与应用

闫东东[1,2]　彭期冬[1]　林俊强[1]　靳甜甜[1]　庄江波[1]　张　迪[1]　刘雪飞[1]

（1. 中国水利水电科学研究院，北京 100038；2. 河北工程大学水利水电学院，邯郸 056021）

摘　要：当前水库生态调度的效果评价中考虑指标较为单一，无法全面、系统地反映调度对河流生态系统的影响，缺乏一套完整的、适用性广泛的指标体系。从河流生态系统的组成入手，充分考虑水利工程对河流生态系统的影响，从生态环境效益、社会经济效益两个方面，分析水库生态调度的效果，确定评价指标体系的总体层次结构，建立了水库生态调度效果评价指标体系以及各指标的计算方法。对评价不同目标的生态调度进行归类分析，确立了针对水量、水质、水生生物等调度目标的评价指标选取，将该评价指标体系应用于三峡水库四大家鱼生态调度效果评价，对水库生态调度效果评价具有一定的理论和实际意义。

关键词：生态调度；指标体系；效果评价

Study on Evaluation Index System of Effect of Reservoir Ecological Operation

Abstract：At present，the evaluation of the effect of reservoir ecological operation is single，which can not fully and systematically reflect the impact of the operation on the river ecosystem，and there is a lack of a complete and widely applicable index system. Starting from the composition of river ecosystem，taking full account of the impact of water conservancy project on river ecosystem，this paper analyzes the effect of reservoir ecological operation from the aspects of ecological environment benefit and social economic benefit，confirms the overall hierarchy of evaluation index system，and establishes the evaluation index system of effect of reservoir ecological operation and the calculation method of each index. In this paper，the ecological dispatch of different objectives is analyzed in depth，and the selection of evaluation indicators for water quantity，water quality，aquatic organisms and other dispatching objectives is established.

Keywords：ecological operation；index system；evaluation of effect

1 研究背景

长期以来，修建水库、蓄水兴利一直是人类开发河流水资源的主要手段。水库的修建运用虽然在很大程度上实现了防洪兴利的目的，但同时也改变了库区及下游河道的水文情势，造成局地生态环境恶化，危及河流健康。

水库运行不可避免地对河流生态环境产生影响，直接影响是水利工程大坝的阻隔、库区淹没等产生的；间接影响是水利工程通过改变河流原有水文过程与水动力条件而产生的。水库运行的生态影响主要有：①对水文的影响。水文情势的演变是水库运行最直接的影响，是水利工程对流域自然生态系统影响的核心过程，河流流量、水位的变化改变了河流原有的自然季节流量模式，消除了水文出现的极端变化。②对水质的影响。包括有利的一面，如大坝阻隔形成水库，水库内水体流速慢，有利于悬浮物沉降，水体浊度降低；也有不利的一面，如出库高速水流造成水中氮氧含量过于饱和，致使鱼类产生气泡病[1]，营养物质堆积导致库区富营养化等。③对生物的影响。水利工程破坏了水生生物特别是鱼类的生长、繁殖所必需的水文条件和生长环境；此外，库区淹没使原有植被的死亡以及下游河道水位下降，农田、森林和草原植被受到破坏。④泥沙淤积。修建水利工程后，大量的泥沙被截留在水库内，使得泥沙在水库底部沉积；另外，水流变缓也使得下游河道泥沙含量发生变化，改变河床地貌。

水库生态调度旨在缓解水库运行的生态影响，目前已成为国内外河流生态恢复研究中的热点问题[2]。到目前为止，北美洲、欧洲、澳洲、非洲以及国内等已开展了许多生态调度实践研究[3-7]。

生态调度仅是保护河流生态健康的一个环节，调度实施后，必须对河流生态改善效果进行评价，并制订改善措施，以此循环调控河流的活动过程，保证河流生态的健康。国外在生态调度效果评价方面采用适应性管理的方式，监测与评估改变大坝运行方式对生态环境目标的影响，并形成监测与评价的反馈机制，即“适应性管理”的概念，但对于生态调度效果却没有形成完整的评价体系与具体的评价方法[6, 8]。C P Konrad[6]选取无脊椎动物多样性、水质、水温、鱼类多样性、洪泛区植被、IHA 五类水文指标等作为指标，监测并评估了林河、萨凡娜河与比尔威廉姆斯河的生态目标响应结果。王加全等[9]采用变化范围（RVA）法，根据燕山水库 32 个水文改变指标（IHA）变化范围确定了环境流量范围，建立生态调度模型，模拟日放水过程，通过环境流量范围内提出的 9 种环境流量，对水库生态调度方案进行评价和选优，评价指标包括兴利指标（发电量与供水保证率）和 5 组 IHA 水文指标两类。徐建新等[10]选取包括生态环境、资源、工程技术等五类一级指标，涉及水质、水温、经济发展等 22 个二级指标，运用模糊综合法评价了北运河闸坝生态调度效果，其中指标赋权与评价均采用专家打分法，主观性较大。

从目前的研究来看，国内外对于生态调度效果评价考虑指标较为单一，还没有形成完整的评价体系与具体的评价方法，而随着水库调度中生态环境越来越被重视以及国内生态调度的实践的不断尝试，一套完整的评价指标体系至关重要。

2 水库生态调度主要目的

为缓解水利工程建设带来的上述生态影响，生态调度在保证经济社会效益下将改善水库运行生态负面影响作为主要目的。生态调度主要目的包括：

（1）水量调度。水量在对流域的水质、流速、水温、地貌变化等多方面具有主导作用，水量生态调度主要是指生态需水调度以及恢复天然水文情势调度。

（2）水质调度。水质生态调度主要是为控制水体富营养化、水华和应对河流污染事故而进行的调度。其调度方式一般通过加大水库下泄量来实现。

（3）泥沙调度。泥沙生态调度的内涵是在调水调沙调度中充分考虑河道地貌、河底生物生命的水沙需求，维持河流生态健康。

（4）水生物调度。水生物调度指满足水生生物生长、繁殖或以明确的生物种群数量改善为目的的调度。

（5）其他目标的生态调度。除上述生态调度外，还包括考虑娱乐景观的水库生态调度、压咸调度以及其他特殊目标的应急调度等。

3 水库生态调度效果评价指标体系构建

3.1 指标体系框架

水库生态调度效果评价指标体系的建立首先应遵循评价指标的确立原则，从水利工程的生态响应出发，并参考层次分析的思想，对评价不同目标的生态调度进行深入的系统分析，建立评价指标体系，确定评价指标体系的总体层次结构，分为目标层、准则层和指标层 3 个层次。

目标层即为评价水库生态调度效果：评价水库调度对河流生态新系统的整体效果，更好地管理水库运行。

准则层包括两方面的内容：生态调度的生态环境效益与社会经济效益。生态环境效益可从水文变化、水质改善、水生生物种群数量以及生境改善方面考虑；社会经济效益主要考虑水库调度对防洪、发电、供水等方面的影响。

指标层包括对应准则层两方面的一级评价指标，以及一级指标下具体的定量计算与定性的二级评价指标。

3.2 指标选取与依据

通过查阅、分析相关文献，分析各调度目标的关键影响因素，汇总和筛选水库生态调度效果的相关指标，并将各指标分类至 9 个一级指标下，依据代表性、科学性、可行性等原则确定二级指标。

3.2.1 生态环境指标

（1）水文

水文指标包含水量和水文情势两方面。

一方面，水量在对流域的水质、流速、水温、地貌变化等多方面具有主导作用，维持生态需水调度，是满足河流自净需要、维持河道状态及水生生物生存繁衍的关键。生态需水调度主要针对满足水生生物生存、恢复湿地、地下水回补等生态需水，是为保证维持生态系统稳定的最小需水量。以调度水源的可靠性以及调度对生态需水的满足率为依据，选取生态供水可靠性[11]、生态流量满足率作为衡量指标。

另一方面，水文涨水过程即涨落水指标影响水生生物的产卵繁殖。对于水生生物来说，在很多情况下涨水过程要比水量还要重要。选取增加涨水次数、涨水持续时间增加值、涨水断面初始流量增加值、流量日增长率增加值作为涨落水的衡量指标。

（2）水质

库区富营养化是湖库水环境面临的重大问题之一。水利工程的兴建使水动力条件发生改变，库区净水条件成为水体富营养化的重要因素。

从影响河流与库区水质的众多因子中选取包括总磷（TP）、总氮（TN）以及水温等在内的《地表水资源质量标准》的 9 个指标。除此之外，在压咸调度中氯化物含量是评价其效果的主要指标。

（3）泥沙

国内外关注水库排沙与河道内生态环境关系的研究较少，如瑞士[12]、国内白音包力皋[13]等在黄河排沙对鱼类影响的研究中，得出含沙量大于 80 kg/m^3 将影响鱼类生存的结论。

水库的排沙解决了库区泥沙淤积问题，河道生态环境得到了一定程度的改善；但同时，河流泥沙含量影响水生动植物等的生长繁殖，可通过水库生态调度，调水调沙来减少河流泥沙含量，从而改善生态环境。选取水库排沙比增加值、下游河道泥沙冲刷量作为评价泥沙调度的评价指标。

（4）水生生物

水温是影响水生生物的重要因素，水库下泄低温水影响水生动物的产卵、繁殖和生长。水利工程建设可形成分层水库，水温分层造成的水库库底溶解氧严重缺乏，使水库深层泄流时坝下游河水中溶解氧含量急剧降低，下游河道的浮游动物及底栖动物受到严重影响；另一方面，由于水生动物生理及生活习性在不同季节有不同的最佳适应温度，并适应了正常的日水温变化，而水库下泄水使下游河道的水温季节性变化变弱，无法提供某些水生生物完成其生命循环所必要的温度信号，给某些水生生物繁殖带来滞育影响。水利工程建设后，水温分层和低温水下泄将对河流生态安全产生影响，选用下泄水温变化值作为水生生物评价的二级指标。

除此之外，水库蓄水使得水流变为相对静止，这对河流以及周边地区的生物造成影响，使区域生物种群数量发生改变。选取生物资源量增加值以及生物多样性指数增加值作为水生生物评价指标。

（5）栖息地

动物的生存都有其对应的特定的栖息地（也称生境，habitat）。栖息地的改变，直接影响动物的数量。栖息地适宜性指数（HSI）[14]是评价生物生境适宜度的指标。选取栖息地适宜性指数增加值作为评价调度效果的栖息地指标。

3.2.2 社会经济效益指标

（1）防洪

一方面，防洪是水库的主要运用目标之一，水库用于防洪，主要是用来调蓄洪水，起滞洪、缓洪，或蓄水的作用，从而可以有效地降低水库大坝下游的洪水位。另一方面，水库生态调度下泄流量应以下游防洪安全为前提，流量不宜过大，选取下游防洪安全度为防洪指标。

（2）发电

水库生态调度用水利用了部分库容，而库容是水电站发电量多少的重要影响指标，因而可能造成发电量的损失。选取发电损失量作为生态调度对发电影响的关键指标。

（3）供水

针对水资源分布不均，水库作为调节水资源分布不均的主要载体，承担着重要的兴利任务，城市供水随着用水户的不同，供水保证程度也不相同。选取城市供水保证率与灌溉供水保证率作为供水指标。

（4）景观

水库生态调度可在一定程度上改善河流生态景观。河流生态系统景观独特，具有很好的休闲娱乐功能。河流纵向上游森林、草地景观和下游湖滩、湿地景观相结合，使其景观多样性明显，且流水与河岸、鱼鸟与林草的动与静对照呼应，构成河流景观的和谐与统一。因此，人们利用流域生态系统的景观休闲的服务功能，在闲暇节日进行休闲活动。选取景观舒适度改善状况、公众满意度作为评价指标。

3.3 指标体系与计算依据

根据上述指标体系框架，建立具体水库生态调度效果评价指标体系与计算依据（见表 1）。

表 1 水库生态调度效果评价指标体系与计算依据

<table>
<tr><th>目标层</th><th>准则层</th><th>一级指标</th><th>二级指标</th><th>计算依据</th></tr>
<tr><td rowspan="22">水库生态调度效果</td><td rowspan="22">生态环境效益</td><td rowspan="5">水文</td><td>生态需水满足率</td><td>调度期流量达到生态需水流量的天数/调度总持续天数；最小生态流量值可按改进的 7Q10 法（枯水频率法）计算[15]</td></tr>
<tr><td>涨水次数增加值</td><td>调度期涨水次数–同期多年平均涨水次数（定义持续涨水时间超过 2 天为一次涨水过程）</td></tr>
<tr><td>涨水持续时间增加值</td><td>调度期涨水持续时间–同期多年平均涨水持续时间</td></tr>
<tr><td>涨水断面初始流量增加百分比</td><td>（调度期涨水断面初始流量–同期多年平均涨水断面初始流量）×100%/同期多年平均涨水断面初始流量</td></tr>
<tr><td>流量日增长率增加百分比</td><td>（调度期流量日增长率–同期多年平均流量日增长率）×100%/同期多年平均涨水断面初始流量</td></tr>
<tr><td rowspan="10">水质</td><td>溶解氧含量</td><td rowspan="10">参照《地表水环境质量标准》中给定的方法，测定各水质指标含量，计算调度前后差值</td></tr>
<tr><td>下泄水温</td></tr>
<tr><td>总磷减小值</td></tr>
<tr><td>总氮减小值</td></tr>
<tr><td>高锰酸盐指数减小值</td></tr>
<tr><td>化学需氧量减小值</td></tr>
<tr><td>生化需氧量减小值</td></tr>
<tr><td>氨氮减少值</td></tr>
<tr><td>pH 值变化值</td></tr>
<tr><td>氯化物含量减小值</td></tr>
<tr><td rowspan="2">水生生物</td><td>生物多样性指数增加值</td><td>采用 Shannon-Wiener 多样性指数法计算[16]</td></tr>
<tr><td>生物资源量增加值</td><td>抽样调查，统计调度前后生物资源量，计算差值</td></tr>
<tr><td>栖息地</td><td>生境改善状况</td><td>根据栖息地适宜性指数（HSI）模型计算[14]</td></tr>
<tr><td rowspan="2">排沙</td><td>水库排沙比增加值</td><td>水库排沙比=出库沙量/入库沙量，计算调度前后水库排沙比差值</td></tr>
<tr><td>下游河道泥沙冲刷量</td><td>定性指标，根据工程报道或有关部门实测</td></tr>
</table>

<table>
<tr><th>目标层</th><th>准则层</th><th>一级指标</th><th>二级指标</th><th>计算依据</th></tr>
<tr><td rowspan="6">水库生态调度效果</td><td rowspan="6">社会经济效益</td><td>防洪</td><td>下游防洪安全度</td><td>泄流量大于安全泄流量的天数×100%/调度期总持续天数</td></tr>
<tr><td>发电</td><td>发电损失量</td><td>$P=9.81\eta QH$（P 为发电损失量，Q 为日均弃水量，η为水轮机发电效率系数，H 为发电水头）</td></tr>
<tr><td rowspan="2">供水</td><td>城市供水保证率</td><td>城市供水保证率=实际供水量×100%/城市用水需求量</td></tr>
<tr><td>灌溉供水保证率</td><td>灌溉供水保证率=实际供水量×100%/灌溉用水需求量</td></tr>
<tr><td rowspan="2">景观</td><td>生态景观舒适度改善状况</td><td>定性指标，现场调查结合专家评判</td></tr>
<tr><td>公众满意度</td><td>定性指标，问卷调查</td></tr>
</table>

3.4 不同调度目标评价指标的选择

考虑到不同的调度目标，影响其调度效果的决定性指标不尽相同，针对水量调度、水质调度、泥沙调度、水生生物调度、压咸调度及其他目标（景观调度等），可选取不同的关键指标。针对水量调度，可以选取生态需水满足率、涨水次数增加值、涨水持续时间增加值、涨水断面初始流量增加百分比、流量日增长率增加百分比等水文指标和下游防洪安全度、发电损失量、城市供水保证率、灌溉供水保证率和公众满意度等社会经济效益指标；针对水质调度，可选取溶解氧改善度、下泄水温变化值、总磷减小值、总氮减小值、高锰酸盐指数减小值、化学需氧量减小值、生化需氧量减小值、氨氮减少值、pH 变化值等水质指标和各项社会经济效益指标；针对泥沙调度，可选取水库排沙比增加值、下游河道泥沙含量改善度等排沙指标和各项社会经济效益指标；针对水生物调度，可以重点关注涨水次数增加值、涨水持续时间增加值、涨水断面初始流量增加百分比、流量日增长率增加值等与水生生物密切相关的水量指标，溶解氧含量、下泄水温等与鱼类产卵密切相关的水质指标以及生物多样性指数增加值、生物资源量增加值、生境改善状况等水生生物和栖息地指标等。

3.5 生态调度效果评价指标衡量标准

在对水库生态调度效果评价过程中，将指标体系中各指标分为定量与定性，其评价标准的定量指标参照表 1 计算依据并参考相关文献标准，定性指标部分的评价标准参照相应的规范及文献给出建议标准。

采用 5 个等级标准，根据各项指标的调度效果分为优、良、中、差、劣五等，其对应评分值为：优（80～100）、良（60～80）、中（40～60）、差（20～40）、劣（0～20）。各评价标准见表 2。

表 2 指标体系中各指标评价标准

二级指标	评价标准				
	优（80～100）	良（60～80）	中（40～60）	差（20～40）	劣（0～20）
生态需水满足率	≥95%	90%～95%	85%～90%	80%～85%	≤80%
涨水次数增加值	≥2	1	0	−1	≤−1
涨水持续时间增加值	≥2	1～2	0～1	−1～0	≤−1
涨水断面初始流量增加百分比	≥25%	10%～25%	0～10%	−25%～0	≤−25%
流量日增长率增加百分数	≥25%	10%～25%	0～10%	−25%～0	≤−25%
溶解氧含量	6～9	5～6 或 9～10	4～5 或 10～11.5	3～4 或 11.5～12.5	≤3 或≥13.5
总磷减小值	水质类别提高，且值大于 0.025	水质类别提高，且值小于 0.025	水质类别不变且值大于 0.025	水质类别不变，且值小于 0.025	≤0
总氮减小值	水质类别提高，且值大于 0.5	水质类别提高，且值小于 0.5	水质类别不变，且值大于 0.5	水质类别不变，且值小于 0.5	≤0
高锰酸盐指数减小值	水质类别提高，且值大于 3	水质类别提高，且值小于 3	水质类别不变，且值大于 3	水质类别不变，且值小于 3	≤0
化学需氧量减小值	水质类别提高，且值大于 8	水质类别提高，且值小于 8	水质类别不变，且值大于 8	水质类别不变，且值小于 8	≤0
生化需氧量减小值	水质类别提高，且值大于 3	水质类别提高，且值小于 3	水质类别不变，且值大于 3	水质类别不变，且值小于 3	≤0
氨氮减小值	水质类别提高，且值大于 1.5	水质类别提高，且值小于 1.5	水质类别不变，且值大于 1.5	水质类别不变，且值小于 1.5	≤0
pH 值	6.5～8.5	6～6.5 或 8.5～9	5.5～6 或 9～9.5	≤5.5 或≥9.5	
氯化物含量减小值	减小值＞1 000，含量＜250	减小值＜1 000，含量＜250	减小值＞1 000，含量＞250	减小值＜1 000，含量＞250	≤0
下泄水温	18～30	15～18 或 30～32	13～15 或 32～34	9～13	≤9
生物多样性指数增加值	≥0.2	0.15～0.2	0.1～0.15	0～0.1	≤0
生物资源量增加值	很大	较大	一般	较少	无增加或减少
生境改善状况（HSI）	≥0.3	0.2～0.3	0.1～0.2	0～0.1	≤0
水库排沙比增加值	≥80%	60%～80%	40%～60%	20%～40%	≤20%
下游河道泥沙冲刷量	很大	较大	一般	较少	很少

二级指标	评价标准				
	优 （80～100）	良 （60～80）	中 （40～60）	差 （20～40）	劣 （0～20）
防洪安全度	0	0	0～5%	5%～10%	≥10%
发电损失量	≤5%	5%～10%	10%～15%	15%～20%	≥20%
城市供水保证率	≥95%	92.5%～95%	90%～92.5%	85%～90%	≤85%
灌溉供水保证率	≥90%	85%～90%	80%～85%	75%～80%	≤75%
生态景观舒适度改善状况	很好	较好	一般	较差	极差
公众认可度	≥90%	80%～90%	60%～80%	40%～60%	≤40%

4 三峡水库生态调度效果评价

4.1 三峡水库生态调度概述

三峡工程在设计时就已对工程运行可能对生态环境影响进行了较为详细的分析[17]，三峡工程对生态环境的影响主要包括库区及下游水温、水质、水生生物、咸潮入侵等方面。

四大家鱼是适应长江中下游生态系统的典型物种，也是受三峡水库运行影响较大的物种[18]。研究表明，四大家鱼自然繁殖时期为每年的 5—6 月。影响四大家鱼产卵的主要因素是亲鱼数量、水温、涨水条件和产卵场等[19]。其中，水温是影响四大家鱼繁殖的主要外界条件之一。四大家鱼繁殖的最低水温为 18℃，通过调查认为，四大家鱼在江水起涨后 0.5～2 d 开始产卵；水位日均涨水率为 0.12～0.36 m/d；产卵持续时间都在 4 d 以上，平均历时 11 d，一般在 4～18 d[18]。三峡工程的运行改变了四大家鱼产卵场的水力特性，对四大家鱼产卵繁殖及规模带来一定影响[20]。根据对监利断面鱼苗径流量监测结果，三峡水库蓄水前后，监利断面产卵规模呈明显下降趋势。相关研究表明，四大家鱼产卵规模与河流涨水过程具有直接关系[21]。

2011—2018 年，为促进四大家鱼繁殖产卵，连续 8 年先后开展了 12 次生态调度试验。结合三峡水库上游来水条件以及合适的水温条件，通过改变水库下泄流量过程，人工创造适合“四大家鱼”产卵繁殖所需水文条件以及水力学条件的洪峰过程。监测数据证明，生态调度试验对宜昌至监利江段四大家鱼早期资源量的增加起到积极作用：2011—2017 年四大家鱼总产卵量分别为 0.045 亿粒、6.1 亿粒、1.16 亿粒、1.61 亿粒、3.26 亿粒、5.02 亿粒和 1.448 亿粒，其中生态调度期间的产卵量分别为 0.01 亿粒、4.06 亿粒、0.58 亿粒、0.54 亿粒、1.04 亿粒、0.024 亿粒和 0.868 亿粒，10 次生态调度试验过程中产卵总量为 7.122 亿粒，占 7 年产卵总量的 38.2%。

4.2 指标选取及赋权

参照表 1 及 3.4 不同调度目标评价指标的选择，选取三峡水库针对四大家鱼产卵的生态调度效果评价的关键指标，包括生态环境效益准则层的水文指标中涨水持续时间增加值、涨水断面初始流量增加值、流量日增长率增加值，水质指标中溶解氧改善度、水温、pH 值和水生生物指标生物资源量增加值；社会经济效益准则层选择防洪指标下游防洪安全度、发电指标发电损失量，共 5 个一级指标，8 个二级指标。

指标权重值应该由该指标相对于总目标的重要性来定。在三峡水库四大家鱼生态调度的两个准则层中，生态环境效益是首要目标，占绝对优先地位，其次才是社会经济效益。生态环境效益下的 3 个一级指标中，水生生物指标重要性要明显高于水文指标和水质指标，社会经济效益下，防洪应放到首位。

各指标和子目标的客观权重系数用层次分析法确定[22-23]，运用 1～9 标度法对各层指标赋权重。赋权结果见表 3。

表 3 三峡水库生态调度效果评价指标权重

目标层	准则层	权重	指标层			单权重	总权重
			一级指标		二级指标		
水库生态调度效果 A_1	生态环境效益 B_1	0.875	水文 C_1	0.071 8	涨水持续时间增加值 D_1	0.539 6	0.033 9
					涨水断面初始流量增加值 D_2	0.163 4	0.010 3
					涨水日增长率增加值 D_3	0.296 9	0.018 7
			水质 C_2	0.113 9	溶解氧 D_4	0.387 4	0.038 6
					水温 D_5	0.443 4	0.044 2
					pH 值 D_6	0.169 2	0.016 9
			水生生物 C_3	0.814 2	生物资源量增加值 D_7	1	0.712 4
	社会经济效益 B_2	0.125	防洪 C_4	0.666 7	下游防洪安全度 D_8	1	0.083 3
			发电 C_5	0.333 3	发电损失量 D_9	1	0.041 6

4.3 综合评价结果

参照上文，对三峡水库生态调度效果进行系统性评价。首先，确定综合评价中各个评价指标值。其次，需要确定单因素评价隶属度向量，形成隶属度矩阵。最后，给出综合评判。

（1）确定模糊综合评价因素集

第一层为准则层因素集：

$$U=\{u_1，u_2\}=\{生态环境效益显著提高，社会经济效益显著提高\}$$

第二层为指标层因素集：

$$U_1=\{u_{11}，u_{12}，u_{13}\}=\{水生生物，水质，栖息地\}$$

$$U_2=\{u_{21}，u_{22}，u_{23}\}=\{防洪，发电\}$$

（2）建立评语级

针对上述指标因素集的 8 个因素，评价主体对评价对象做出评价，评语={非常好（V1），较好（V2），一般（V3），差（V4），较差（V5）}={80，60，40，20，0}

（3）构建隶属度矩阵

结合表 2 指标体系中各指标评价标准，计算出指标因素集对于评语集的模糊评价矩阵。

表 4　三峡水库生态调度效果评分

指标	2013 年			2014 年			2016 年		
	数值	隶属评语	评分	数值	隶属评语	评分	数值	隶属评语	评分
涨水持续时间增加值/d	5.8	优	98	−0.5	差（−1～0）	30	−0.2	差（−1～0）	35
涨水断面初始流量增加百分数	−5.10%	差（−25%～0）	32	81.30%	优（≥25%）	98	76.50%	优（≥25%）	90
流量日增长率增加百分数	−45.80%	劣（≤−25%）	15	−15.90%	劣（−25%～0）	32	51.20%	优（≥25%）	88
溶解氧/（mg/L）	8.24	优	85	8.47	优	89	7.12	优	100
下泄水温/℃	18.9	良	75	19.2	良	82	18.6	优	86
pH 值	6.8	良	79	7.42	优（7～8）	100	6.4	良	78
生物资源量增加值/亿尾	0.58	优	82	0.54	优	81	0.024	中	48
防洪安全度	100%	优	100	100%	优	100	100%	优	100
发电损失量/（亿 kW・h/d）	−1 492.6	优	90	−3 165.2	优	97	−2 454.5	优	95

根据表 4 可以计算 3 个不同年份生态环境效益 B_1、社会经济效益 B_2 与总评判结果 Z，综合评判为：$Z=R\times W$。

其中，2013 年：

$B_1=R_1\times W_1=$（62.56，79.38，82）×（0.071 8，0.113 9，0.814 2）^{T}=80.29

$B_2=R_2\times W_2=$（100，90）×（0.667，0.333）^{T}=96.67

$Z=R_{总}\times W_{总}=$（98，32，15，85，75，79，82，100，90）×（0.033 9，0.010 3，0.018 7，0.038 6，0.044 2，0.016 9，0.712 4，0.083 3，0.041 6）^{T}=82.34

2013 年生态调度效果的综合评分 82.34 分（总分 100 分），效果较好，处于“优”等状态。其中生态环境效益得分 80.29，为“优”等状态。2013 年三峡水库生态调度期间涨水天数 10 天、鱼类产卵量达到 0.58 亿粒、泄流量均满足三峡水库下泄安全流量为 43 000 m^3/s 的标准、水质指标以及发电指标也均处于“优”或“良”状态，水平较高，这使得 2013 年三峡水库生态调度效果整体较好，值得今后的生态调度工作借鉴。

2014 年：

$B_1=R_1\times W_1=$（41.71，87.76，81）×（0.071 8，0.113 9，0.814 2）^{T}=78.94

$B_2=R_2\times W_2=$（100，97）×（0.667，0.333）^{T}=99.01

$Z=R_{总}\times W_{总}=$（98，32，15，85，75，79，82，100，90）×（0.033 9，0.010 3，0.018 7，0.038 6，0.044 2，0.016 9，0.712 4，0.083 3，0.041 6）^{T}=81.44

2014 年水库生态调度效果的综合评分 81.44 分（总分 100 分），效果较好，处于“优”等状态。其中生态环境效益得分 78.94，为“良”状态。2014 年三峡水库生态调度期间涨水天数 4 天、鱼类产卵量达到 0.54 亿粒、泄流量均满足三峡水库下泄安全流量为 43 000 m^3/s 的标准、水质指标均处于“优”或“良”状态，水平较高，且初始流量较高，为 15 500 m^3/s，使 2014 年三峡水库生态调度效果整体较好。

2016 年：

$B_1=R_1\times W_1=$（59.72，90.07，48）×（0.071 8，0.113 9，0.814 2）^{T}=53.63

$B_2=R_2\times W_2$=100

$Z=R_{总}\times W_{总}=$（35，90，88，100，86，78，48，100，95）×（0.033 9，0.010 3，0.018 7，0.038 6，0.044 2，0.016 9，0.712 4，0.083 3，0.041 6）^{T}=59.42

2016 年生态调度效果的综合评分为 59.42 分（总分 100 分），处于“中”等状态。其中生态环境效益得分 53.63，为“中”等状态，水平较低，影响其结果的最主要因素为家鱼产卵量（0.024 亿粒），相对往年产卵量较低，还有很大的改善与提升空间。由于调度期间下泄流量均满足三峡水库下泄安全流量为 43 000 m^3/s 的标准，且调度期发电流量有所增加，使得社会经济效益评分较高。而致使 2016 年鱼类产卵量相对较少的原因可能是水质或其他客观因素。

5 总结

本文从河流生态系统的组成入手，充分考虑水利工程对河流生态系统的影响及水库生态调度的主要目的，从生态环境效益、社会经济效益两个方面分析生态调度的效果。对评价不同目标的生态调度进行深入分析，确定评价指标体系的总体层次结构，建立了包括生态环境效益、社会经济效益两方面下的 9 个一级指标及一级指标下 26 个二级指标的评价指标体系，以及考虑不同生态调度目标的生态调度指标选取，并将该评价指标体系应用于三峡水库四大家鱼生态调度效果评价，对水库生态调度效果评价具有一定的理论和实际意义。

水库生态调度效果评价作为水库管理运行的重要一环，其评价指标体系涉及因素众多，内容广泛，不同调度目标的评价指标权重、评价标准差异也较大，对于如何制定客观、统一的评价标准还有待进一步研究和完善。

参考文献

[1] 谭德彩，倪朝辉，郑永华，等. 高坝导致的河流气体过饱和及其对鱼类的影响[J]. 淡水渔业，2006，36（3）：56-59.

[2] 郭文献，夏自强，王远坤，等. 三峡水库生态调度目标研究[J]. 水科学进展，2009，20（4）：554-559.

[3] 吕新华. 大型水利工程的生态调度[J]. 科技进步与对策，2006，23（7）：129-131.

[4] Gippel. Determining environmental flow needs and scenarios for the River Murray System[J]. Australian Journal of Water Resources，2002，5（1）：61-74.

[5] John Higgins. Overview of reservoir release improvement at 20TVA dams[J]. J. ENER. ENGINE，1999，4：1-17.

[6] C P Konrad，A Warner，J V Higgins. Evaluating dam re-operation for freshwater conservation in the sustainable rivers project[J]. River Res. Applic，2011，28：777-792.

[7] 陈进，李清清. 三峡水库实验性运行期生态调度效果评价[J]. 长江科学院院报，2015，32（4）：1-5.

[8] Briand D Richter，Ruth Mathews，David L Harrison. Ecologically sustainable Water management：managing river flows for ecological integerity[J]. The Ecological Society of America，2003，13（1）：206-224 .

[9] 王加全，马细霞，李艳. 基于水文指标变化范围法的水库生态调度方案评价[J]. 水力发电学报，2013，32（1）：107-112.

[10] 徐建新，刘宏利，李彦彬. 闸坝生态调度效果多层次模糊综合评价[J]. 华北水利水电学院学报，2012，

33（1）：15-18.

[11] 徐玉英，王光杰. 北方地区多年调节水库生态供水可靠性分析方法初步探讨[J]. 吉林水利，2013（12）：67-69.

[12] Christine Bratrich，Bernhard Truffer. Green electricity certification for hydropower plants-concept，procedures，criteria[S]. EAWAG，2001.

[13] 白音包力皋，许凤冉，陈兴茹，等. 小浪底水库排沙对下游鱼类的影响研究[J]. 水利学报，2012，43（10）：1146-1153.

[14] 龚彩霞，陈新军，高峰，等. 栖息地适宜性指数在渔业科学中的应用进展[J]. 上海海洋大学学报，2011，20（2）：260-269.

[15] 钟华平，刘恒，耿雷华，等. 河道内生态需水估算方法及评述[J]. 水科学进展，2006（3）：430-434.

[16] 王晶，焦燕，任一平，等. Shannon-Wiener 多样性指数两种计算方法的比较研究[J]. 水产学报，2015，39（8）：1257-1263.

[17] 王殿常. 三峡工程生态环境影响初步评价[C]. 第十一届中国科协年会论文集. 2009.

[18] 李翀，彭静，廖文根. 长江中游四大家鱼发江生态水文因子分析及生态水文目标确定[J]. 中国水利水电科学研究院学报，2006，4（3）：170-176.

[19] 柏海霞，彭期冬，李翀，等. 长江四大家鱼产卵场地形及其自然繁殖水动力条件研究综述[J]. 中国水利水电研究院学报，2014，192（3）：249-257.

[20] 黄悦，范北林. 三峡工程对中下游四大家鱼产卵环境的影响[J]. 人民长江，2008，39（19）：38-41.

[21] 陈进，李清清. 三峡水库试验性运行期生态调度效果评价[J]. 长江科学院院报，2015，32（4）：1-6.

[22] 郭凯，崔宁海，李祥松，等. 综合评价的数学模型[J]. 机械制造，2017，49（540）：45-46.

[23] 王磊. 层次分析法的应用[J]. 科技信息，2015，2（5）：193-194.

已开发流域生态环境监控体系研究

徐天宝[1]　崔　磊[2]　张丽梅[1]　张　荣[1]

（1. 中国电建集团昆明勘测设计研究院有限公司，昆明 650051；

2. 水电水利规划设计总院，北京 100120）

摘　要：流域水电梯级开发改变了河流生态系统天然的物质输移和能量传递，对流域生态环境造成一定的影响。为量化水电开发造成的生态环境影响，需要构建流域性的监控体系。从理论上对流域生态环境监控体系提出了理论框架，对监测规划提出了要求，并将这套方法应用到澜沧江流域，构建了澜沧江流域生态环境监控体系。

关键词：生态环境；监控体系

Study of Ecological Environment Monitoring and Control System in Developed Basin

Abstract：Cascade hydropower development of river basin has changed material transport and energy transport of river ecosystem，also the basin ecological environment has be effected. To quantitative analysis the ecological impacts of hydropower development，it needs to build a monitoring system of river basin. The author puts forward the ecological environment monitoring and control system framework. Using this theoretical method，the author builds the ecological environment monitoring and control system of the lancang river basin.

Keywords：ecological environment；monitoring and control system

1 引言

随着我国经济社会发展对能源需求的逐步增长和水电开发程度的不断提高，部分流域已经由天然的河道变成了梯级水电站，流域水电开发改变了河流生态系统天然的物质输移和能量传递，对流域的生态环境造成一定的影响。为量化水电开发的生态环境影响，需要对流域的生态环境进行系统监控，并据此开展已建水电站生态调度及优化已有生态保护措施，同时为后续水电开发的生态环境保护工作提供数据支撑。

2 总体要求

流域水电开发生态环境监控的内涵：为了评价水电开发活动对生态环境的影响，对流域内生态系统的类型、结构和功能进行监测及调查，并及时反馈生态环境的变化，从而控制水电开发活动。其目的是合理利用自然资源、保护生态环境。

在宏观层面上，流域水电开发生态环境监控体系应符合系统性和连续性的原则。系统性就是把水电工程和生态环境看成是一个统一的有结构的综合体，能反馈水电工程对生态环境的影响，同时能够通过调整水电开发活动来保护生态环境；连续性方面则要求有足够长系列的监测和调查数据。

在微观层面上，流域水电开发生态环境监测站点应符合以下原则：监测的范围、对象和重点应结合梯级电站工程运行特点和流域环境敏感点的分布；应选择对环境影响大、控制性和代表性的因子进行监测；根据各水电工程不同阶段的重点和要求，分期分步建立，逐步实施和完善。

流域水电开发生态环境监测内容应包括流域生态环境质量监测、生态环境保护措施效果监测。监测要素涵盖水环境、水生生态和陆生生态等，并兼顾其他相关生态环境要素，重点关注具有长期性、叠加性和累积性影响的环境要素。

3 监控体系框架

流域水电开发生态环境监控体系框架分为三个层次，分别是应用层、平台层、数据层。体系框架见图 1。

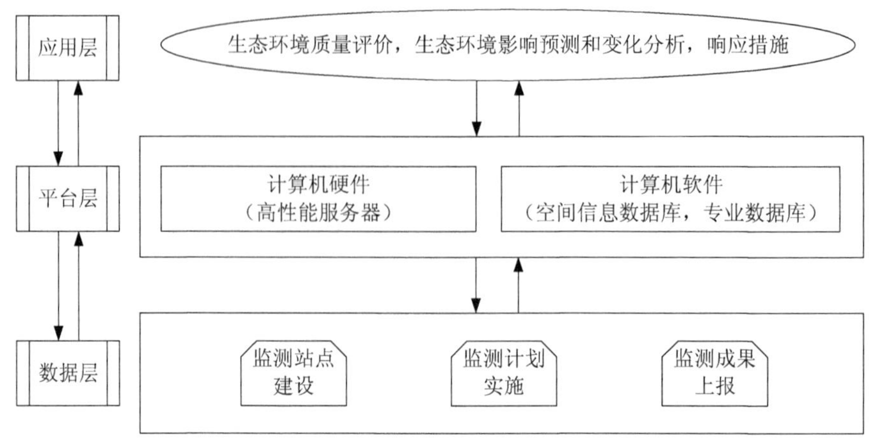

图1　流域水电开发生态环境监控体系框架

（1）应用层

应用层主要是对监测数据进行运用，对流域生态环境质量进行评价，对生态环境保护措施效果进行分析；对流域生态环境质量发展趋势进行预测分析，并提出有针对性的生态保护措施改进方案。同时将数据需求反馈给平台层。

（2）平台层

平台层收集、存储和整理数据层的各项数据，为应用层提供数据支撑。是整个监测体系的数据平台。将应用层的数据需求分解到数据层，包括监测站点的优化和监测计划调整。

（3）数据层

在流域布设各个监测站点，根据站点功能的不同，按照监测计划完成监测任务，并将监测数据传输到平台层。

4　监测站点规划

4.1　水生生态

水生生态监测断面选择应能够覆盖全部梯级电站监测范围、具有代表性的典型断面，如库尾、坝前、坝下断面和有水生生物产卵场、越冬场、索饵场等重要生境分布的支流断面及干流未开发河段断面。监测内容主要包括水生生境、浮游植物、浮游动物、着生藻类、底栖动物、水生高等植物和鱼类资源。

4.2　陆生生态

陆生生态监测点位的布设应考虑流域陆生生态整体性和气候带的多样性，根据水电站的调节性能和规模，兼顾水电站所处位置的地形、生境特殊性。按照把握总体原则，陆生生态监测点位布设应满足宏观和微观两个层面的内容，宏观层面反映全流域生态系统动态变化格局；微观层面反映水平地带性植被群落组成与结构变化过程、重要物种、种群数量波动过程、重要保护措施的保护效果等。监测内容为电站运行期库区周边野生动物种类、植物多样性和植物群落的变化情况。应重点开展对流域内重点保护野生动物、植物物种、自然植被中各群落结构和长势的监测。

4.3 水环境

水质断面布设主要根据流域内水电站建设及规划情况、工程特性、规模大小，综合考虑主要支流汇入处、重要国际河流、省际河流、水环境敏感区域，已受到污染的或出现水库富营养化的局部水域应布设水质监测断面，宜避开死水及回水区，尽量选择河段顺直、河岸稳定、水流平缓、无急流湍滩且交通方便处。监测内容要包括水污染常规分析指标、国家水污染排放总量控制指标、湖泊富营养化特征指标等流域重点关注的水质指标。水温监测断面选择典型的坝前、库尾进行观测点布设。监测内容应包含表层水温和垂向水温。

4.4 局地气候

局地气候监测点位的布设应能代表流域内水电站跨越的各纬度，并综合考虑地形地貌、当地特殊的气候类型等因素。水库岸边局地气候观测点布设应保持水库蓄水前后观测点位置基本一致。观测剖面布设位置宜在水库蓄水后水面宽阔、基本与常年风向一致的两岸，也可仅在下风向一岸布设。监测温度、湿度、降水量、风向、风速等。

5 澜沧江流域水电开发生态环境监控信息平台

5.1 流域概况

澜沧江发源于青海省南部唐古拉山脉，经青藏滇三省（区），从云南省西双版纳州出境，出境后称为湄公河，流经缅甸、老挝、泰国、柬埔寨和越南 5 国，于越南注入中国南海，是一条著名国际河流[1]。澜沧江全长约 2 153 km，天然落差 4 583 m，水能蕴藏量巨大，为开发利用澜沧江水力资源，分上游西藏段、上游云南段和中下游 3 段进行了规划，共规划 23 个梯级。上游西藏段分别为侧格、约龙、卡贡、班达、如美、帮多、古学；上游云南段分别为白塔、古水、乌弄龙、里底、托巴、黄登、大华桥、苗尾；中下游河段分别为功果桥、小湾、漫湾、大朝山、糯扎渡、景洪、橄榄坝、勐松[2]。目前建成运行的主要是中下游段功果桥、小湾、漫湾、大朝山、糯扎渡、景洪等梯级。

5.2 澜沧江流域生态环境监测站点规划

澜沧江流域生态环境监测站点分为水生生态、陆生生态、水环境和局地气候等 4 个方面，共同构成了监控体系的数据层。

（1）水生生态

澜沧江流域共设置水生生态监测断面 13 个，其中干流 7 个，支流 6 个。通过 13 个断面的监测，可以从整体上反映出澜沧江上下游鱼类组成的差异和澜沧江鱼类资源的现状。

（2）陆生生态

综合考虑澜沧江流域陆生生态整体性和气候带的多样性，根据梯级电站调节性能和规模，兼顾电站所处位置的地形、生境特殊性，共设置 9 个陆生生态监测断面。主要监测植被类型和面积。

（3）水环境

关注龙头水库、省界断面和重要支流水质变化，共设 9 个监测断面，其中关累为已建国控断面，流沙河和沘江交汇口为省控断面。选择 pH 值、化学需氧量、氨氮、总磷、总氮和石油类作为澜沧江流域水质监测的关键性指标。

根据澜沧江流域内水电站规模，兼顾考虑支流对干流的影响，确保监测站点建设的实际操作性，水温监测站共设 11 个，重点关注龙头水库、省界断面和重要支流水温变化，其中关累为已有国控断面。监测表层水温和垂向水温。

（4）局地气候

澜沧江流域由北向南纵跨 13 个纬度，并受复杂的地形地貌影响，其气候空间分异显著，立体气候明显，涵盖了北热带、南亚热带、中亚热带、北亚热带、高原温带、高原亚寒带 6 个气候带。流域共设置 9 个局地气候监测站。监测温度、湿度、降水量、风向、风速。

5.3 信息平台构建

澜沧江流域水电开发生态环境监控信息平台包括地图管理、用户管理、监测断面管理、数据管理几个模块，共同构成了监控体系的平台层。

（1）地图管理

网站主页主要为欢迎界面以及监测断面的分布图，地图共有 3 种可以选择，分别是行政区划图、卫星影像图以及地形图。地图可放大和缩小，可以显示本监测系统内所有的监测断面位置、坐标和简要的监测信息概况。

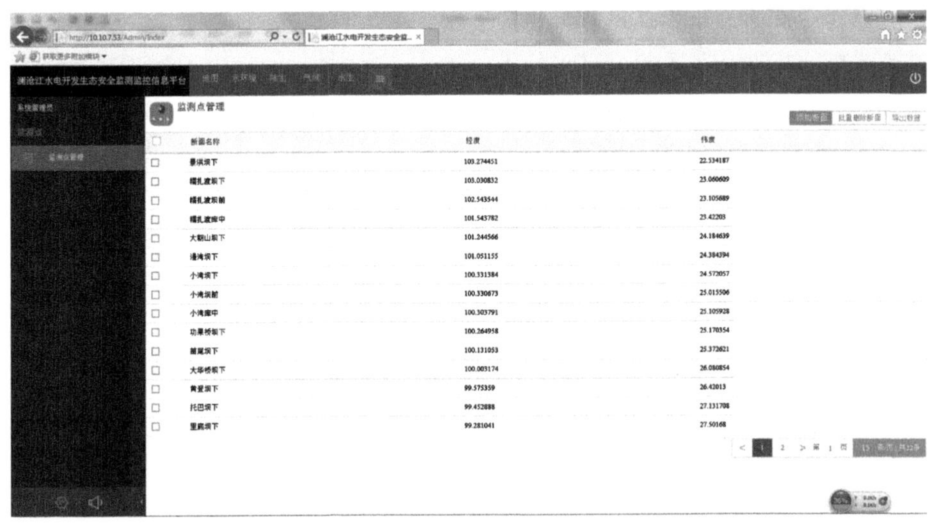

图 2 澜沧江流域水电开发生态环境监控信息平台（图中数据为测试数据）

（2）用户管理

用户可自由注册，主要分为 3 类用户，分别是管理员、一般用户和被屏蔽用户。其中，管理员的权限最高，可以修改数据、添加数据、删除数据、修改用户权限等；一般用户只可以上传数据并对自己上传的数据进行核对、编辑和删除工作，不能对本用户以外的资料进行查看和修改；被屏蔽用户为作废用户或者其他系统外用户。

（3）监测断面管理

为方便后期数据管理和统计分析，本系统使用预设监测断面的方式来记录监测数据。

（4）数据管理

目前，数据主要分为 4 大类，分别是水环境、水生生态、陆生生态和局地气候。其中，水环境包括水文、水温和水质；水生生态包括浮游植物、浮游动物、底栖生物、鱼类、过鱼效果以及增殖放流效果监测等；陆生生态包括珍稀植物、珍稀动物等；局地气候包括监测断面的气象数据等。

6 结论和建议

本文分析了流域生态环境监控体系构建的理论框架，并据此初步开发了澜沧江流域生态环境监控体系。从理论和实例上，对流域生态环境监控体系进行了探索，对流域生态环境信息采集和分析平台提出了总体的构架和设想。针对目前流域生态环境监控的现状，提出如下建议。

（1）尽快建立流域生态环境监测管理机构

目前我国流域性的水电开发单位较少，同一流域往往聚集了多家开发公司，这不利于整个流域的统筹开发和管理，因此，从流域生态环境保护的角度出发，应借鉴国外流域成功的管理经验，各主要流域应尽快成立流域层面的生态环境监测管理机构。

（2）尽快开展流域水电开发监测监控系统的布设

近年国内水电开发较快，大多数河流均已经建成了梯级电站，而由于水电开发导致的生态环境问题往往被忽视，人们对水电开发引起的生态环境问题认识不清，必须通过流域层面的长期监测获取第一手资料，之后再通过科学的方法和手段去判断生态现状的优良度，因此，流域生态环境监控系统的尽快实施是很有必要的。

（3）尽快研发并落实流域生态环境监控信息平台的建设和运行

流域生态环境涉及范围较广，通过监测可以获取大量的基础数据，但是如果不进行集成，这些数据往往是零散的，很难利用，因此，从管理者角度出发，应利用现代化的网络技术，对监测数据进行集成和分析，以实现流域生态环境的实时、在线监测，并能够对收集的数据进行自动计算和评价，以及时反映出流域生态环境的现状，为管理者做出响应提供技术支撑。

参考文献

[1] 何大明. 澜沧江—湄公河流域开发研究的回顾与展望[J]. 云南地理环境研究，1995（1）：75-83.

[2] 黄光明. 澜沧江流域水电开发环境保护实践[C]. 水电 2013 大会——中国大坝协会 2013 学术年会暨第三届堆石坝国际研讨会论文集，2013：125-129.

以鱼类保护为目标的金沙江流域保护区评价

孙赫英[1]　薛联芳[2]　姜　昊[2]　陈毅峰[1]

（1. 中国科学院水生生物研究所，武汉 430072；2. 水利水电规划设计总院，北京 100120）

摘　要：地处我国西南的长江上游蕴藏着巨大的水能资源和丰富的鱼类多样性。本文以鱼类的保护为目标，对金沙江流域现有的 36 个与湿地相关的自然保护区和 5 个国家级水产种质资源保护区的保护情况进行了分析评估。在系统收集了流域内 181 种（含亚种）鱼类的采集地及其环境特征的基础上对其中分布较为广泛的 73 种鱼类，通过物种分布模型预测了其在流域内的分布；而未能成功预测分布区的 3 种鱼类和分布区狭窄的 105 种鱼类则直接使用其采集地作为其分布。结合金沙江流域内 41 个保护区的区位，通过保护区和鱼类分布区的空间关系计算了鱼类栖息地的受保护比例。结果显示，尽管金沙江流域已有保护区数量多、面积大，各级保护和金沙江特有鱼类的保护情况稍好，但 181 种鱼类的平均栖息地受保护比例仅有 19.7%，且栖息地完全未受到保护的鱼类多达 50 种，占比高达 27.6%。这一结果充分揭示了目前金沙江流域与鱼类相关的保护区数量较少以及鱼类受保护情况十分不均衡的现状。为实现鱼类多样性的有效保护，系统规划金沙江流域的保护区设置是十分必要的。

关键词：金沙江流域；鱼类保护；物种分布模型；Maxent；保护区评价

Fish-based Evaluation of Protected Areas in the Jinsha River basin

Abstract：The Upper Yangtze River contain tremendous hydropower resources and abundant fish diversity. Focused on fish conservation，this research evaluated conservation status of 36 wetlands related Nature Reserves and five National Aquatic Germplasm Reserves. A total of 181 fish species and subspecies were included in this research based on systematic collecting fish occurrences and environment data. The distribution of 73 widespread species were estimated with species distribution model；distributions of three fail-to-model species and 105 narrow distributed species were allocated according to their occurrences. With localities of all 41 protected area，this research calculated the protected ratio of fish habitats through spatial analysis. Endangered and endemic species have better conservation status. Despite numerous protected areas are large，average conservation ratio of all 181 fishes was only 19.7%. And there are still 50 fishes neglected by protected areas，which is 27.6% of species in this research. This result adequately reveals that protected areas related to fish conservation are not sufficient in the Jinsha River basin，and fish conservation are imbalance. Systematic planning of protected areas in this region are necessary for effective fish conservation in the future.

Keywords: the Jinsha River basin; fish conservation; species distribution model; Maxent; protected area evaluation

1 引言

淡水生态系统是受威胁最严重的生态系统，其生物多样性减少程度较陆生生物更为严重，物种的灭绝速率是陆生生物的 5 倍[1]。但相对于陆生生物的保护，对淡水生物多样性的保护仍然不够重视[2-3]。人类活动的增加也会对淡水生态系统带来直接的影响，其中水电站建设是主要的影响之一[4]。全球超过一半的大型河流因水电站而呈现碎片化[5]。然而，面对人类社会对可再生能源需求的不断增长以及由气候变化造成的水资源不确定性的增加，水电站又十分重要[6]。在水电站建设的规模和范围得到了前所未有快速发展的同时[7]，也进一步引发了水电建设与环境保护如何协调发展的问题。

设置自然保护区是世界各地维持栖息地完整性和生物多样性的主要方式，并且根据生物多样性保护《爱知目标 2020》，签约国均承诺还将扩展自然保护区的范围[8-9]。爱知目标第 11 条要求至少保护陆地和内陆水域面积的 17%，还要对具有生态代表性的保护区域进行有效的管理。要实现这一目标，对保护区的评估不可或缺。已有相关研究对保护区的保护情况进行评估，但涉及淡水鱼类的较少。

长江是我国的第一大河，近年来其生物多样性下降和水生态功能退化等问题日益突出[10]。金沙江通常是指宜宾以上的长江上游，鱼类多样性极其丰富，并以具有较多的鱼类特有属种而著称[11-12]。与此同时，金沙江及其支流雅砻江又蕴藏着巨大的水能开发潜力，是“十三五”规划的两个重要水电基地。因此，在水电开发影响逐渐增强的背景下，科学评估金沙江流域保护区对鱼类的保护作用、促进长江水能资源与鱼类多样性保护的和谐发展十分必要。本研究通过金沙江流域鱼类分布数据的系统收集，结合物种分布模型，对目前金沙江流域保护区对鱼类的保护情况进行了分析，以期为金沙江流域鱼类获得全面和有效的保护提供支持。

2 材料与方法

本文中的金沙江流域包括了宜宾以上至源头所有的长江干流和支流，流域面积为 472 434 km^2。使用 GRASSGIS 软件，通过 SRTM 90 m 的 DEM 数据，提取研究区域内 6 335 个子流域[13]。鱼类名录和分布数据由调查数据、文献资料和 GBIF 等数据库综合整理得到，每条数据的学名与 Catalog of fishes 数据库最新的有效种名进行核对[14-15]。最后共得到 181 种鱼类的 2 531 条分布数据。

本研究使用 Maxent 模型对鱼类分布进行建模[16-17]。使用 R 中的 usdm 剔除共线性较强的环境变量，共保留 19 个环境变量，分为气候、河流景观、土地覆盖和土壤 4 个大类[18]。其中，气候包括平均日温差、等温性、最干旱月降雨、最热季降雨和降雨季节变化等 5 个变量，河流景观包括河流形态和坡度及其方差 2 个变量，土地覆盖包括水域面积、稀疏植被面积、常绿阔叶林面积等 10 个变量，土壤包括土壤类型多样性 1 个变量。为防止过度拟合，同种鱼类环境相似的分布点我们仅保留一个，再选择分布样点多于 10 个的物种进行建模[19]。

建模时，对每个物种做 5 次交叉验证，并对 5 次结果中鱼类在各个栅格分布的概率进行平均。Test AUC 值可以作为检验模型预测准确性的一个标准，Test AUC 值大于 0.9 视作模型预测准确。本研究将 Test AUC 小于 0.75 的物种视作预测失败，作为分布样点少于 10 个的物种处理[21]。之后去掉预测概率最低的 1/4 训练样点，以剩余样点的最小概率作为该物种分布概率的阈值，将物种分布概率转换为分布/不分布（0/1）[20]。分布样点少于 10 个的物种，将分布样点所在子流域视作有该物种分布。

本研究涉及的保护区包括国家级水产种质资源保护区和自然保护区两类。自然保护区中，本研究仅考虑了主要保护对象与湿地相关的保护区。保护区分布数据来源于政府文件和官方网站。若子流域与保护区在空间上重叠，则该子流域视为被保护。由上述步骤得到全部 181 种鱼类在各子流域分布/不分布情况，再通过计算每种鱼类受保护区保护的子流域占该种鱼类分布的全部子流域数量的比例，作为其栖息地保护比例。

3 结果

从鱼类保护级别来看，本研究选择的 181 种鱼类中包含国家Ⅱ级保护鱼类 2 种，《中国濒危动物红皮书》所列鱼类 13 种，省级保护鱼类 22 种；从特有性来看，本研究包括了 40 种金沙江的特有鱼类。

物种分布模型共预测了 76 种鱼类的分布。其中，短尾高原鳅等 3 种鱼类的 Test AUC

值小于 0.75，预测不成功；剩余 73 种鱼类的平均 Test AUC 值为 0.881 2±0.047。因此，将这 3 种未能成功预测分布区的和其余 105 种分布区狭窄的鱼类通过采集地划定其分布的子流域。

经统计，金沙江流域共有国家级水产种质资源保护区 5 个，保护湿地或被视作湿地保护区的自然保护区 36 个。然而，36 个自然保护区中，主要保护对象明确为鱼类的仅有牛栏江鱼类市级自然保护区和金沙江绥江段珍稀特有鱼类县级自然保护区 2 个。其他则多为保护湿地生态系统和陆生动植物的自然保护区。

金沙江流域鱼类栖息地的保护比例见图 1。栖息地完全未受到保护的鱼类有 50 种，包括 16 种金沙江特有鱼类。参照生物多样性保护爱知目标的标准衡量，目前统计的鱼类有 135 种低于该标准（17%），其中金沙江特有鱼类有 22 种。同时也有少数鱼类的栖息地保护比例较高。在保护比例超过 50%的 26 种鱼类中，栖息地完全受到保护的鱼类有 17 种，包括特有鱼类 9 种。这些鱼类多为分布区域狭窄的鱼类，如程海白鱼、昆明鲇等。

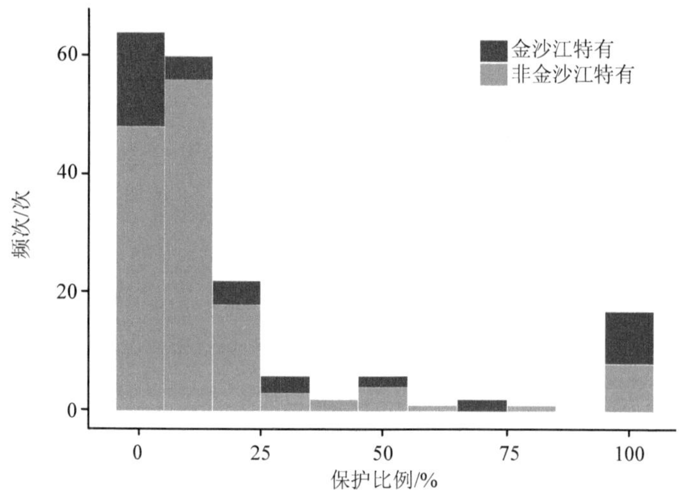

图 1　金沙江流域鱼类栖息地保护比例分布

本研究包含的 181 种鱼类的平均保护比例为 19.7%，稍高于 17%的爱知目标。国家级保护鱼类的平均栖息地保护比例为 42.1%（16.0%～68.2%）；列入《中国濒危动物红皮书》的保护鱼类，平均栖息地保护比例为 56.4%（5.8%～100.0%）；省级保护鱼类栖息地平均保护比例为 21.9%（0～100.0%）。40 种金沙江特有鱼类的平均栖息地保护比例也达到了 33.5%（0～100.0%）。

参照爱知目标，135 种栖息地受保护比例低于 17%的鱼类分布情况见图 2。保护不足的鱼类主要分布于金沙江和雅砻江的下游河段，在石鼓附近的金沙江干流、攀枝花附近的雅砻江河口区域以及下游的干流分布集中。

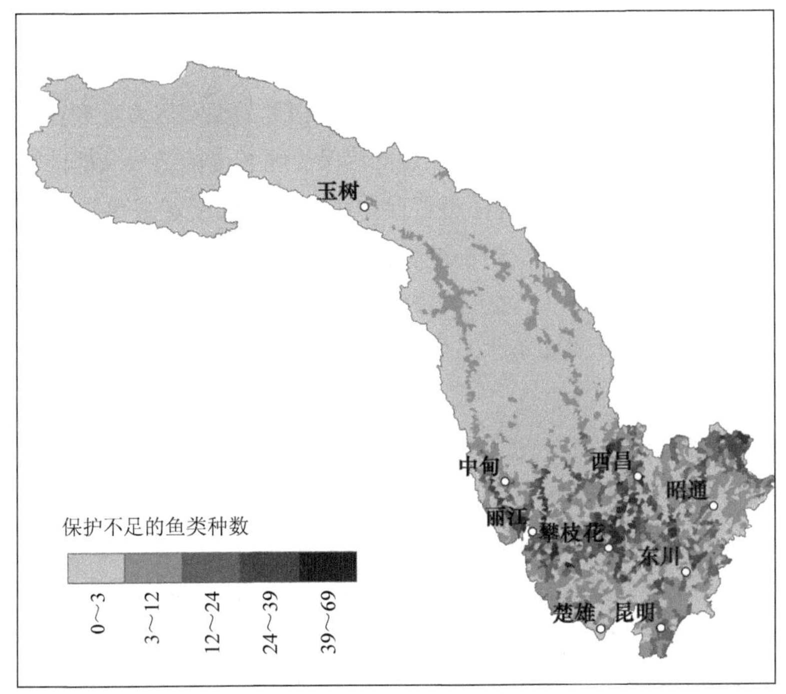

图 2 栖息地保护不足的鱼类（低于 17%）在各子流域的分布情况

4 讨论

本研究的结果揭示了金沙江流域与鱼类相关的保护区数量较少以及鱼类保护情况十分不均衡的现状。虽然流域内针对湿地的自然保护区有 36 个，但金沙江流域目前只有 2 个鱼类相关的自然保护区和 5 个国家级水产种质资源保护区主要对鱼类实施保护。此前，我们统计了黄河流域的保护区情况。黄河刘家峡以上的区域与金沙江流域同处青藏高原的东部，面积约为金沙江流域面积的 40%（182 000 km^2）。黄河这一区域内共有国家级水产种质资源保护区 13 个，针对湿地的自然保护区 9 个，其中鱼类相关的自然保护区 1 个。虽然金沙江流域内的保护区数量高于黄河对应区域，但金沙江流域单位面积内保护区数量更少。同时，黄河刘家峡以上区域有 14 个主要对鱼类实施保护的保护区，是金沙江流域的两倍。因此，金沙江流域保护区对鱼类的保护力度还有较大的提升空间。

金沙江流域鱼类栖息地的平均保护比例稍高于爱知目标的 17%，但仍有多种鱼类的栖息地保护比例低于该标准，甚至完全未受保护。上述结果说明，金沙江流域鱼类相关保护区不仅数量不足，而且不均衡。各级保护和特有鱼类整体上更受重视，国家级和《中国濒危动物红皮书》中收录的鱼类的平均栖息地保护比例较高，但长薄鳅、岩原鲤等的保护比例仍不足 10%。此外，仍有一些金沙江流域特有鱼类和省级保护鱼类尚未受到保护，如西昌高原鳅和窑滩间吸鳅。图 2 显示，栖息地位于攀枝花附近以及石鼓附近干流的一些子流域有较多保护不足的鱼类分布，而金沙江流域湿地相关的保护区多分布在支流上。在设定保护区时，以 ad hoc（特定目的）方法设置自然保护区有可能造成这样的情况，即将保护区设置在干扰最少的区域[22]。但这样设置保护区往往可能会造成保护区重复保护一些物种，却忽视对其他物种的保护[23]。由于缺少相应的保护比例要求，本研究使用爱知目标的标准统一评价金沙江流域保护区对鱼类的保护。但不同鱼类濒危程度和分布广度存在差异，使用统一的标准无法体现鱼类本身的特性。因此，后续研究需针对鱼类提出不同的保护要求。

金沙江流域地处动物地理区划上青藏高原区的边缘，鱼类组成复杂[24-26]。金沙江和雅砻江是国家“十三五”规划中的两个能源基地，其水生生态系统将面临水电开发带来的巨大影响。面对水电站建设带来的生态问题，国家主管部门和水电站建设单位实施了众多保护措施，但这些方案多是从单个工程自身的保护责任出发，缺乏系统性和整体性[10]。由 Margules 和 Pressey 总结的系统保护规划方法可以为金沙江流域鱼类系统保护提供支持[22]。除保护区所在区域的自然、生物特性外，系统保护规划方法还考虑了保护区连通性，以及建立保护区所需的成本，为管理者提供了可量化和透明的决策方法[22, 24]。该方法在我国已有一些应用，也越来越受到重视，有很好的应用前景[20, 27-28]。

参考文献

[1] Ricciardi A，Rasmussen J B. Extinction Rates of North American Freshwater Fauna[J]. Conservation Biology，1999，13：1220-1222.

[2] Nel J L，Roux D J，Maree G，et al. Rivers in peril inside and outside protected areas：a systematic approach to conservation assessment of river ecosystems[J]. Diversity and Distributions，2007，13（3）：341-352.

[3] Olden J D，Kennard M J，Leprieur F，et al. Conservation biogeography of freshwater fishes：recent progress and future challenges[J]. Diversity and Distributions，2010，16（3）：496-513.

[4] Dudgeon D. Asian river fishes in the Anthropocene：threats and conservation challenges in an era of rapid environmental change[J]. Journal of Fish Biology，2011，79（6）：1487-1524.

[5] Nilsson C，Reidy C A，Dynesius M，et al. Fragmentation and Flow Regulation of the World's Large River Systems[J]. Science，2005，308（5720）：405-408.

[6] Piao S，Ciais P，Huang Y，et al. The impacts of climate change on water resources and agriculture in China[J]. Nature，2010，467（7311）：43-51.

[7] Zarfl C，Lumsdon A E，Berlekamp J，et al. A global boom in hydropower dam construction[J]. Aquatic

Sciences，2015，77（1）：161-170.

[8] Watson J E M，Darling E S，Venter O，et al. Bolder science needed now for protected areas[J]. Conservation Biology，2016，30（2）：243-248.

[9] Hermoso V，Abell R，Linke S，et al. The role of protected areas for freshwater biodiversity conservation：challenges and opportunities in a rapidly changing world[J]. Aquatic Conservation：Marine and Freshwater Ecosystems，2016，26（S1）：3-11.

[10] 王中敏，张令茹. 长江经济带建设中水资源利用问题与保护对策研究[J]. 中国水利，2018（11）：1-3.

[11] 吴江，吴明森. 金沙江的鱼类区系[J]. 四川动物，1990（3）：23-26.

[12] Chen Y F，Chen Y Y，He D K.Biodiversity in the Yangtze River：Fauna and Distribution of Fishes[J]. J. Ichthyology，2002，42（2）：152-162.

[13] GRASS Development Team. Geographic Resources Analysis Support System（GRASS）Software，Version 7.0. 2016，Open Source Geospatial Foundation.

[14] GBIF.org. GBIF Home Page. cited 2017. Available from：http：//gbif.org.

[15] Eschmeyer W N，Fricke R，Laan R van der. CATALOG OF FISHES：GENERA，SPECIES，REFERENCES[EB/OL]. http：//researcharchive.calacademy.org/research/ichthyology/catalog/fishcatmain.asp [2017-05-15].

[16] Phillips S J，Dudík M，Schapire R E. Maxent software for modeling species niches and distributions（Version 3.4.1）[EB/OL]. http：//biodiversityinformatics.amnh.org/open_source/maxent/[2017-04-15].

[17] Radosavljevic A，Anderson R P. Making better Maxent models of species distributions：complexity，overfitting and evaluation[J]. Journal of Biogeography，2014，41：629-643.

[18] Naimi B，Hamm N A S，Groen T A，et al. Where is positional uncertainty a problem for species distribution modelling？[J]. Ecography，2014，37：191-203.

[19] Varela S，Anderson R P，García-Valdés R，et al. Environmental filters reduce the effects of sampling bias and improve predictions of ecological niche models[J]. Ecography，2014，37：1084-1091.

[20] 黄心一，李帆，陈家宽. 基于系统保护规划法的长江中下游鱼类保护区网络规划[J]. 中国科学：生命科学，2015（12）：1244-1257.

[21] Liu C，Berry P M，Dawson T P，et al. Selecting thresholds of occurrence in the prediction of species distributions[J]. Ecography，2005，28：385-393.

[22] Margules C R，Pressey R L. Systematic conservation planning[J]. Nature，2000，405：243-253.

[23] Pressey R L，Tully S L. The cost of ad hoc reservation：A case study in western New South Wales[J]. Australian Journal of Ecology，1994，19（4）：375-384.

[24] 陈宜瑜，陈毅峰，刘焕章. 青藏高原动物地理区的地位和东部界线问题[J]. 水生生物学报，1996（2）：97-103.

[25] 骆辉煌，杨青瑞，李倩，等. 长江上游珍稀特有鱼类保护区鱼类生境特征初步研究[J]. 淡水渔业，2014，44（6）：44-48.

[26] 李浩林，赵亚辉，张洁，等. 金沙江下游与长江上游珍稀、特有鱼类国家级自然保护区鱼类物种多样性比较[J]. 淡水渔业，2014，44（6）：104-108.

[27] 张路，欧阳志云，徐卫华. 系统保护规划的理论、方法及关键问题[J]. 生态学报，2015（4）：1284-1295.

[28] 张路，欧阳志云，肖燚，等. 海南岛生物多样性保护优先区评价与系统保护规划[J]. 应用生态学报，2011（8）：2105-2112.

大数据在菜子湖生态保护研究中的设想

李迎喜

（长江水资源保护科学研究所，武汉 430051）

摘　要：菜子湖不仅是引江济淮工程输水线路中的重要湖泊，同时也是安庆沿江湿地省级自然保护区的重要组成部分。主要探讨大数据在引江济淮工程菜子湖候鸟越冬期湿地生境保护适应性调度试验研究的设想，为菜子湖生态保护研究提供技术支持，为大数据在其他湿地保护中的研究提供借鉴。

关键词：菜子湖；大数据；生境保护；技术支持

Strengthening Caizi Lake Protection and Research Using Big Data Thinking

Abstract：Caizi Lake is not only an important lake located at the route of the Yangtze-to-Huaihe Water Diversion project，but also an important part of the provincial-level nature reserve along the Yangtze River in Anqing. This paper mainly discusses the idea of incorporating big data in the habitat adaptation study during the overwintering period of migratory birds. This would provide technical support for the ecological protection research of Caizi Lake，offering a reference for the incorporation of big data protection in the research on the other wetlands.

Keywords：Caizi Lake；big data；habitat protection；technical support

1　引言

湿地是全球最具经济价值和生物多样性最为丰富的生态系统之一，在气候调节、水源涵养、水质净化、洪水调蓄和生物多样性保护等方面发挥着重要的作用，对人类生存的可持续发展十分重要。根据《湿地公约》首次发表的《全球湿地展望》(*Global Wetland Outlook*, GWO）报告，1970—2015 年，世界湿地面积减少了 35%。从 2000 年开始，湿地面积的减少速度越来越快，而且在全球各区域呈现相同的趋势。

我国是世界上湿地类型齐全、数量丰富的国家之一，涵盖了《湿地公约》中列出的全部湿地类型。自 1992 年加入《湿地公约》以来，我国相继采取了一系列加强湿地保护与恢复的重大举措，包括制定和实施《全国湿地保护工程规划（2002—2030 年）》、开展湿地生态补偿示范项目、完成全国首次湿地资源调查和第 2 次全国湿地资源调查、开展湿地宣传教育、划定全国湿地保护红线等。截至 2015 年，我国有 49 个国际重要湿地、600 多个湿地自然保护区、705 个国家湿地公园，初步形成了以自然保护区为主体，湿地公园和湿地保护小区并存，其他保护形式互为补充的湿地保护体系。

随着信息技术的快速发展，以大数据为主导的数据科学已成为学术界关注的焦点。相比传统的数据分析方法，大数据依赖全面的数据来系统解决复杂的科学问题，也为各种生态学问题（包括草原生态修复、大气污染治理、气候变化预测、生态网络监测、生态系统服务计算等）的科学解决提供了新思路。对湿地生态系统的生态特征、生态过程、生态功能及人为干扰进行长期定位观测和监测，是揭示湿地生态系统的发生、发展、演替的作用机理与调控方式，是湿地研究、湿地科学保护和发展的重要保障。

湿地定点（定线）监测、卫星遥感监测、无人机实地验证等催生了湿地生态大数据。本文主要探讨大数据在引江济淮工程菜子湖候鸟越冬期湿地生境保护适应性调度试验中的研究设想，以期揭示湖泊水位—湿地类型—湿地植被—候鸟生境—候鸟种群数量的动态关联特征，为菜子湖水位优化调控和湿地保护研究提供支持。

2 研究区域概况

菜子湖包括嬉子湖、白兔湖和菜子湖 3 个子湖，1950 年年末湖泊总面积 300 km^2。由于沿湖周围垦，现湖泊水面面积为 242.9 km^2（相应水位为 15.1 m），总容积为 16.1 亿 m^3。该湖原与长江天然连通，1959 年建成枞阳闸后始成为水库型湖泊。菜子湖湿地是典型的长江中下游浅水通江湖泊湿地，孕育着丰富的生物资源，是白头鹤、东方白鹳、小天鹅、白额雁、白琵鹭、豆雁、鸿雁等重要水鸟的越冬栖息地，对生态系统和生物多样性保护具有重要意义。每年 10—11 月越冬候鸟陆续到达，12 月—次年 1 月菜子湖越冬候鸟数量达到峰值，次年 3 月越冬候鸟陆续北迁，4 月中下旬全部离开。

水文节律的变化是决定各种湿地类型形成与维持以及湿地过程的唯一最重要因素，其直接控制着湿地生态系统的形成和演化、湿地生态学格局和生态过程及植被分布格局。水位人为调控和调度过程维持了菜子湖丰水期水位上涨、枯水期滩涂出露的湿地变化节律。

候鸟越冬期菜子湖湿地出露与水位变化密切相关，10 月—次年 1 月菜子湖水位逐渐下降，泥滩地和浅水沼泽出露面积逐渐增大；次年 3 月菜子湖水位逐渐上升，泥滩和浅水沼泽面积逐渐缩小，湖泊水域面积逐渐增加。候鸟越冬期菜子湖泥滩地和草本沼泽出露，尤其是滩涂湿生植被得以发育，为越冬水鸟提供重要的栖息地和觅食地。因此，利用大数据思维，定量化分析候鸟越冬期菜子湖主要湿地类型及候鸟适宜生境随水位变化的动态变化规律，能为菜子湖水位科学调度提供重要依据。

3 菜子湖生态大数据

随着信息化的发展和科学技术水平的提高，湿地生态大数据来源会日益丰富。数据库数据的增多和数据聚合力的增强会大幅提升生态研究工作者的工作效率，使研究人员更容易基于大数据去揭示生态学本身的发展、演替规律，提高生态系统的管理效率。菜子湖长期研究过程中积累的数据大致可以分为：湿地定点（定线）监测数据、水位监测数据、卫星遥感监测数据、地理信息数据、无人机测绘数据等。

3.1 湿地定点（定线）监测数据

湿地定点（定线）监测将对湿地生态系统的植被、水鸟、土壤、环境因子等进行长期定点监测，获取动态变化的长时间序列湿地生态参数数据（包括地理信息）。湿地监测过程中与湿地生态要素相关的图片、视频及现场走访形成的文字材料等都是大数据来源。安徽大学和安徽省林业部门从 2004 年开始对菜子湖越冬水鸟和植被开展调查与监测，积累了一定的基础数据。引江济淮工程科研安排实施的菜子湖候鸟越冬期湿地生境保护适应性调度试验研究及生态环境监测项目，将于 2018 年 10 月—2023 年 4 月的越冬候鸟期在菜子湖开展湿地植被及越冬候鸟等现场监测与观测，积累丰富的湿地定点（定线）监测数据及实地 GPS 数据，为数据库构建和遥感解译实地验证提供重要基础。

3.2 水位监测数据

菜子湖的车富岭水位控制站长期监测积累了 1956—2018 年的长时间序列水位数据，为菜子湖水位动态变化过程分析提供了重要基础数据。引江济淮工程科研安排的菜子湖候鸟越冬期湿地生境保护适应性调度试验研究及生态环境监测项目实施过程中，将进一步加强与安徽省水文局建立的长期合作关系，保障 2018 年 6 月—2023 年车富岭水位站水位监测动态数据的及时获取。

3.3 卫星遥感监测数据

卫星遥感监测技术收集的数据具有数据信息量大、监测范围广、动态性与实时性强、精度高的特点。卫星遥感监测数据主要来源于卫星遥感数据和航空遥感数据，包括湿地类型、湿地植被覆盖、湿地地形等数据，是涉及不同区域、不同时间序列的庞大数据。随着卫星与传感器技术的发展，世界各国发射的卫星数目不断增多，传感器获取的遥感数据质量越来越好，分辨率越来越高，并具备较好的互补性，为湿地科学研究提供了丰富的数据源（包括国外的Quickbird、SPOT、MODIS、Landsat及国内的高分数据等）。将遥感技术应用到菜子湖可更加直观、形象地揭示菜子湖主要湿地类型的时间动态变化和空间分异规律，为菜子湖监测提供连续的时间序列数据和即时的动态数据。引江济淮工程菜子湖候鸟越冬期湿地生境保护适应性调度试验研究及生态环境监测项目实施过程中，将与国家测绘地理信息局卫星测绘应用中心建立长期的合作关系，以保障 2018—2023 年项目实施期的高分数据的获取，同时将根据研究实际需要补充 Landsat 影像数据，确保菜子湖生态大数据的数据来源。

3.4 无人机测绘数据

菜子湖区人工圩埂较多，枞阳闸不能调控整个湖区水位，遥感解译得到的结果并不能全面反映菜子湖水位-湿地类型的相关响应关系。通过无人机和其他手段对地形进行补充测绘，可以对菜子湖水位-湿地类型关系的遥感解译结果进行验证。采用无人机航测系统对菜子湖水位线以上区域进行航拍，获取局部区域地形数据（作为实地验证数据）。

4 大数据在菜子湖生态保护研究中的设想

4.1 菜子湖水位优化调控研究

菜子湖水位优化调控研究总体思路是以菜子湖湿地水位、湿地类型、湿地和水鸟生境、水鸟种群数量等为研究对象，从水位与湿地和冬候鸟生境的关系出发，比较候鸟越冬期不同水位调度方案对湿地生境、水鸟种群数量及空间分布格局的影响，重点探讨菜子湖湿地和水鸟生境对水位的需求，提出水位优化控制方案。

通过湿地定点（定线）监测、水位监测、遥感卫星监测和无人机实地补充测绘数据等大数据的耦合，能掌握不同水位情况下菜子湖湿地动态变化情况，定量化揭示菜子湖水位-湿地类型的响应关系及监测区域尺度湿地类型-湿地植被-候鸟生境的相互关系。大数据的耦合也能帮助构建候鸟生境评价模型，掌握不同高程下湿地植被生长和候鸟生境适宜性对控制水位的响应特征，也能预测不同调度水位下湿地植被生长和候鸟生境的适宜性和承载力，为水位优化调控提供依据。

4.2 菜子湖湿地生态修复设计

为降低引江济淮工程运行后菜子湖枯水期水位抬升对湿地生境的不利影响，需在菜子湖开展湿地生态修复工程。菜子湖湿地修复设计的总体思路：确定水位抬升对湿地生境（浅滩、滩涂）的影响面积和空间范围，复核修复区域选择及修复面积规模；结合生境修复区域目标越冬候鸟的生活习性，形成区域地形改造方案；结合对照生境（本地湿地植物群落）中植物群落种类组成及结构、越冬候鸟的适宜生境特征和食物来源等，确定植物的选择及配置方案，修复或重建菜子湖湿地生物群落，维持菜子湖候鸟栖息和觅食生境。

基于大数据分析，可以确定生态修复区域的地理位置、地形、植被生长特性等，帮助制订耦合生态系统各要素和主要生态过程的生态修复技术方案，包括：修饰菜子湖地形，抬高局部区域高程，对其进行生境改造和修复，稳定枯水期滩地和草本沼泽面积，以维持菜子湖区珍稀越冬候鸟栖息地；通过植被搭配、植物种植，修复或重建菜子湖湿地生物群落，改善地形改造区域、湖滨带和浅水区域湿地结构与功能，维持菜子湖区冬候鸟栖息和觅食环境。

5 结语

湿地生态系统具有显著的时空异质性和尺度效应，利用湿地定点（定线）监测、卫星遥感监测、无人机等实地验证数据相结合的大数据思维，能为湖泊水位—湿地类型—湿地植被—候鸟生境—候鸟种群数量的动态关联特征研究提供支撑依据。本文以引江济淮工程菜子湖候鸟越冬期湿地生境保护适应性调度试验研究及生态环境监测项目的实施为研究平台，以获取湿地定点（定线）监测数据、水位监测数据、卫星遥感数据、无人机测绘数据等为目标，探讨大数据在菜子湖生态保护研究中的设想，为菜子湖水位优化调控和湿地保护管理提供依据，也为大数据在其他湿地研究中的应用提供借鉴。

数据挖掘技术在水电工程管理中的应用综述

王东胜[1] 张 迪[2]

（1. 水电水利规划设计总院，北京 100120；2. 中国水利水电研究院，北京 100038）

摘 要：水电事业的快速发展和信息技术在水利行业应用的日趋广泛积累了海量的数据，这些数据中蕴含了大量有价值的信息，如何从海量数据中发掘潜在的、有价值的知识逐渐成为水电工程管理中的研究重点。从数据挖掘在水电工程管理中的应用出发，重点调研了数据挖掘技术在水库水文预报、水库调度、生态环境保护三个方面的应用现状，总结了数据挖掘技术在水电工程管理中取得的成果，并对未来的发展方向进行了展望。

关键词：数据挖掘；水电工程管理；水文预报；水库调度；生态环境保护

Review of the Application of Data Mining Technology in Hydropower Management

Abstract：The rapid development of hydropower industry and the application of information technology in hydropower management have accumulated massive data. These data contain a lot of valuable information. How to explore potential and valuable knowledge from massive data gradually becomes the research focus of hydropower project management. From the perspective of data mining in hydropower management，this paper mainly investigates the application status of data mining technology in reservoir hydrological forecast，reservoir operation and eco-environmental protection，summarizes the achievements of data mining technology in hydropower management，and outlooks the future development direction.

Keywords：data mining technology；hydropower management；hydrological forecast；reservoir operation；eco-environmental protection

1 引言

随着我国水电事业的快速发展和信息技术在水利行业应用的日趋广泛，水电工程在其信息化管理过程中积累了海量的数据，人们虽然深知这些数据中蕴含了大量有价值的信息，但是如何发掘这些信息，依靠传统的信息系统难以给出理想的解决方案。数据挖掘技术的出现为这些问题的解决带来了可能。所谓数据挖掘，就是从海量数据中发现潜在的、有价值的知识。

数据挖掘是人工智能与数据库技术相结合的产物，数据挖掘的目的是通过发现令人感兴趣的模式来帮助人们理解大量的原始数据。人工智能算法是数据挖掘的常用技术，其善于挖掘数据的深层次特征，求解复杂因素影响的非线性问题。目前水电工程管理领域已经有很多基于数据挖掘的探讨和实践，图 1 给出了基于数据挖掘的水电工程管理体系。目前，较为流行的人工智能算法有机器学习、人工神经网络、深度学习等。其中人工神经网络作为一种特殊的机器学习实现方式，由于深度学习算法的出现，在近年来备受瞩目。深度学习算法是对传统人工神经网络的改进，已逐渐成为计算机科学与技术领域的研究前沿，并在计算机视觉、语音识别、自然语言处理、音频识别与生物信息学等领域取得重大成功，代表性网络有卷积神经网络、循环神经网络和对抗生成网络。但由于深度学习算法的提出时间较短，因此在水利相关领域的应用报道较少。

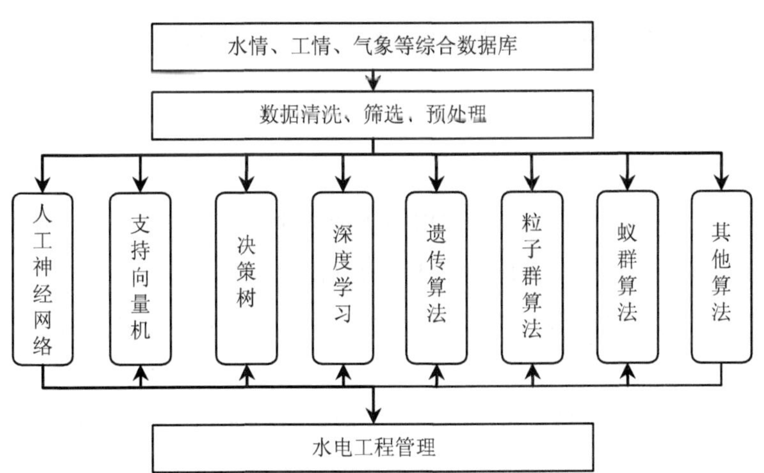

图 1 基于数据挖掘的水电工程管理体系

综上所述，数据挖掘在水电工程管理中的应用，不仅有助于从数据中发现潜在的、有价值的知识或规则，同时也是构建智能型水利信息化综合管理系统，实现水利工程智能运行管理的关键。因此，本文从数据挖掘在水电工程管理中的应用出发，重点调研了数据挖掘技术在水库水文预报、水库调度、生态环境保护三个方面的应用现状，总结了数据挖掘技术在水电工程管理中取得的成果，并对未来的发展方向进行了展望。

2 数据挖掘技术在水文预报中的应用

水文预报是水文工作的重要组成部分，也是水库和水库群优化调度中非常重要的环节，对于水库调度、洪水控制、发电、灌溉甚至许多环境问题都起着不可忽视的作用[1]。目前，水文预报的相关模型很多，按照模型建立基础的不同，可分为物理机理模型和数据驱使模型[2]。以物理机理为基础的模型通过计算土壤含水量、降水量、上下游水库蓄水泄水情况等多种物理量来模拟产汇流机制以预报水情。但此类模型构建需要所有按时间空间分布的细节数据，如地形数据、河道特性数据、流域土壤特性和降水径流数据等，由于不同流域情况千差万别，产汇流过程影响因素繁多，因此物理机理模型难以全面考虑所有影响因素，获取精确的水文预报结果[2]。数据驱使模型基于数据挖掘技术，从历史水文数据入手，利用各种人工智能算法分析历史数据，模拟水文过程，有效提高了水文预报模型的计算精度和实用性。

截至 2000 年年底，我国已建成全国性的水文信息查询和分析平台，为基于数据挖掘技术的水文预报模型构建提供了数据基础。本节着重介绍目前水文预报领域应用较为广泛的数据挖掘技术。

2.1 人工神经网络

人工神经网络是由大量处理单元互联组成的非线性、自适应信息处理系统。它是在现代神经科学研究成果的基础上提出的，试图通过模拟大脑神经网络处理、记忆信息的方式进行信息处理。人工神经网络的大规模推广得益于反向传播（BP）算法的提出。BP 算法解决了神经网络的训练问题，使得人工神经网络模型具备了良好的非线性预测能力。此后，神经网络模型发展迅速，目前已有 40 余种。20 世纪 90 年代，人工神经网络开始被广泛应用于水文预报。目前，水文预报领域较为常用的人工神经网络模型有 BP 神经网络、RBF 神经网络、Elman 神经网络等[1]。

BP 神经网络是一种多层感知器结构，由输入层、输出层和多个隐含层组成，网络前向计算输出值、反向计算误差，具备强大的纠错能力和非线性预测能力。蔡煜东等[3]利用 BP 神经网络对大伙房水库的入库径流量进行了预报，并取得了良好的效果。此外，针对

BP 神经网络存在的局部最优化、网络收敛慢等问题，有关学者对 BP 神经网络算法提出了改进。如谢新民[4]采用共轭梯度优化方法，改善了 BP 神经网络收敛慢的问题，有效避免了模型陷入局部最优解，同时将模型应用于西大洋水库入库径流预报，取得了优于回归分析和相关图法的预报结果。赵全升等[5]引入 Fletcher-Reeves 算法思想训练 BP 神经网络，在不增加算法复杂度的前提下，改善了 BP 神经网络局部最优化和收敛速度慢的问题，实现了黄河下游枯季径流预测。

RBF 神经网络是一种 3 层前馈网络，由 Broomhead 和 Lowe[6]于 1988 年提出，具有以任意精度逼近任意连续函数能力。RBF 网络是一种局部逼近网络，与属于全局逼近网络的 BP 网络相比，RBF 网络在函数逼近能力、分类能力和学习速度等方面都有优势。陈媛等[7]应用 RBF 神经网络对大渡河瀑布沟水电站月入库径流进行了预测，并取得了良好的预测结果。任磊等[8]以新疆金沟河的径流预报为例，对比了 BP 神经网络和 RBF 神经网络的预测效果，结果显示，与 BP 神经网络相比，RBF 神经网络对径流序列的预测具有更高的精度和更短的运算时间。

Elman 神经网络是 Elman 于 1990 年处理语音问题时提出的，是一种典型的局部递归网络。由于 Elman 神经网络具有良好的处理贯序数据的能力，因而得到广泛推广。Elman 神经网络由输入层、隐含层、承接层和输出层组成，该模型在前馈网络的隐含层中增加一个承接层，作为一部延时算子，达到记忆的目的。杨新华等[9]建立了基于 Elman 和 BP 神经网络的黄河源区枯季径流预报模型，对比结果显示，Elman 神经网络的预测结果精度优于 BP 神经网络，由此说明，相比于传统的静态 BP 神经网络，Elman 神经网络更适合处理动态系统问题。

2.2 支持向量机

1995 年，Vapnik 在统计学习理论的基础上提出了支持向量机（SVM）[10]，SVM 算法以最小结构风险代替了传统的结构风险，求解的是一个二次寻优问题，可以得到全局最优解。支持向量回归（SVR）算法源于 SVM 算法，以 SVM 的算法做回归分析。该算法的拓扑结构由支持向量决定，避免了传统人工神经网络拓扑结构需要经验试错法的弊端。SVR 算法求解的关键过程是利用核函数，将低维数据映射到高维空间并降低高维空间计算的复杂性，但在高维空间求解分类问题时，需要求解函数的二次规划，这要求计算机具有大量的存储空间和强大的计算能力。因此，该算法在求解小样本非线性或高维模式识别问题中表现优越，但面对海量数据时，模型训练速度较慢[1]。

苏辉东等[11]利用 SVR 预测了长江流域河溶水文站的日径流过程，取得了满足精度要求的结果，同时研究显示，SVR 的预测精度高于传统的 BP 神经网络。古力皮亚 • 沙塔尔等[12]结合人工蜂群算法的自适应度因子对传统 SVR 进行了改进，结果显示，相比于传统模型，改进模型在区域冰川河流年径流预测精度方面得到较为明显的改善和提高，其中预测的误差均值减少了16.3%。

2.3 决策树

决策树算法起源于1966年提出的概念学习系统（CLS），其基本算法是贪心算法，采用自上向下的递归方式，构建决策树。在水文预报中，用决策树技术对水文数据进行分析，在树的每个节点上使用信息增量度量选择属性，选择具有最高信息增益的属性作为当前节点的测试属性，创建一个节点，并以该属性标记，对属性的每个值创建分支，并据此划分样本来构建决策树水文预报模型[2]。现阶段常用的决策树算法有C4.5、分类回归树（CART）、随机森林（RF）等。

丁胜祥等[13]基于决策树C4.5算法构建了太湖洪水预报模型。Yang等[14]以美国Clair Engle湖和中国丹江口水库为例，对比了BP算法、SVR、RF 3种模型的水库入流预测能力，结果显示，就不同水库和不同水文期而言，3种模型性能各有优劣，但整体而言，RF算法的预测精度高于SVR和BP算法。Erdal等[15]构建了CART模型用于径流预测，同时探究了改进的CART算法、袋装回归树（BRT）和随机梯度加速回归树（GBRT）在径流预测中的应用。

3 数据挖掘技术在水库调度中的应用

水库调度是实现水库多种功能的重要手段。开展水库调度研究，制定合理的水库调度规则，充分发挥水库的调蓄作用，最大限度地提高水资源的利用率，对于该领域具有重要的理论价值和指导意义。水库调度规则的制定方法与数据挖掘技术的发展密切相关，经历了常规方法—模拟方法—优化方法—模拟优化相结合的发展过程。

3.1 常规方法

常规方法是指以实测资料为依据，利用传统的数据分析方法，如统计法、历时法等拟定水库调度规则。该方法简单直观，常以水库调度包络图等形式展现，曾是实践中普遍应用的方法，目前我国许多中小型水库依然采用此方法开展水库调度。

3.2 模拟方法

模拟方法顾名思义是利用模型对水库的调度过程进行模拟，并以此为据指导水库调度工作的开展。模拟方法又可分为两大类：基于物理意义的确定性模型和基于人工智能算法的数据挖掘技术，后者是本文分析的重点。相比于确定性模型，人工智能模型更善于解决具有多目标、多变量、多约束等复杂性特征的水库调度问题。同时，人工智能算法可以从长系列的水库调度资料中学习水库调度规则和管理人员的经验，具有对使用人员的专业要求低、实用性强等优点。一般而言，此类水库调度模型常以水库调度影响因素（入库流量、降水量、蒸发量、库水位、下游水位、水库保证发电量及供水等出力指标）作为输入数据，以水库出流量作为输出数据训练模型，实现水库调度决策。目前水库调度模拟模型众多，常见的有 BP 神经网络、SVR、RF、CART 等[16-18]。同时近年来，深度学习算法的提出显著提高了模型的自主特征提取能力，该算法通过组合低层特征形成更加抽象的高层表示属性类别或特征，可以以发现数据的分布式特征表示。目前，深度学习算法已经在计算机视觉、语音识别、自然语言处理等多个领域取得重大成功，但是该算法在水库调度领域应用的报道较为少见。Zhang 等[19]应用深度学习算法—长短期记忆网络（LSTM）模拟了葛洲坝水库调度，同时对比分析了 LSTM 与 BP 神经网络和 SVR 算法的优缺点，结果显示，深度学习算法 LSTM 无论是在模拟精度还是在计算速度上均展现出显著优于两种传统人工智能算法的模型性能。

3.3 优化方法

优化方法是近年来水库调度的研究热点，常应用于多目标水库实现水库综合效益最大化。人工智能算法是目前水库优化调度的主要研究方法，相较于传统算法需要详尽描述问题的求解过程，智能算法具有允许模糊性和不确定性的存在，具有易处理、鲁棒性、低求解成本等优点。现阶段，常用的优化方法有遗传算法、粒子群算法、蚁群算法和人工神经网络等。

遗传算法依照达尔文生物进化论的自然选择和遗传学机理，通过模拟自然进化过程搜索最优解，是起步较早、应用最为广泛的人工智能优化方法。遗传算法在处理结构相对简单、变量较少的优化问题时，优化效率很高，性能稳定。例如，Tung 等以效益最大化为目标，采用普通遗传算法确定台湾地区鲤鱼潭水库的调度规则。但是，大量的研究表明，面临目标较多的复杂优化问题时，遗传算法的求解速度会大幅下降。为此，许多学者对遗传算法进行了改进，如 Reis 等[20]采用遗传算法和线性规划的混合算法对水库群调度决策进行优化。Chang 等[21]提出了能够有效处理带有各种约束的复杂优化问题的改进遗传算法。

粒子群算法是一类模拟群体智能行为的自适应概率优化技术，它也是从随机解出发，通过适应度来评价解的品质，经过迭代过程寻找最优解。粒子群算法比遗传算法规则更为简单，以其实现容易、精度高、收敛快等优点引起重视，并且在解决实际问题中展现出优越性。Reddy 和 Kumar[22]、Brouwer 等[23]采用基于 Pareto 比较准则的粒子群优化算法搜索水库多目标优化调度的非劣解，为决策者选取水库调度方案提供了重要参考。张忠波等[24]

将下山搜索策略引入粒子群智能算法中，提出了改进的粒子群算法，为水库的优化调度模型求解提供了新的途径。

蚁群算法是用来寻找优化路径的概率型算法，其灵感来源于蚂蚁觅食的过程中发现路径的行为。研究表明该算法具有许多优良性质。尽管该算法的研究起步较晚，但目前已在水库调度领域得到应用。如纪昌明等[25]以金沙江中游梯级水电站群为实例，利用蚁群算法优化了其初始调度函数，并模拟了其长系列径流的发电调度过程；吴正佳等[26]根据三峡库区洪水优化调度问题的具体需求，以蚁群算法为基础建立了求解该问题的模型和求解方法。同时，蚁群算法存在前期收敛慢、易陷入局部最优解且参数难以确定的缺点，因此，众多学者探索了该算法的改进，并成功用于水库优化调度。例如，汪明清等[27]将遗传算法和蚁群算法相耦合，并用于库群长期优化调度问题的求解，结果表明，耦合后的算法可显著改善优化结果，获得良好的调度方案。

与前几种算法相比，人工神经网络功能更多，应用范围非常广。胡铁松等[28]提出了研究水库群和发电调度函数的人工神经网络方法，并探讨了神经网络训练参数、训练方法和训练样本的改变对网络训练和应用效果的影响。赵钰等[29]建立了基于 BP 神经网络的水库优化调度函数。

3.4 模拟-优化耦合方法

随着人工智能算法的快速发展，结合模拟、优化两种算法，充分发挥其各自优势，系统描述水库的调度过程，逐渐成为目前水库调度研究的又一新热点。研究表明，此类模拟-优化耦合方法以水库调度规则参数为变量，直接对调度规则进行优化，可以有效降低手工计算量，寻求最优解，对于难以建立模型直接求解的复杂调度问题尤为适用[30]。国内外学者对此方法进行了大量的实验探究。Chang 等[21, 31]采用不同形式的遗传算法，基于模拟-优化的模式确定了水库群联合调度规则。王金龙等[32]基于 BP 神经网络算法，采用水库水位与出力双决策控制，建立了模拟-优化耦合模式的溪洛渡、向家坝两库联合调度模型。

该模型的流程一般如图 2 所示，具体步骤如下：（1）提取水库当前初始调度规则；（2）根据该调度规则模拟水库调度过程；（3）统计相关调度评价指标；（4）将该指标转化为优化方法的适应度值；（5）基于优化算法生成新的调度规则；（6）评价新的调度规则，判断是否停止迭代，如果是，则生成最优调度规则，否则重新生成调度规则。

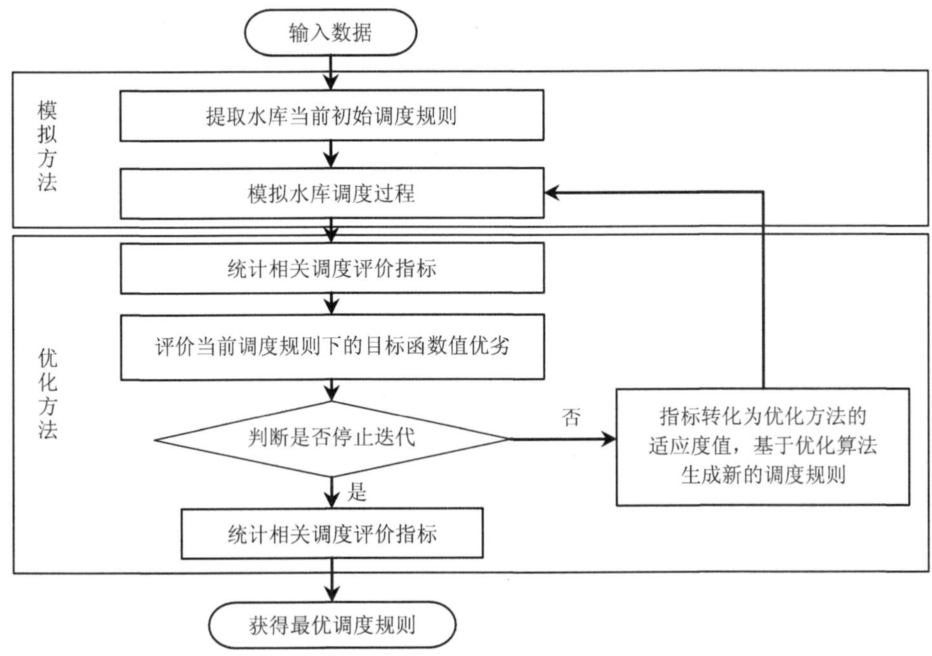

图 2　模拟-优化耦合方法流程

4　数据挖掘技术在水电工程生态保护中的应用

水利水电工程的建设为我国经济发展做出了巨大的贡献，无论是农业、工业还是运输业等多个行业的发展都离不开水电工程的推动作用。但随着水电工程的大规模建设，其引发的生态环境影响也日益引起关注，如何利用先进的数据挖掘技术，指导水电工程建设和运行过程中的生态保护也日渐成为众多学者关注的焦点。

4.1　水质预测

水库作为开放式系统，周围常有大量农田径流或河流径流的汇入，不可避免地汇入总磷、总氮等污染物质，加之库区水体流动性差，易造成水体的富营养化等不利水环境影响，因此利用数据挖掘技术实现水库的水质预测，对于水库的运行管理具有重要的实际价值。目前，水库水质的预测方法众多，上文所提到的 BP 神经网络、SVM、CART 等在水质预测领域均有应用。操建华等[33]为掌握丹江口库区水质未来的变化趋势以及预防污染事件的发生，建立了基于反向传播（BP）神经网络的预测模型并应用于丹江口库区水质指标。Wickramaarachchi[34]利用 SVM 算法预测了 Udawalawa 水库的水质及分层状况，评估了水库的污染情况。肖凯等[35]和 Park 等[36]运用数据挖掘中的分类回归树（CART）方法，分析了藻类生长与水质指标和环境变量之间的关系，同时验证了 CART 在水质预测方向的有效性。

此外，Karamouz 等[37]将水质预测与水库调度相结合，利用 SVM 算法生成了实时的、满足下游水质要求的水库调度规则，可用于指导水库调度工作的开展。

4.2 生态环境保护

水电工程的建设和运行改变了原始河流的生境，打断了河流的连通性，引起河流水文情势和水动力特征的变化，因此不可避免地对流域生态环境造成影响。如何利用数据挖掘技术分析水电工程的生态影响，对于指导水电站生态环境保护工作的开展意义重大。目前，利用数据挖掘技术指导生态保护的研究较少。

DeRolph 等[38]收集了美国境内 300 多座水电站的环境影响减缓需求数据，分析了环境影响减缓需求与生物、电站特性、水文情势、人文因素等多方因素之间的关系，在此基础上，利用机器学习算法加速回归树预测了水电站未来的环境减排要求，该模型可为水电站开发者和管理者提供工具，更好地预测缓解需求，同时帮助自然资源管理者和监管机构评估不同的环境影响缓解方案。

5 结论与展望

本文总结了数据挖掘技术在水文预报、水库调度、水库生态环境保护三个方面的应用现状，分析了领域内常用的数据挖掘方法及其优缺点。目前，数据挖掘技术在水电管理领域已取得了丰硕的研究成果，随着科技的不断进步，也必将在该领域获得更为广阔的应用空间。笔者分析认为，今后的研究工作应重点从以下几个方面展开：

（1）传统的数据挖掘技术和方法一般作用于非空间数据，而水电工程管理方面的数据不但有非空间数据，还有大量的空间数据。与非空间数据相比，空间数据除具备非空间数据的特征外，还有拓扑、方位和距离等非空间特征，其挖掘技术的实现有其特殊性，因此如何发掘数据的空间特征必将是未来的研究重点。

（2）随着国家生态文明建设的不断深入，水电工程建设与运行过程中的生态环保问题日益受到重视，目前，我国已建成一大批生态环保措施以及生态环境监测系统，如何充分发掘和利用生态环境监测数据，指导河流生态保护工作的开展，是未来一段时间应着重思考的问题。

参考文献

[1] 袁子勇，梁虹. 人工神经网络在径流预报中的述评与展望[J]. 水科学与工程技术，2009（1）：39-41.

[2] 张弛，王本德，李伟. 数据挖掘技术在水文预报中的应用及水文预报发展趋势研究[J]. 水文，2007，27（2）：74-77.

[3] 蔡煜东，姚林声. 径流长期预报的人工神经网络方法[J]. 水科学进展，1995，6（1）：61-65.

[4] 谢新民，蒋云钟，石玉波，等. 基于人工神经网络的河川径流实时预报研究[J]. 水利水电技术，1999，30（9）：1-4.

[5] 赵全升，杨天行，邹建峰，等. 改进的 BP 算法在黄河下游枯季径流预测中的应用[J]. 安全与环境学报，2001，1（3）：30-35.

[6] Broomhead D S，Lowe D. Multivariable functional interpolation and adaptive networks[J]. Complex Systems，1988，2（3）：321-355.

[7] 陈媛，杨忠伟，贺玉彬. 基于径向基神经网络模型的瀑布沟月径流预测[J]. 人民黄河，2013，35（5）：33-35.

[8] 任磊，岳春芳，何训江. RBF 神经网络模型在金沟河流域径流预测中的应用[J]. 水资源与水工程学报，2011，22（1）：94-97.

[9] 杨新华，马建立，苏军希，等. 基于 Elman 网络的黄河源区枯季径流预报研究[J]. 人民黄河，2008，30（1）：25-27.

[10] Cortes C，Vapnik V. Support-Vector Networks[J]. Machine Learning，1995，20（3）：273-297.

[11] 苏辉东，贾仰文，倪广恒，等. 机器学习在径流预测中的应用研究[J]. 中国农村水利水电，2018（6）：40-48.

[12] 古力皮亚•沙塔尔，阿布力米提•阿巴白克热，等. 基于改进 SVR 模型的新疆冰川河流年径流预测研究[J]. 水利规划与设计，2017（7）：36-38.

[13] 丁胜祥，董增川，张莉. 基于决策树算法的洪水预报模型[J]. 水力发电，2011，37（7）：8-11.

[14] Yang T，Asanjan A A，Welles E，et al. Developing reservoir monthly inflow forecasts using artificial intelligence and climate phenomenon information[J]. Water Resources Research，2017，53（4）.

[15] Erdal H I，Karakurt O. Advancing monthly streamflow prediction accuracy of CART models using ensemble learning paradigms[J]. Journal of Hydrology，2013，477（2）：119-128.

[16] Jain S K，Das A，Srivastava D K. Application of ANN for Reservoir Inflow Prediction and Operation[J]. Journal of Water Resources Planning & Management，1999，125（5）：263-271.

[17] Ji C M，Zhou T，Huang H T. Operating Rules Derivation of Jinsha Reservoirs System with Parameter Calibrated Support Vector Regression[J]. Water Resources Management，2014，28（9）：2435-2451.

[18] Yang T，Gao X，Sorooshian S，et al. Simulating California reservoir operation using the classification and regression - tree algorithm combined with a shuffled cross - validation scheme[J]. Water Resources Research，2016，52（3）：n/a-n/a.

[19] Zhang Di，L J，Peng Qidong，et al. Modeling and simulating of reservoir operation using the artificial neural network，support vector regression，deep learning algorithm[J]. Journal of Hydrology，2018，565：720-736.

[20] Reis L F R，Bessler F T，Walters G A，et al. Water Supply Reservoir Operation by Combined Genetic Algorithm – Linear Programming（GA-LP）Approach[J]. Water Resources Management，2006，20（2）：227-255.

[21] Chang L C，Chang F J，Wang K W，et al. Constrained genetic algorithms for optimizing multi-use reservoir operation[J]. Journal of Hydrology，2010，390（1）：66-74.

[22] Reddy M J，Nagesh Kumar D. Multi - objective particle swarm optimization for generating optimal trade-offs in reservoir operation[J]. Hydrological Processes，2010，21（21）：2897-2909.

[23] Brouwer M A，van den Bergh P J，Aengevaeren W R，et al. Use of Multiobjective Particle Swarm Optimization in Water Resources Management[J]. Journal of Water Resources Planning & Management，2008，134（3）：257-265.

[24] 张忠波，何晓燕，耿思敏，等. 改进的粒子群算法在水库优化调度中应用[J]. 中国水利水电科学研究院学报，2017，15（5）：338-345.

[25] 纪昌明，喻杉，周婷，等. 蚁群算法在水电站调度函数优化中的应用[J]. 电力系统自动化，2011，35（20）：103-107.

[26] 吴正佳，周建中，杨俊杰. 基于蚁群算法的三峡库区洪水优化调度[J]. 水力发电，2008，34（2）：5-7.

[27] 汪明清，牛文静，廖胜利. 基于遗传-蚁群算法的库群长期优化调度[J]. 水电能源科学，2013（11）：49-52.

[28] 胡铁松，万永华，冯尚友. 水库群优化调度函数的人工神经网络方法研究[J]. 水科学进展，1995，6（1）：53-60.

[29] 赵钰，段富. 基于 BP 神经网络的水库优化调度[J]. 电脑开发与应用，2010，23（8）：50-53.

[30] 郭旭宁，秦韬，雷晓辉，等. 水库群联合调度规则提取方法研究进展[J]. 水力发电学报，2016，35（1）：19-27.

[31] Chang F J，Lai J S，Kao L S. Optimization of operation rule curves and flushing schedule in a reservoir[J]. Hydrological Processes，2010，17（8）：1623-1640.

[32] 王金龙，马光文，黄炜斌，等. BP 人工神经网络模型在溪洛渡、向家坝两库联合优化调度规则中的应用[J]. 水电能源科学，2012（12）：48-51.

[33] 操建华，林宏伟，张实诚. 基于 BP 神经网络的丹江口库区水质指标预测[J]. 电子设计工程，2010，18（3）：17-18.

[34] Wickramaarachchi N. Status of water quality，pollution and stratification in Udawalawa reservoir [C]. Sessions，Sri Lanka Association for the Advancement of Science，2010：2337-2341.

[35] 肖凯，魏菲，彭昌水. 基于 R 语言的数据挖掘在水环境管理中的应用[J]. 长江科学院院报，2012，29（9）：91-94.

[36] Park Y，Pachepsky Y A，Cho K H，et al. Stressor-response modeling using the 2D water quality model and regression trees to predict chlorophyll-a in a reservoir system[J]. Journal of Hydrology，2015，529：805-815.

[37] Karamouz M，Ahmadi A，Moridi A. Probabilistic reservoir operation using Bayesian stochastic model and support vector machine[J]. Advances in Water Resources，2009，32（11）：1588-1600.

[38] Derolph C R，Schramm M P，Bevelhimer M S. Predicting environmental mitigation requirements for hydropower projects through the integration of biophysical and socio-political geographies[J]. Science of the Total Environment，2016，566-567：888-918.

一维、二维耦合模型在茅洲河水环境治理中的应用

郭 聪 施家月 张亚力 郁关明

（中国电建集团华东勘测设计研究院有限公司，杭州 311122）

摘 要：为了给茅洲河水环境综合整治工程方案优化提供依据，定量评估工程实施对水质的改善效果，采用 DHI MIKE Flood 耦合 MIKE 11 与 MIKE 21，建立了茅洲河一维与口外海域二维相耦合的水动力与水质数学模型。利用水文与水质同步监测资料对模型进行了率定验证，验证结果表明本模型较好地反映了茅洲河在潮流与径流共同作用下的水动力与氨氮浓度变化过程，可用于茅洲河水环境治理工程的水质模拟预测。结合水环境治理工程各阶段入河污染负荷，利用所建模型对茅洲河及主要一级、二级支流的氨氮浓度进行了模拟。结果表明，在水环境综合治理工程实施后，茅洲河氨氮浓度明显降低，水质可得到显著改善，至 2017 年水体黑臭时间明显下降，至 2020 年可全面消除黑臭，并可达到Ⅴ类水。

关键词：一维、二维耦合模型；水质模拟；水环境治理；感潮河流；茅洲河

Application of 1D-2D Coupling Model in the Rehabilitation of Water Environment for Maozhou River

Abstract: In order to optimize the engineering measures for the rehabilitation of water environment in Maozhou River and evaluate the effect of the measures quantitatively, a hydrodynamic and water quality mathematical model of Maozhou River (1D) and its offshore waters (2D) was established by coupling MIKE 11 and MIKE 21 with DHI MIKE Flood. The model is calibrated and validated by synchronous monitoring data of hydrology and water quality. The results show that the model can reflect the hydrodynamic and ammonia nitrogen (NH_4-N) concentration change process of Maozhou River under the combined action of tidal current and runoff. Based on the pollution loads in each stage of the project, the concentration of NH_4-N in Maozhou River were simulated by the model. The results show that the concentration of NH_4-N in Maozhou River can be reduced significantly after the rehabilitation project of water environment. By 2017, the black-odor waters can be improved significantly. By 2020, the black-odor waters can be eliminated completely and the water quality of Grade Ⅴ can be attained most of the time.

Keywords: 1D-2D coupling model; simulation of water quality; water pollution control; tidal river; Maozhou River

1 引言

水环境数学模型按空间维度分为零维模型、一维模型、二维模型及三维模型，其中基于断面平均的纵向一维模型适合于污染物在河道横断面混合充分非恒定流条件下的水动力水质模拟，对河网地区具有非常好的适用性，但不适合海洋等开敞水域；基于水深平均的平面二维模型适合于宽浅水域，但受网格尺寸与模拟效率的限制，难以在小支流众多的河流及复杂河网开展高效应用。感潮河流同时受潮汐和径流作用，水流呈往复流状态，当涨潮时由于河口变为入流边界，仅采用一维模型难以获得下游边界入流时的水质浓度值，从而影响模型预测的准确性。将一维模型与二维或三维模型耦合嵌套，发挥各自优势，来解决河流—海岸和河流—湖泊等地区水动力或污染物扩散问题是必要的和有意义的。通过 MIKE FLOOD 将 MIKE11 和 MIKE21 连接在一起，可实现一维模型与二维模型之间的动态耦合模拟[1]，该方法在洪水演进方面得到了广泛的应用[2-4]，但是在水质预测方面的应用仍然有限。Chen 等[5]模拟河流和沼泽的水文水质状况，顾杰等[6]模拟了秦皇岛入海河流、河口及近海水质，均取得了较好的效果。

在城市化快速推进过程中，茅洲河流域因大量生活污水和工业废水以及生产生活垃圾等直接排入河道，水体污染日益加剧。各干支流现状水质类别为劣Ⅴ类，并处于轻度到重度黑臭状态，流域污染严重，制约社会经济发展，迫切需要开展水环境治理。2007 年《茅洲河流域水环境综合整治工程》项目建议书通过批复，茅洲河流域水环境综合整治工程立项，2015 年进入实质性研究和准备阶段，2016 年宝安片区开始综合治理的工程设计。以“河畅、水清、岸绿、景美”为整治目标，该项目包含了雨污管网、河道整治、内涝治理、治污设施、生态修复、清水补给、景观文化等七类工程，按照“织网成片—正本清源—理水梳岸—寻水溯源”四步逐级推进。

本文建立茅洲河干支流一维与近岸海域二维耦合的水动力与水质数学模型，对雨污分流、截污纳管及河道清淤等污染削减措施不同实施阶段的水质进行模拟预测，分析工程措施对茅洲河水质的改善效果。

2 一维、二维耦合数学模型简介[7-8]

2.1 一维水动力数学模型

采用 MIKE11 HD 模块来模拟一维水动力，其控制方程由一维非恒定流 Saint-Venant 方程组描述：

$$\frac{\partial A}{\partial t}+\frac{\partial Q}{\partial x}=q \tag{1}$$

$$\frac{\partial Q}{\partial t}+\frac{\partial}{\partial x}(\alpha Q^2/A)+gA\frac{\partial h}{\partial x}+\frac{gQ|Q|}{C^2AR}=0 \tag{2}$$

式中，x、t 分别为计算点空间和时间的坐标；A 为过水断面面积；Q 为过流流量；h 为水位；q 为旁侧入流流量；R 为水力半径；α为动量校正系数；g 为重力加速度；C 为谢才系数，与过水断面形状、壁面粗糙度以及雷诺数等因素有关，常用曼宁公式来表示：

$$C=\frac{1}{n}R^{\frac{1}{6}} \tag{3}$$

式中，n 为曼宁糙率，与河床粗糙程度有关，需经模型率定验证得出。

模型定解条件包括初始条件和边界条件。初始条件的影响随着时间的推移将很快消失，可根据实测水深情况设定。边界条件包括开边界条件和闭边界条件，开边界条件一般上游及沿程由流量控制，下游由水位控制。与二维模型耦合之后，下游边界由二维模型提供。

2.2 一维水质数学模型

采用 MIKE11 AD 模块来模拟一维水质浓度，其控制方程为一维对流扩散方程，其基本假定是：物质在断面上完全混合；物质守恒或符合一级反应动力学（即线性衰减）；符合 Fick 扩散定律，即扩散与浓度梯度成正比。一维对流扩散方程为：

$$\frac{\partial AC}{\partial t}+\frac{\partial QC}{\partial x}-\frac{\partial}{\partial x}\left(AD\frac{\partial C}{\partial x}\right)=-AKC+C_2q \tag{4}$$

式中，C 为水质浓度；D 为纵向扩散系数；C_2 为源/汇浓度；K 为衰减系数。

水质初始条件可根据实测资料来设置。水质模型开边界入流时需给定水质浓度值，出流时采用浓度梯度为零的边界条件，在一维、二维耦合模型中，下游涨潮时的水质浓度边界由二维模型提供。污染负荷主要通过源项输入。

2.3 二维水动力数学模型

采用 MIKE 21 FM HD 模块搭建二维水动力数学模型，采用的潮流控制方程为垂向平均的二维浅水方程：

$$\frac{\partial h}{\partial t}+\frac{\partial h\overline{u}}{\partial x}+\frac{\partial h\overline{v}}{\partial y}=hS \tag{5}$$

$$\begin{aligned}&\frac{\partial h\overline{u}}{\partial t}+\frac{\partial h\overline{u}^2}{\partial x}+\frac{\partial h\overline{v}\,\overline{u}}{\partial y}=f\,\overline{v}\,h-gh\frac{\partial \eta}{\partial x}-\frac{h}{\rho_0}\frac{\partial p_a}{\partial x}-\frac{gh^2}{2\rho_0}\frac{\partial \rho}{\partial x}+\frac{\tau_{sx}}{\rho_0}-\frac{\tau_{bx}}{\rho_0}\\&-\frac{1}{\rho_0}\left(\frac{\partial s_{xx}}{\partial x}+\frac{\partial s_{xy}}{\partial y}\right)+\frac{\partial}{\partial x}\left(hT_{xx}\right)+\frac{\partial}{\partial x}\left(hT_{xy}\right)+hu_sS\end{aligned} \tag{6}$$

$$\begin{aligned}&\frac{\partial h\overline{v}}{\partial t}+\frac{\partial h\overline{u}\,\overline{v}}{\partial x}+\frac{\partial h\overline{v}^2}{\partial y}=-f\,\overline{u}\,h-gh\frac{\partial \eta}{\partial y}-\frac{h}{\rho_0}\frac{\partial p_a}{\partial y}-\frac{gh^2}{2\rho_0}\frac{\partial \rho}{\partial y}+\frac{\tau_{sy}}{\rho_0}-\frac{\tau_{by}}{\rho_0}\\&-\frac{1}{\rho_0}\left(\frac{\partial s_{yx}}{\partial x}+\frac{\partial s_{yy}}{\partial y}\right)+\frac{\partial}{\partial x}\left(hT_{xy}\right)+\frac{\partial}{\partial y}\left(hT_{yy}\right)+hv_sS\end{aligned} \tag{7}$$

式中，t 为时间；x、y 为 Cartesian 坐标系；η为水位；d 为静水深；h 为总水深，表达式为 $h=\eta+d$；$\overline{u}$ 、$\overline{v}$ 分别为沿水深平均的 x 和 y 方向上速度分量，表达式分别为 $\overline{u}=\frac{1}{h}\int_{-d}^{\eta}u\mathrm{d}z$ 、$\overline{v}=\frac{1}{h}\int_{-d}^{\eta}v\mathrm{d}z$；$f$ 为科氏力参数，表达式为 $f=2\Omega\sin\phi$，其中，Ω 为地球自转角速率，值为 $0.729\times10^{-4}\ \mathrm{s}^{-1}$，$\phi$ 为地理纬度；g 为地球重力加速度；ρ 为水密度；ρ_0 为水的参考密度；τ_{sx} 、τ_{sy} 为风应力分量；τ_{bx} 、τ_{by} 为底部应力分量；s_{xx} 、s_{xy} 、s_{yx} 、s_{yy} 为辐射应力分量；p_a 为当地大气压；S 为源汇项；u_s 、v_s 为源汇项的水流速度分量；T_{xx} 、T_{xy} 、T_{yx} 、T_{yy} 为横向应力分量，表达式分别为 $T_{xx}=2A\frac{\partial\overline{u}}{\partial x}$ 、$T_{xy}=T_{yx}=A\left(\frac{\partial\overline{u}}{\partial y}+\frac{\partial\overline{v}}{\partial x}\right)$、$T_{yy}=2A\frac{\partial\overline{v}}{\partial y}$，$A$ 为水平涡流黏度系数。

二维模型海域开边界由潮位过程控制，沿岸河流入流开边界由流量过程控制。对计算区域内滩地干湿过程，采用水位判别法处理，即当某点水深小于一浅水深 $\varepsilon_{\mathrm{dry}}$（默认取 0.005 m）时，令该处流速为零，滩地干出，当该处水深大于 $\varepsilon_{\mathrm{dry}}$（默认取 0.05 m）时，参与计算，潮水上滩。

2.4 二维水质数学模型

采用 MIKE 21 FM TR 模块来模拟二维水质浓度场，根据质量守恒定律，考虑污染物运移过程中的对流、扩散和降解等因素，污染物的运移方程：

$$\frac{\partial hc}{\partial t}+\frac{\partial \bar{u}hc}{\partial x}+\frac{\partial \bar{v}hc}{\partial y}=\frac{\partial}{\partial x}\left(hD_x\frac{\partial c}{\partial x}\right)+\frac{\partial}{\partial y}\left(hD_y\frac{\partial c}{\partial y}\right)-K_d hc+S \tag{8}$$

式中，c 为污染物的浓度；D_x、D_y 分别为 x 和 y 方向的扩散系数。K_d 为污染物线性降解系数，即污染物的降解符合一级反应式：

$$\frac{\mathrm{d}c}{\mathrm{d}t}=K_d c \tag{9}$$

由于外海开边界对研究对象即河道内水质浓度的影响非常小，在资料充足时可采用实测污染物浓度过程，一般情况下可采用浓度梯度为零的边界条件。

2.5 一维、二维模型的耦合

通过 MIKE FLOOD 将 MIKE11 和 MIKE21 连接在一起，实现一维模型与二维模型之间的动态耦合模拟。MIKE FLOOD 提供了 7 种连接方式，其中 MIKE11 和 MIKE21 之间包括标准连接、侧向连接、建筑物连接、侧向建筑物连接及零流动连接共 5 种连接方式[9]。

在水质模拟中，采用较多的是标准连接。对于常用的非结构网格，标准连接方式是将连接线映射到一个或多个单元格的边上（称为耦合线）。当水流从 MIKE11 流向 MIKE21 时，MIKE11 的流量和水质浓度计算结果以源项的形式提供给 MIKE21；当水流从 MIKE21 流向 MIKE11 时，MIKE21 将耦合线上的平均水位和浓度以入流边界条件的形式反馈到 MIKE11，从而实现一维与二维模型之间的耦合计算。

3 茅洲河流域水环境数学模型构建

3.1 茅洲河流域概况

茅洲河是深圳市第一大河，发源于深圳境内的羊台山北麓，属珠江三角洲水系，总流域面积 344.23 km^2，干流全长 30.69 km。茅洲河在深圳市宝安区境内流域面积 112.65 km^2，河涌 19 条，河道总长 96.56 km，干流河长 19.71 km，其中 13 km 为感潮河段。茅洲河在深圳市光明新区境内流域面积 154.2 km^2，一级支流 13 条，其中 9 条河道、4 条排洪渠。茅洲河在东莞市境内流域面积 77.38 km^2，内河涌 23 条，河道总长 53.72 km。

在水环境综合整治前，因大量生活污水和工业废水以及生产生活垃圾等直接排入河道，茅洲河流域水体污染特别严重，呈黑臭状态。2016 年 11 月 36 个断面的水质监测数据评价结果表明[10]，所有监测断面水质在非雨期均为劣Ⅴ类，且处于黑臭状态，60%以上的断面达到重度黑臭。

3.2 模型概化

3.2.1 模型建立

一维模型包括茅洲河干流及主要一级、二级支流，对 43 条河涌进行了概化。计算断面采用 2016 年实测断面数据，对于部分没有进行断面测量的支流，采用设计断面数据，高程基准统一为 85 高程。

二维模型范围为茅洲河口至龙穴岛的珠江口海域，北侧边界至仙脚屋、南沙，南侧边界至正强码头，计算面积约为 175 km^2，采用三角形非结构网格作为模型计算网格，网格边长在 30～500 m，共计 3 740 个网格单元，1 788 个节点。地形数据采用 2016 年珠江口实测水下地形数据，并将高程基准统一为 85 高程。

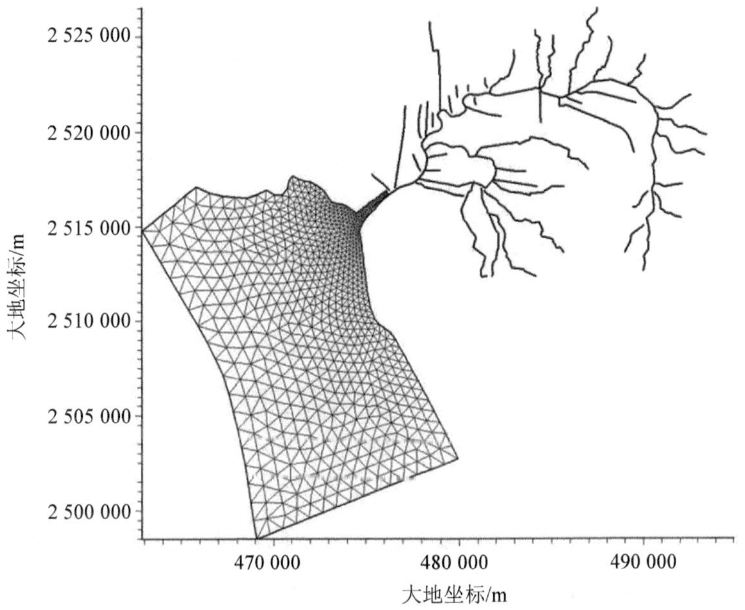

图 1 茅洲河及口外海域一维与二维耦合模型

3.2.2 污染源概化

选取污染严重的氨氮作为模拟对象，氨氮也是判定河道是否黑臭状态的特征指标之一。污染源按其排放特征分为点源和非点源进行模型输入概化。点源简化为连续恒定排放的方式，通过排污口、支流汇入口等载入模型。非点源分段、分岸以线源形式输入模型，对于与降雨径流条件密切相关的不能简化为恒定输入的污染源，根据降雨径流过程进行分配载入模型。

3.2.3 模型参数设置

模型计算时间步长根据 CFL 条件进行动态调整，即采用动态时间步长，模型的时间步长变动范围取为 0.01～10 s。一维模型河道曼宁系数 n 和二维模型曼宁系数 M（n 的倒数）的取值，结合底床特征和水深情况，采样类比法取初值，经模型率定验证，河道 n 取 0.025～0.045 $s/m^{1/3}$，海域 M 取值为 45～65 $m^{1/3}/s$。经模型率定确定的一维模型扩散系数为 $10\times V^2$，其中 V 为断面平均流速。二维模型中水平涡黏系数采用 Smagorinsky 公式估算，相应 Smagorinsky 系数取值为 0.28 m^2/s。氨氮的降解受水动力条件、水温、水体氨氮浓度、水体生物情况等众多因素的影响，是一个非常复杂的过程。茅洲河流域虽然开展了水质监测，但由于沿河排污口多，且受潮汐往复流的影响，难以通过上下游的实测数据来确定污染源降解系数。目前专门针对黑臭水体氨氮降解能力的研究尚未见于文献，冯帅等[11]的研究表明，当氨氮浓度小于 2 mg/L 时，氨氮生物降解系数随浓度增大而增大，当氨氮浓度大于 2 mg/L 时，氨氮生物降解能力随浓度增大而减小。朱晓娟[12]、张世坤[13]等也得到了类似的研究结论。陈世勇[14]在对茅洲河流域水质进行模拟时，氨氮降解系数在整个流域取为 0.1 d^{-1}。考虑到茅洲河治理前氨氮浓度处于轻度黑臭（大于 8 mg/L）甚至重度黑臭（大于 15 mg/L）水平，类比已有研究成果，其降解系数应取较小的值，氨氮降解系数根据各河段水质情况分别取值，经模型率定验证确定的取值范围在 0.005～0.1 d^{-1}。

3.3 模型验证

3.3.1 验证资料

为了给茅洲河流域水环境数学模型提供参数率定和验证的数据，在 2016 年 5 月开展了大潮和小潮期间的同步水文水质监测[15]。茅洲河同步水文水质测点布置如图 2 所示，共布设了 9 个同步水文水质监测点位，分别为 M1—M9。

3.3.2 水动力模型验证结果

代表站位水位过程模拟值与实测值比较见图 3，流量过程模拟值与实测值比较见图 4，结果显示模拟的水位过程和流量过程与实测值基本一致。模型模拟值与实测数据的误差，水位在 0.1 m 以内，流量相对误差在 10%以内，满足相关规范要求，模型用于茅洲河流域水动力模拟。

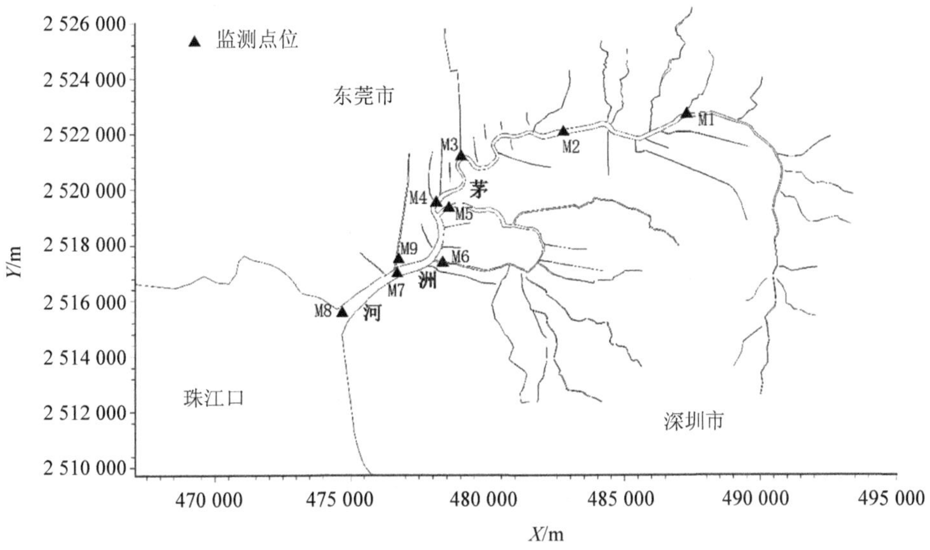

图 2　同步水文水质监测点位分布

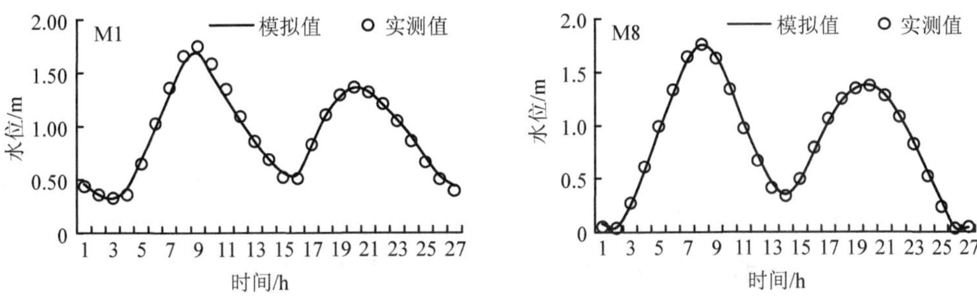

图 3　代表站位（M1、M8）水位过程模拟值与实测值比较

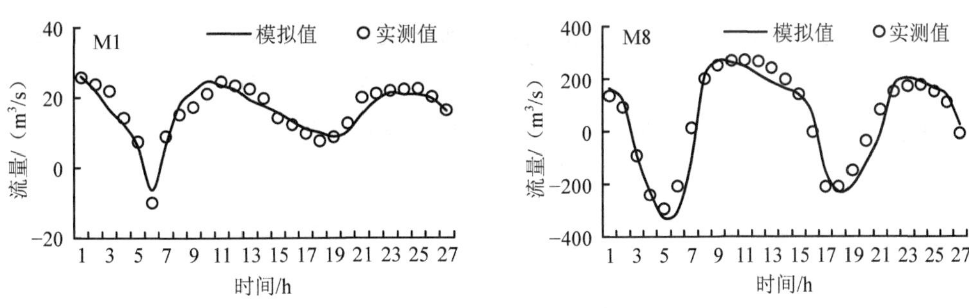

图 4　代表站位（M1、M8）流量过程模拟值与实测值比较

3.3.3　水质模型验证结果

代表站位氨氮浓度模拟值与实测值比较见图 5，氨氮模拟值反映了氨氮浓度随潮流的

变化过程，涨潮时由于外海水质良好，污染物得到稀释，氨氮浓度较低，落潮时氨氮浓度受径流控制，浓度较高。氨氮浓度模拟结果基本反映了氨氮的实际变化过程，模型可用于氨氮浓度的模拟预测。

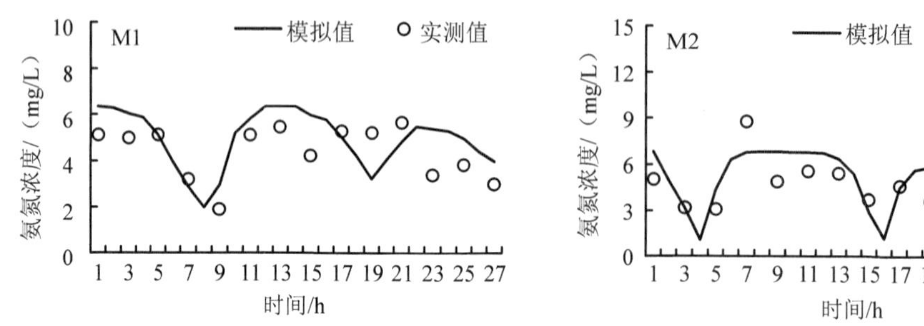

图 5　代表站位（M1、M2）氨氮浓度模拟值与实测值比较

4　茅洲河水环境治理效果预测

4.1　入河污染负荷估算

在茅洲河流域水环境综合整治工程实施前期，开展了污染源调查与污染负荷估算工作，对于局部区域有研究单位开展了城市雨水径流污染模拟研究[16]，为水质数学模型提供了基础资料。首先，调查全流域水环境现状和污染源情况，对基准年（2016 年）污染负荷进行了估算；然后，根据调查区域经济、人口发展趋势，预测了水质考核目标年份 2017 年与 2020 年的水污染物排放总量；最后，结合雨污分流、截污纳管、河道清淤等主要水环境治理工程对污染负荷的削减贡献，估算得到 P=75%典型水文年逐月氨氮入河量（见表 1 和图 6）。可见，随着系列水环境整治工程的实施，相对于 2016 年，2020 年氨氮入河量整体削减率达到 71%，逐月削减率为 64%～73%，氨氮入河量将有大幅度下降。

表 1　P=75%水文条件下氨氮逐月入河量估算结果　　单位：t

年份	1 月	2 月	3 月	4 月	5 月	6 月	7 月	8 月	9 月	10 月	11 月	12 月
2016	167.0	230.8	359.2	776.0	1 004.9	1 236.4	1 102.7	1 269.1	829.4	314.5	167.5	159.4
2017	127.3	171.8	261.1	551.5	710.9	872.2	779.0	894.9	588.7	230.0	127.7	122.0
2020	59.7	76.4	109.8	218.6	278.3	338.7	303.8	347.2	232.5	98.2	59.8	57.7

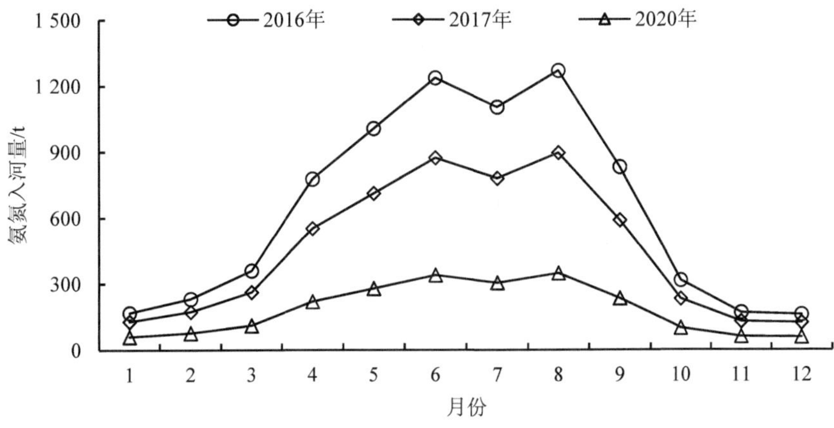

图 6 各阶段氨氮入河量估算结果

4.2 水质改善效果预测分析

水文条件选为降雨径流较少对水质相对不利的 P=75%枯水年，以茅洲河流域特征污染物氨氮作为预测指标，基于茅洲河流域水环境综合整治工程对氨氮入河量的削减估算结果，对基准年（2016 年）污染负荷条件与两个考核节点年份（2017 年和 2020 年）的氨氮浓度进行了模拟预测。对氨氮指标的评价，根据《城市黑臭水体整治工作指南》（建城〔2015〕130 号），氨氮浓度为 8～15 mg/L 时为轻度黑臭，氨氮浓度大于 15 mg/L 时为重度黑臭；根据《地表水环境质量标准》（GB 3838—2002），Ⅴ类水氨氮浓度限值为 2 mg/L，当氨氮浓度大于 2 mg/L 时为劣Ⅴ类。

茅洲河 3 个污染较严重的考核断面（如图 2 所示，M1：燕川断面；M3：洋涌大桥断面；M7：共和村）氨氮达到黑臭标准的天数与劣Ⅴ类天数预测结果统计见表 2，各代表年全年氨氮日均浓度预测结果见图 7 至图 9。预测结果表明，在合雨污分流、截污纳管、河道清淤等主要的污染防控措施实施后，至 2017 年考核断面氨氮浓度达到黑臭标准的天数将有明显下降，上游燕川断面和洋涌大桥断面分别有 46 天和 31 天处于轻度黑臭，下游共和村断面有 136 天处于轻度黑臭。2017 年各断面氨氮浓度仍处于劣Ⅴ类。至 2020 年，各考核断面氨氮浓度均在黑臭标准以下，但在部分时段仍为劣Ⅴ类，其中上游燕川断面和洋涌大桥断面分别有 44 天和 31 天氨氮浓度为劣Ⅴ类，下游共和村断面有 65 天为劣Ⅴ类。根据水质按年均值进行年度考核且不劣于上一年度的考核办法，从氨氮浓度年均值来看，茅洲河干流氨氮浓度 2017 年年均值低于黑臭限值，2020 年年均值达到Ⅴ类水。

可见，在 P=75%相对不利的枯水年水文条件下，仅通过雨污分流、截污纳管、河道清淤等污染削减措施，不考虑生态补水等增强河道水体自净能力的措施，2017 年仍无法全面消除黑臭，2020 年仍有部分时段为劣Ⅴ类水。因此，在实施上述污染削减措施的同时，应加强河道生态修复，通过合理调配水资源保障河道自净所需的生态基流，提高河道水体交换能力和自净能力，以进一步提升河道水质。

表 2　P=75%水文条件下氨氮黑臭与劣Ⅴ类天数统计

年份	黑臭天数/d			劣Ⅴ类天数/d		
	M1 断面	M3 断面	M7 断面	M1 断面	M3 断面	M7 断面
2016	341	342	342	365	365	365
2017	46	31	136	365	365	365
2020	0	0	0	44	31	65

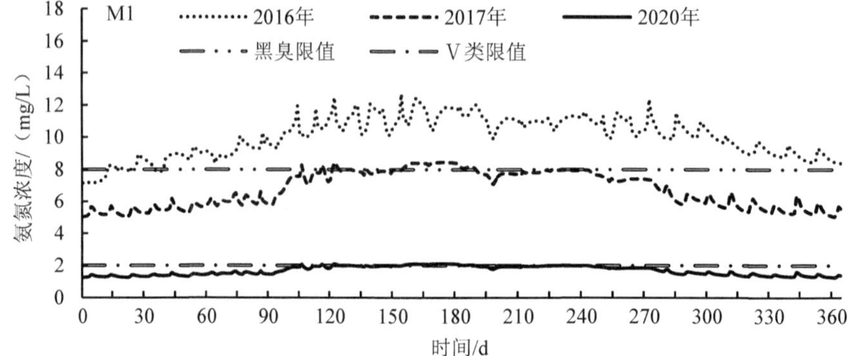

图 7　M1（燕川断面）氨氮日均浓度曲线

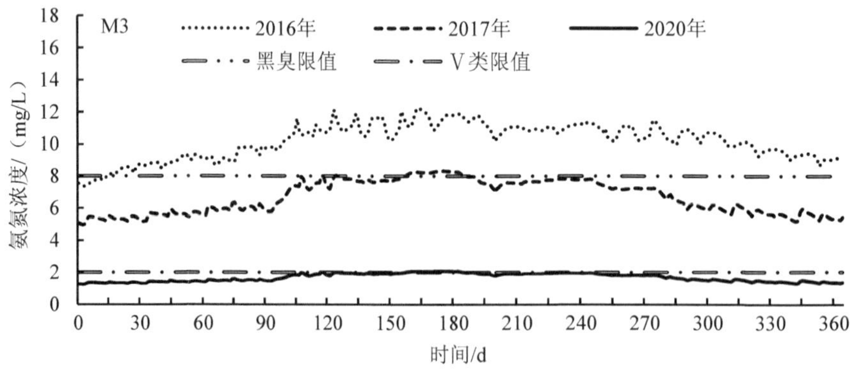

图 8　M3（洋涌大桥断面）氨氮日均浓度曲线

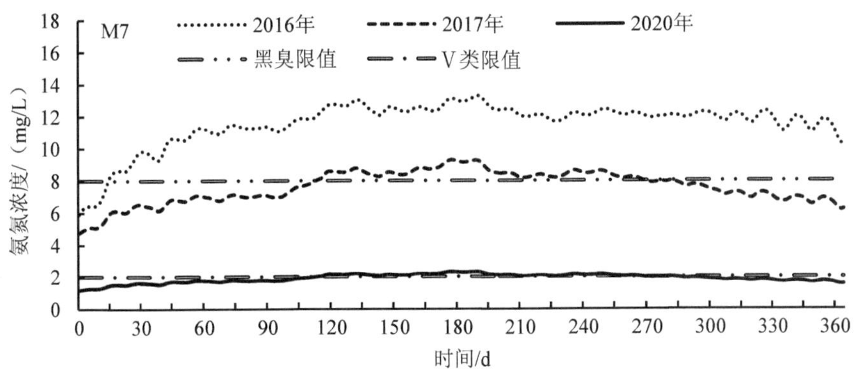

图 9 M7（共和村断面）氨氮日均浓度曲线

5 结论

本文采用 DHI MIKE Flood 耦合 MIKE 11 与 MIKE 21，建立了茅洲河一维与口外海域二维相耦合的水动力与水质数学模型，并应用于茅洲河流域水环境综合整治工程中。研究结论如下：

（1）水位、流量和氨氮浓度的模型模拟值与实测值相比较验证良好，所建立的模型能够用于茅洲河流域的水动力与水质模拟预测。

（2）对茅洲河流域氨氮浓度的模拟预测结果表明，水环境综合治理工程实施后，茅洲河氨氮浓度明显降低，水质可得到显著改善，至 2017 年水体黑臭时间明显下降，至 2020 年可全面消除黑臭，并可达到Ⅴ类水。

（3）为了使河道水体稳定达标，在截污控污的基础上，需加强河道生态修复，合理调配水资源，保障河道自净所需的生态基流。

参考文献

[1] Danish hydraulic institute（DHI）. Mike Flood User Guide[M]. Danish hydraulic institute，2013.

[2] 施露，董增川，付晓花，等. Mike Flood 在中小河流洪涝风险分析中的应用[J]. 河海大学学报（自然科学版），2017，45（4）：350-357.

[3] 孟天翔. 基于 Mike Flood 的清原县海阳河小流域山洪数值模拟[D]. 大连：大连理工大学，2017.

[4] 马天海，孙娟，颜剑波. 基于 MIKE FLOOD 阳澄湖一二维水动力耦合模型研究[J]. 水科学与工程技术，2018（1）：25-30.

[5] Chen Chunfang，Meselhe Ehab，Waldon Michael. Assessment of mineral concentration impacts from

pumped stormwater on an Everglades Wetland，Florida，USA - Using a spatially-explicit model[J]. Journal of Hydrology，2012，452-453：25-39.

[6] 顾杰，胡成飞，李正尧，等. 秦皇岛河流-海岸水动力和水质耦合模拟分析[J]. 海洋科学，2017，41（2）：1-11.

[7] Danish hydraulic institute（DHI）. Mike11：A Modelling system for Rivers and Channels User Guide[M]. Danish hydraulic institute，2013.

[8] Danish hydraulic institute（DHI）. Mike21 Flow Model FM：Hydrodynamic and Transport Module Scientific Documentation[M]. Danish hydraulic institute，2 013.9.

[9] 衣秀勇，关春曼，果有娜，等. DHI MIKE FLOOD 洪水模拟技术应用与研究[M]. 北京：中国水利水电出版社，2014.

[10] 中国电建集团华东勘测设计研究院有限公司. 深圳茅洲河流域水质现状监测调查报告[R]. 2018.

[11] 冯帅，李叙勇，邓建才. 平原河网典型污染物生物降解系数的研究[J]. 环境科学，2016，37（5）：1724-1733.

[12] 朱晓娟，沈万斌，高凯，等. 吉林省松花江干流氨氮综合衰减系数分段研究[J]. 科学技术与工程，2013，13（10）：2758-2761.

[13] 张世坤，张建军，田依林，等. 黄河花园口典型污染物自净降解规律研究[J]. 人民黄河，2006，28（4）：46-47.

[14] 陈世勇. 基于控制单元划分的茅洲河流域水环境现状分析与水质预测研究[D]. 深圳：深圳大学，2016.

[15] 中国电建集团华东勘测设计研究院有限公司. 深圳茅洲河水环境综合整治项目之水文测验技术报告[R]. 2018.

[16] 王石，陈丽媛，孙翔，等. 从“大截排”到清源和低影响开发——基于水质目标约束的情景模拟与规划[J]. 中国环境科学，2017，37（10）：3981-3990.

无人机和机器视觉技术在原型观测中的应用

孙圣舒[1] 王芳芳[2] 刘中奎[1] 廖 谦[3] 孙嘉琪[4] 阮哲伟[1]

（1. 南京昊控软件技术有限公司，南京 210000；2. 南京水利科学研究院，南京 210000；
3. 威斯康星大学密尔沃基分校，土木与环境工程系，威斯康星州，密尔沃基市，美国；
4. 宁波泰博达信息技术有限公司，宁波 315000）

摘 要：随着无人机技术的发展，超大范围的水力学量测技术也趋于成熟。无人机的高机动性能和超视距能力给传统量测技术提供了一个崭新的视角，突破了传统量测技术在超大范围测量时的局限性。基于机器视觉技术，能够快速获取水力学原型观测中比较关注的流动参数、水位数据等。

关键词：无人机；机器视觉；水力学；原型观测；PIV；水位

Application of UAV and Machine Vision Technology in Prototype Observation

Abstract：With the development of UAV technology，the extensive range of hydraulic measurement technology has also matured. The high maneuverability and beyond-visual-range capability of the UAV provide a new perspective for traditional measurement technology，breaking through the limitations of traditional measurement technology in the ultra-wide range measurement. Based on the machine vision technology，it is possible to obtain the flow parameters and water level data，which are concerned in hydraulic prototype observations.

Keywords：UAV；machine vision；hydraulics；prototype observation；PIV；water level

1 引言

无人机是一种无线电遥控设备或者自身程序控制装置操控的无人驾驶飞行器。无人机最初广泛应用于战争时期侦查和打击目标，能够避免我方人员伤亡。随着现代无人机技术的发展和人们对无人机的广泛兴趣，越来越多的人将无人机应用到工作和生活中。

无人机在定位、飞控和图传等方面的技术革新，使得无人机在小型化和便携性上取得了巨大的突破，商用化小型无人机在行业应用领域得到了充分的开发。交通警察借助无人机航拍监控交通路况，采用无人机远程记录交通事故现场[1-3]；地质测绘人员借助无人机对难以到达的地域进行勘查和记录[4-5]；电子商务平台借助无人机配送快递[6-8]；农业工作者借助无人机播洒农药等。无人机在天空畅通无阻，高效的执行能力促使各行各业发生变革。

传统水力学原型观测中，对水流速度的测量手段多为非接触的超声波传感装置，该类测量技术安装成本高，而且只能测量某一点位的速度值，对于远离岸边区域的流速测量无能为力。传统方法中对水位高程的观测，一般采用人工读取水尺的方法，读取效率极低。对溢流道泄洪时的水位测量，传统方法一般在溢流道侧墙上沿程安装多台非接触测距装置，需要安装、布线、维护等烦琐的前期准备工作。

南京昊控软件技术有限公司（以下简称昊控技术公司）已将无人机技术成功应用到水力学原型观测中，借助成熟的图像处理算法，成功将基于图像处理的非接触测量技术应用到原型观测的流场、水位、水深等观测项目中。

2 测试技术

2.1 大范围表面流场测量技术

大范围表面流场测量技术基于粒子图像测速（Particle Imaging Velocimetry，PIV）原理，采用相应的图像处理算法对短时间内两次曝光的图像进行分析，获取两张图像间隔时间内的流场分布。粒子图像测速技术关注微观示踪粒子，大范围表面流场测量技术则将微观示踪粒子拓展为水体表面的宏观纹理结构，通过图像处理算法对水体纹理结构的分析处理，获取溢流道表面流场、水舌挑流表面流场以及下游河道水流流场（见图 1）。

大范围表面流场测量技术依托无人机的航拍视角，通过无人机搭载便携式流体量测设备（见图 2），能够自由控制无人机相对被测流体的测量视角和测量范围。测量的过程中，无人机通过 D-RTK 高精度导航定位系统保持稳定悬停状态，量测设备通过三轴增稳云台实时调控保持稳定。

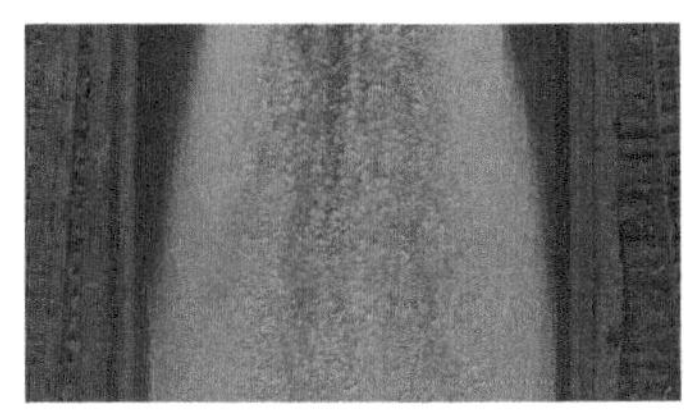
（a）溢流道表面纹理结构

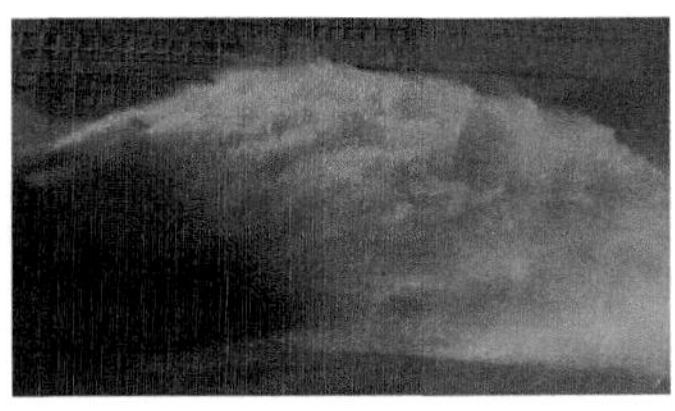
（b）水舌表面纹理结构

（c）河流表面纹理结构

图 1　常见水体表面纹理结构

图 2　无人机搭载便携式流体量测设备

无人机悬停时，会受到高空气流影响。无人机的飞控实时监控无人机定位信息，并在定位信息出现偏差时，调控电机将悬停定位予以修正。

在正常环境下（3～4 级风）测试无人机悬停精度。无人机在飞行过程中，飞控以 10 Hz 的采样率记录无人机实时经纬度信息。读取无人机飞行记录，随机选取 30 s 内的经纬度信息，分析在这段时间内无人机的位置偏移情况。如图 3 所示，无人机在 30 s 内定位偏移为 ±50 mm。由于无人机的悬停定位偏移误差是环绕某一定点产生的随机误差，因此在数据处理中采用短时间内求平均值的方法可以基本消除定位误差带来的影响。

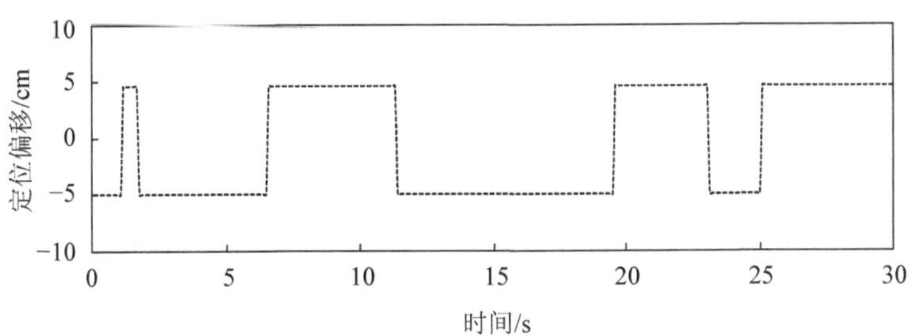

图 3　无人机悬停定位误差分析

2.2 溢流道水面线测量技术

溢流道水面线测量技术主要依靠专业级图像采集设备或无人机搭载图像采集设备。该技术主要分为 3 个步骤：全站仪定位标定点、图像采集和图像数据分析。

全站仪定位标定点需要在溢流道非泄洪时期进行。一般情况下，溢流道的侧墙为铅垂平面。首先确定待测区域，在待测区域内选取人眼可见、轮廓分明的天然标记点作为标定点，然后使用全站仪测量所有标定点坐标和溢流道底部的坐标，后期用于图像校正和处理。

图像采集需要使用专业设备。由于现场环境复杂，攀爬危险性较大，不建议近距离拍摄。因此采用超长焦镜头，在视野良好的安全区域进行图像采集。

采集得到的溢流道墙面的图像一般为俯拍和斜拍的视角，借助前期墙面上已知坐标的标定点，通过透视变换校正（见图 4），得到溢流道墙面的正射投影。正射投影图像的像素分辨率在墙面内的保持一致，因此可以通过像素坐标信息计算水面线的物理坐标信息。

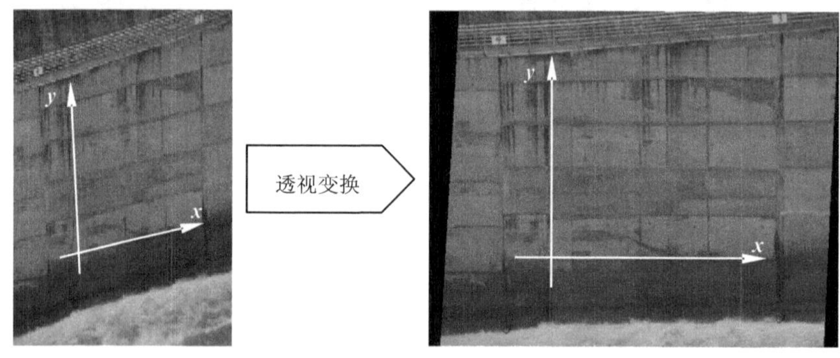

图 4 斜拍图像的透视变换

3 应用案例

2018 年 8 月，在某水电站运行观测中成功应用了大范围表面流场测量技术和溢流道水面线测量技术。大范围表面流场测量技术使用昊控技术公司自研无人机搭载流体量测设备，溢流道水面线测量技术采用昊控技术公司的专业级图像采集设备。

3.1 溢流道表面流场

该水电站溢流道闸门共 5 个，实验测量了不同闸门开度工况下的溢流道表面流动结构。

图 5 中（a）—（e）分别给出了闸门开 3#孔、开 1#5#孔、开 2#4#孔、开 1#3#5#孔和五孔全开 5 种工况下的溢流道表面流场分布。

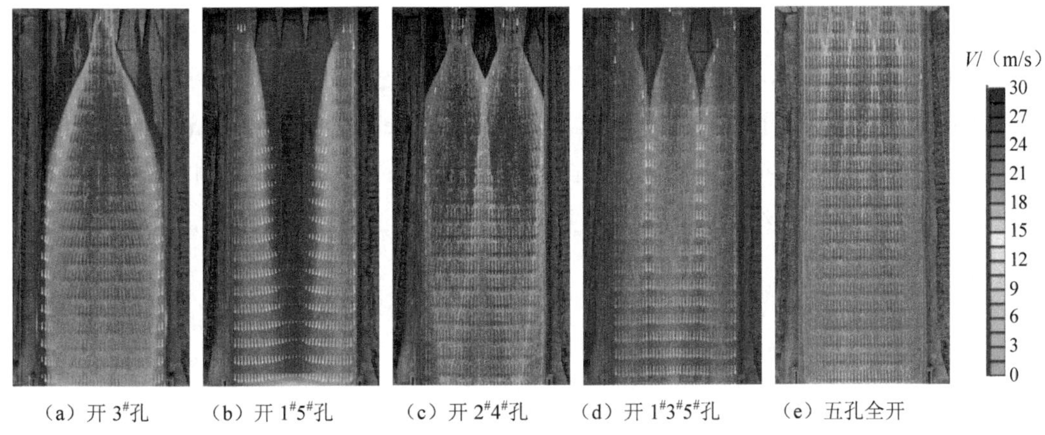

图 5　不同闸门开度工况下的溢流道表面流动结构

根据溢流道表面流场结构分布可以明显地看出，由于溢流道边墙壁面影响，靠近边墙区域的流速值较低；多孔同时打开的情况下，相邻闸口的水体交汇后，受交汇流动横向掺混影响，交汇区域的流速也会明显降低。

3.2　河流表面流场

无人机搭载表面流场测量设备，对该水电站下游河道表面流场进行了原型观测。图 6 给出了视野范围约为 150 m×120 m 范围内河流表面流场实验结果，从图中可以明显地看出河流表面流速呈现典型的中间流速大、岸边流速小的流动结构。

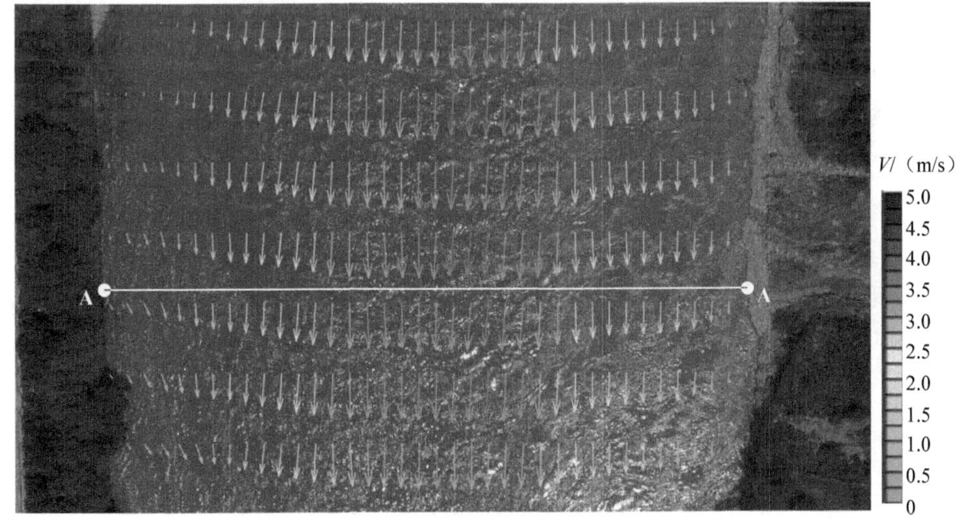

图 6　河流表面流场

提取河流断面 A-A 的表面流速分布，和该断面声学多普勒流速剖面仪（Acoustic Doppler Current Profilers，ADCP）所测得的河流表层流速值进行比对（见图 7）。可以看出在河道中心处大尺度粒子图像测速仪（Large Scale Particle Image Velocimetry，LSPIV）的数据结果和 ADCP 的数据结果吻合度较高；在靠近岸边的区域，LSPIV 测得的流速值偏小，和 ADCP 实验结果存在约 20%的误差，主要原因是岸边波浪的来回拍打，导致图像法测得的流速平均值偏小。

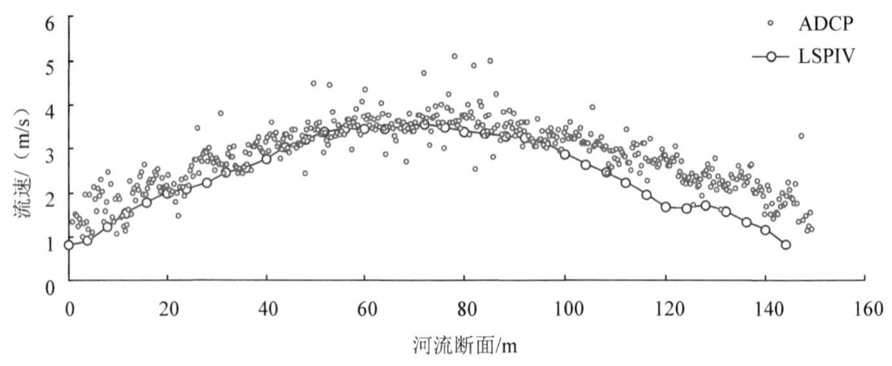

图 7　同一河流断面 ADCP 和 LSPIV 流速分布比对

通过 LSPIV 提取断面数据和 ADCP 断面数据的比对可以看出，LSPIV 的流速测量结果具有较高的准确性。基于无人机的 LSPIV 测量技术，能够快速获得河流表面的全场流速分布，这正是无人机技术在大范围流场测量中特有的优势。

选取视野开阔的观察点，安装图像采集设备，用以记录溢流道泄洪时边墙水面线图像。

图 8 给出了溢流道闸门五孔全开 1 m 的工况下溢流道沿程水位高程，其中黑色实线为溢洪道底面的侧视图，空心点为测点的水位高程值。闸口位置处的横坐标为 0 m，掺气坎位置处的横坐标为 238 m，溢流道从闸口至挑坎末端总长 332.6 m。

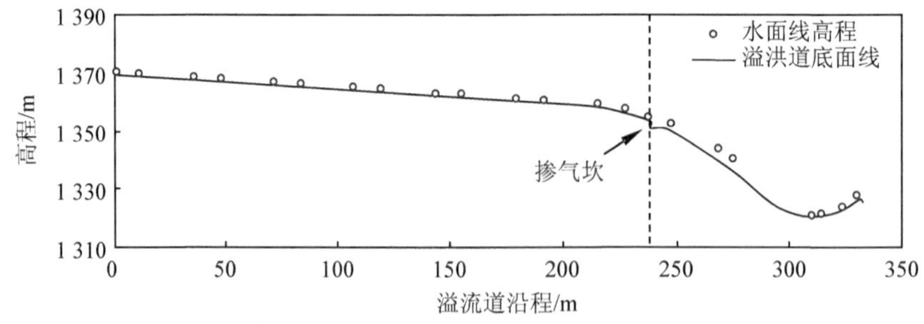

图 8　溢流道沿程水面线高程

泄洪水流离开闸口时流速较快，水流在溢流道边墙上形成水翅，溢流道右岸测点 1—7

的水深约为 0.8 m，随着流态稳定，水深减小；15 号测点为掺气坎，掺气坎后产生显著的水翅现象，导致边墙上水面线深度突然增加至 2～4 m；挑坎区域水流流态稳定，水深数据恢复正常值（见图 9 和表 1）。

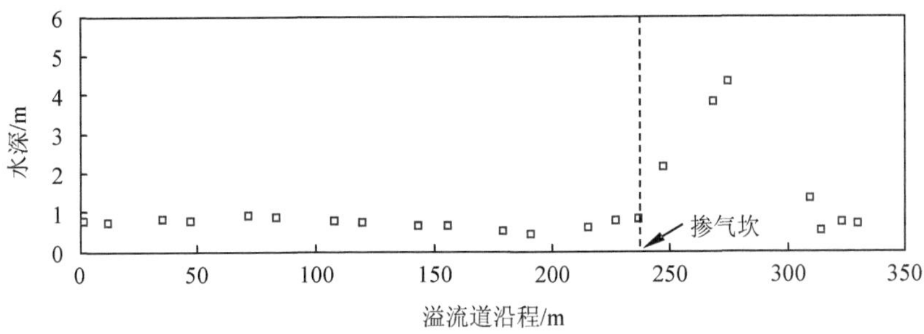

图 9　溢流道沿程水面线水深

表 1　溢流道沿程水面线水深和高程数据

测点编号	溢流道沿程坐标/m	右岸水深/m	绝对高程/m
1	1.6	0.76	1 370.06
2	12.0	0.70	1 369.44
3	36.0	0.81	1 368.36
4	48.0	0.77	1 367.72
5	72.0	0.87	1 366.59
6	84.0	0.85	1 366.00
7	108.0	0.74	1 364.68
8	120.0	0.70	1 364.03
9	144.0	0.62	1 362.71
10	156.0	0.62	1 362.14
11	180.0	0.51	1 360.85
12	192.0	0.42	1 360.13
13	216.0	0.60	1 358.81
14	228.0	0.74	1 356.99
15（掺气坎）	237.9	0.79	1 354.35
16	248.0	2.12	1 351.95
17	269.2	3.78	1 343.34
18	275.2	4.32	1 339.84
19	310.1	1.30	1 320.67
20	314.9	0.49	1 321.18
21	323.9	0.70	1 323.61
22	330.8	0.68	1 327.14

4 结论

水电站的应用案例，成功验证了无人机相对于传统测量手段在原型观测中的便捷性，也体现出机器视觉技术相对于传统数据处理方法的优势。由先进测量技术在原型观测中的实验结果，得出以下主要结论：

（1）大范围表面流场测量技术在水力学测量中具备便捷、全区域、高精度的测量优势，尤其适用于流速快、流态特征显著的原型观测中；

（2）溢流道水面线测量技术大大降低了传统测量所需的硬件成本、劳动力成本以及人员安全风险等级；

（3）图像处理技术主要依托先进图像采集技术，良好的图像质量是数据可靠性的关键所在。

参考文献

[1] 简明全. 无人机在交通管理中的独有优势[J]. 中国公共安全，2016（12）：40-44.

[2] 翁松伟，赖斯聪，陈海雄，等. 基于小型四旋翼无人机的道路交通巡检系统[J]. 电子设计工程，2016，24（3）：78-81.

[3] 付超. 论警用无人机在高速公路公安交通管理中的应用[J]. 武汉公安干部学院学报，2016，30（2）：25-29.

[4] 郑红. 无人机在水利勘测中的应用研究探索[J]. 甘肃水利水电技术，2016，52（4）：63-65.

[5] 邵金强. 浅述无人机及其技术在地质工作中的应用[J]. 黑龙江科技信息，2014（21）：125-126.

[6] 王凤美. 我国末端配送中应用无人机的 SWOT 分析[J]. 物流技术，2018，37（4）：128-131.

[7] 郑凯文. 无人机在物流行业中的应用[J]. 中国新通信，2018，20（6）：96.

[8] 宋杭宇. 论述物流无人机技术和发展趋势[J]. 中国战略新兴产业，2018（12）：204-206.

[9] 娄尚易，薛新宇，顾伟，等. 农用植保无人机的研究现状及趋势[J]. 农机化研究，2017，39（12）：1-6，31.

[10] 何雄奎，Jane Bonds，Andreas Herbst，等. 亚洲农用植保无人机发展与应用[J]. 中国农业文摘-农业工程，2017，29（6）：5-12.

[11] 陈麒丞，冯建国. 我国农用植保无人机的应用现状及展望[J]. 农药市场信息，2017（13）：6-8.

无人机技术在水电工程水土保持全过程咨询中的应用

唐 达 赵 俊 陈 凡 孙 荣 张 宇 张习传

（中国电建集团贵阳勘测设计研究院有限公司，贵阳 550081）

摘 要：无人机遥感技术具有操作灵活、低成本、精度高的特点，在小区域和飞行困难地区高分辨率影像快速获取方面具有明显优势。使用 DJ phantom 4 pro 无人机进行航拍，利用 Pix4Dmapper 软件对航拍照片进行处理，包括对原始影像照片进行密集匹配、控制点几何纠正、空三运算、点云计算、影像镶嵌等处理，可获取项目区的数字正射图影像（DOM）与数字表面模型（DSM）。可在此基础上进一步提取水土保持相关信息，用于水电工程的水土保持设计、水土保持监测、水土保持设施验收与水土保持后评价等全过程咨询。其中无人机遥感成果可在水电工程水土保持设计阶段用于土地利用现状解译与弃渣场选址设计等；在水土保持监测阶段可用于水土保持工程量的统计、水土流失防治责任范围的量测及堆渣量的测算等；在水土保持验收阶段可用于水土流失防治责任范围复核、弃土（渣）场、取土（渣）场防护情况以及水土保持工程措施、植物措施及临时措施工程量复核；在水土保持后评价阶段可通过计算 VDVI 指数确定植被生长状况。无人机遥感操作简单，可为水电工程水土保持全过程咨询服务提供支撑。

关键词：无人机遥感；倾斜摄影；水土保持；数字正射影像图；数字表面模型

Application of UAV Technology in the Whole Process Engineering Consultation of Water and Soil Conservation in Hydropower Projects

Abstract: The UAV remote sensing technology has the characteristics of flexible operation，low cost and high precision，and has obvious advantages in high-speed image acquisition in small areas and difficult areas. Using the DJ phantom 4 pro drone for aerial photography，using the Pix4Dmapper software to perform intensive matching of the original image of the aerial photograph，control point geometric correction, empty three calculation, point cloud calculation, image mosaic, etc., can obtain the DOM and DEM of the project area. On this basis, the relevant information on soil and water conservation can be further extracted for the whole process consultation of water and soil conservation, including design, monitoring, facility acceptance and post evaluation.The remote sensing results of the UAV can be used for the interpretation of the land use status and the site selection as well as design of the spoil disposal yar in the water and soil conservation design stage of the hydropower project; In the soil and water conservation monitoring stage, it can be used for the statistics of soil and water conservation engineering quantity, the measurement of the responsibility area of soil erosion prevention and control, and the calculation of the amount of pile slag; In the soil and water conservation facility acceptance stage, it can be used for review of water and soil loss control responsibility scope, protection situation of spoil disposal yar and drilling ground, and review of engineering measures, plant measures and temporary measures; In the post-water and soil conservation evaluation stage, the vegetation growth status can be determined by calculating the VDVI index. The remote sensing operation of the drone is simple, which can provide support for the whole process of water and soil conservation consulting services for hydropower projects.

Keywords: unmanned aerial vehicle remote sensing; slanting photography; water and soil conservation; digital orthophoto map; digital surface model

1 引言

无人机（Unmanned Aerial Vehicle，UAV）是指通过无线遥控与规划航线飞行的无人驾驶飞机，主要由飞行器平台、动力装置、多模式导航定位系统、电器设备等部件构成。无人机航测遥感系统具有灵活、低成本、大比例尺高精度的特点，在小区域和飞行困难地区高分辨率影像快速获取方面具有明显优势。2013 年之后，随着飞行控制芯片等核心技术由军品向民品的扩散，消费级无人机涌入市场后，低空无人飞行器航测遥感系统的制造成本远远低于卫星遥感和普通航空摄影，使得无人机遥感技术扩展至农业生产、城市规划、水利、交通、林业等诸多领域[1-3]。

水电工程开发建设过程会对原地表产生强烈扰动，不仅破坏地表植被，产生大量弃土弃渣，形成高陡边坡和裸露堆积体，易引发水土流失、滑坡、塌方甚至泥石流，而且可能对周围生态环境造成一定影响，随着《水土保持法》的修订实施和党的十八大提出生态文明建设的要求，水电工程的水土保持工作日益得到重视。传统水土保持信息收集工作往往采用野外勘测和实地调查相结合的方法，虽然能获取一些定量、半定量的相关信息，但数据获取效率较低，而且人为仪器操作不当或者地形限制导致的数据误差经常发生。使用无人机遥感的手段获取水土保持相关数据，应用到涵盖前期水土保持规划设计、水土保持监测、水土保持验收及水土保持后评价的全过程工程咨询中，对于提高水电工程水土保持工作信息化水平和工作效率有重要意义。

2 无人机作业的基本流程和基本功能

笔者在工程实践中使用 phantom 4 pro 无人机进行航拍，使用 Pix4Dmapper 软件进行建模获取 DOM、DSM 等，在此基础上利用 ArcGIS、Global mapper 等软件进行分析处理，进行水土保持相关信息的提取。

2.1 外业航拍

航拍前首先进行像控点布设，一般测区像控点不低于 3 个，测区面积较大时像控点数量以 5～9 个为宜，均匀布设，但不要太靠近边缘，以免飞机不能拍摄到像控点。飞行高度根据工程具体需求选择合适的航拍高度，一般 1∶1 000 或者 1∶2 000 的图，航高在 120～150 m 即可。同时重叠度航向重叠不低于 70%，旁向重叠不低于 60%，相机垂直向下，此外还应参照《低空数字航空摄影测量外业规范》《低空数字航空摄影规范》等相关规范执行。

2.2 后处理

航拍完成后利用 Pix4Dmapper 软件对航拍照片进行处理，处理步骤包括原始影像照片进行密集匹配、控制点几何纠正、空三运算、点云计算、影像镶嵌等步骤的解算，解算出监测区的数字正射图影像（DOM）和数字表面模型（DSM）（见图 1）。

无人机遥感生成的成果主要包括数字表面模型和数字正射影像图。数字表面模型（Digital Surface Model，DSM）是指包含了地表建筑物、桥梁和树木等高度的地面高程模型。与 DEM 相比，DEM 只包含了地形的高程信息，并未包含其他地表信息，DSM 是在 DEM 的基础上，进一步涵盖了除地面以外的其他地表信息的高程。对 DSM 进行加工，去掉房屋、植被等信息，可以形成 DEM。数字正射影像图（Digital Orthophoto Map，DOM）是利用 DEM 对经过扫描处理的数字化航空像片或遥感影像（单色或彩色），经逐像元进行辐射改正、微分纠正和镶嵌，并按规定图幅范围裁剪生成的形象数据，带有公里格网、图廓（内、外）整饰和注记的平面图。

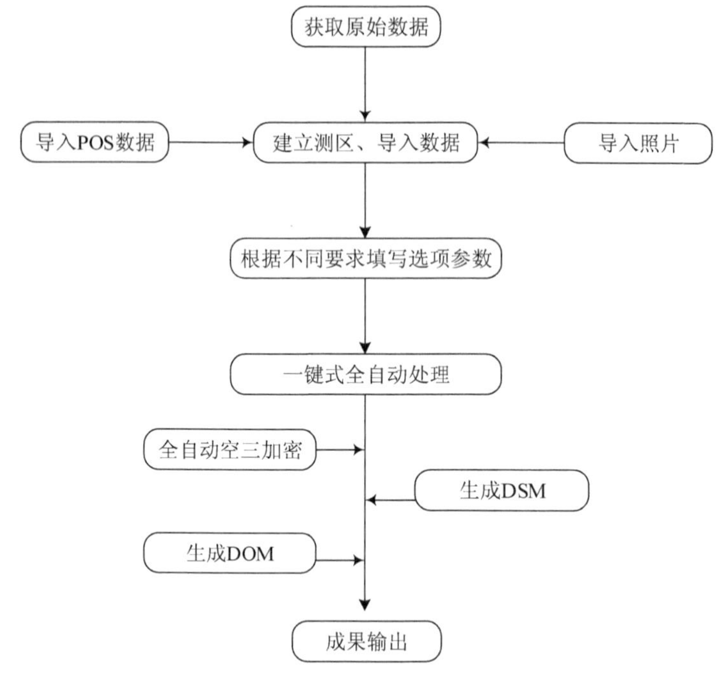

图 1　无人机处理流程

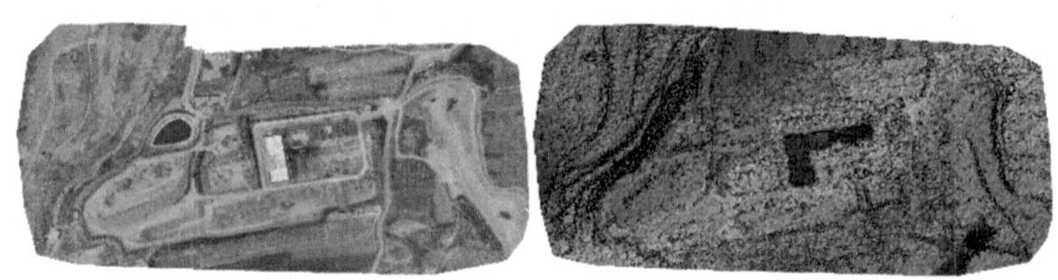

图 2　某水电工程扰动区域的 DOM（左）与 DSM（右）

3　无人机在水电工程水土保持中的应用

3.1　水土保持方案设计阶段

3.1.1　土地利用现状调查

项目区的土地利用现状是水土保持设计的重要依据，可通过无人机进行航空摄影，后期使用 Pix4Dmapper 数据处理软件进行全自动数据处理生成正射影像图，以此为基础进行土地利用数据统计及专题图的制作。当调查范围、土地利用类型较小时，可采用 CAD 勾绘图斑的方式统计土地利用现状，或通过 GIS 软件的空间分析工具（spatial analyst tools）创建特征文件，然后通过最大似然分类可以获取每种土地利用类型下各类栅格像元的数量，在此基础上统计出土地利用现状情况；当调查范围较大、土地利用类型较多时，上述方法工作量太大，不建议使用，鉴于工程实际中采用的无人机生成的正射影像图是真彩色影像，包含红、绿、蓝 3 个波段，可通过面向对象的多尺度方法进行土地利用信息的提取[4]，面向对象方法包括最优分割尺度选择、不同尺度下土地利用类型提取与分类以及统计分析等环节，目前通过面向对象分类技术在土地利用现状分类中已取得较多应用[5-6]。

3.1.2 弃渣场选址与设计

弃渣场的选址与设计是水电工程水土保持工作的重点，开发建设项目水土保持技术规范（GB 50433—2008）对于弃渣场选址有强制性规定：①弃渣场的设置不得影响周边公共设施、工业企业、居民点等的安全；②涉及河道的，应符合治导规划及防洪行洪的规定，不得在河道、湖泊管理范围内设置弃土（石、渣）场；③禁止在对重要基础设施、人民群众生命财产安全及行洪安全有重大影响的区域布设弃土（石、渣）场。当主体施工专业资料有限时，常常需要水保专业自行进行弃渣场选址与设计，此时可通过无人机生成的 DSM 和 DOM 来确定渣场下游有无居民点、重要基础设施、工矿企业等敏感点，测量拟定渣场与下游敏感目标的距离，同时可以在 DSM 的基础上生成等高线，以此来勾绘弃渣场的汇水面积，为弃渣场的水文计算提供依据，同时根据生成的等高线确定弃渣场容量。

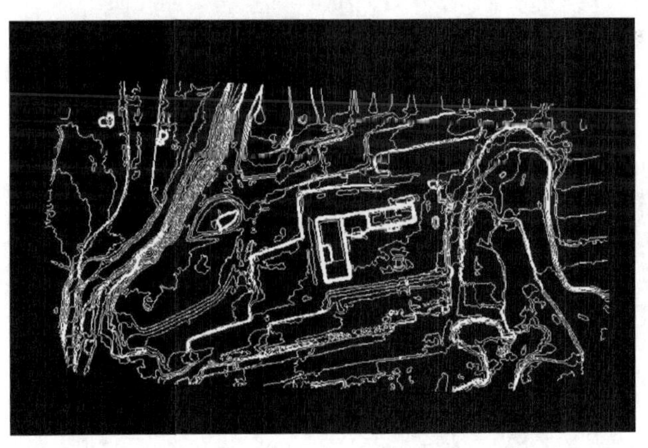

图 3　某水电工程无人机生成的地形图

3.2 水土保持监测

目前无人机在水电工程水土保持应用最多的领域便是水土保持监测。一般来讲，水电工程扰动地表面积大，工期长，土石方开挖剧烈，传统的“人、车、相机”现场监测方式难以全过程、全方位监管水电工程水土流失防治情况，不仅存在效率低、耗时长的问题，而且存在着巨大的偶然误差，在此情况下无人机可以精确高效地完成水土保持工程量统计、水土流失防治责任范围统计以及弃渣场堆渣量的统计工作[7]。

3.2.1 水土保持工程量统计

通过对项目区进行航拍，使用 Pix4Dmapper 软件进行建模，可直接获取长度、面积等信息。如图 4 和图 5 所示，在 Pix4Dmapper 可直接量测坡顶截水沟长度，长度为 343 m，坡面框格护坡面积为 1 864 m^2。

图 4　某工程升压站截水沟长度统计

图 5　某工程升压站边坡框格护坡面积统计

3.2.2 水土流失防治责任范围统计

无人机航拍成果用于水土流失防治责任范围的高清影像人机交互勾绘扰动地块，从地块的空间信息上获取面积。

通过 DOM 成果，结合项目区平面布置图，勾画各分区的边界线；基于 ArcGIS，计算各分区扰动面积，并标注其土地利用类型。扰动土地的变化情况，可通过对比不同时间的监测成果得到。

3.2.3 堆渣量的确定

在水电工程建设中，可通过 GIS 软件对弃渣场堆渣前后两期的 DSM 进行挖填方分析，可以得出弃渣场的堆渣量。当弃渣场堆渣已经完成，而堆渣前未进行航拍获取 DSM 时，可调取方案设计中弃渣场的地形图，将 CAD 格式的地形图通过 GIS 软件转为 shape 文件，以此创建 TIN（不规则三角网），然后通过 GIS 中 3Danalyst 的“TIN 转栅格”即可获得堆渣前的 DEM，DSM 是在 DEM 的基础上，进一步涵盖了除地面以外的其他地表信息的高程，用堆渣后无人机航拍生成的 DSM 与初始状态的 DEM 执行挖填方同样可以获取弃渣场的堆渣量。如图 6 所示，通过 DSM 测算某水电工程施工生产生活区临时堆土量为 3 631 m^3。

图 6　某水电站施工生产生活区临时堆土量统计

3.3 水土保持验收

生产建设项目水土保持设施验收改为自主验收后，根据《水利部办公厅关于印发生产建设项目水土保持设施自主验收规程（试行）的通知》（办水保〔2018〕133 号）的有关规定，第三方评价的主要内容有项目法人水土保持法定义务履行情况、水土流失防治完成情况以及水土流失防治效果情况等，其中水土流失防治情况中的水土流失防治责任范围复核、弃土（渣）场、取土（渣）场防护情况以及水土保持工程措施、植物措施及临时措施的实施情况，均可借助无人机，获取区域生产建设项目位置、地表扰动范围及其动态变化情况等信息，对比水土保持方案批复的水土流失防治责任范围和水土保持措施安排，分析判定生产建设项目扰动合规性和水土流失防治状况，掌握区域生产建设项目水土保持方案落实情况。对于第三方评价单位评价结果的客观性、准确性和高效性有重要意义。

3.4 水土保持后评价

为进一步做好水利水电工程水土保持工作，水利部水土保持司印发《关于开展大型水利水电工程水土保持后评价研究工作的函》（水保监便字〔2017〕第 32 号），明确了开展水土保持后评价工作的基本思路。其中水土保持评价中一个重要指标是对植被恢复效果进行评价，由于水电工程占地面积较大，通过常规手段调查植被恢复效果效率较低，且误差较大，通常通过遥感的手段采用 NDVI 植被指数来反映植被覆盖情况。目前常采用的 NDVI 植被指数是对近红外光强反射及对红外光强烈吸收的特点所构建的，而工程实践中 phantom 4 pro 无人机相机仅包含红光、绿光及蓝光 3 个可见光波段，不能构建 NDVI，国内汪小钦等学者[8]根据可见光波段无人机遥感成果构建了 VDVI 植被指数。VDVI 通过分析仅含红光、绿光和蓝光 3 个可见光波段的无人机影像中植被与非植被的光谱特性，同时结合健康绿色植被的光谱特征，借鉴归一化植被指数 NDVI 的构造原理及形式，提出了一种综合利用红光、绿光、蓝光 3 个可见光波段的归一化植被指数——可见光波段差异植被指数（VDVI），广泛用于可见光波段下的无人机遥感成果[9]，在水土保持后评价的植被恢复效果评价中有了较多应用（见图 7）。

$$\mathrm{VDVI}=\frac{2\times\rho_{\mathrm{green}}-(\rho_{\mathrm{red}}+\rho_{\mathrm{blue}})}{2\times\rho_{\mathrm{green}}+(\rho_{\mathrm{red}}+\rho_{\mathrm{blue}})}=\frac{2\times\rho_{\mathrm{green}}-\rho_{\mathrm{red}}-\rho_{\mathrm{blue}}}{2\times\rho_{\mathrm{green}}+\rho_{\mathrm{red}}+\rho_{\mathrm{blue}}}$$

式中，ρ_{red}、ρ_{green}、ρ_{blue} 分别为红光、绿光、蓝光 3 个波段的反射率。

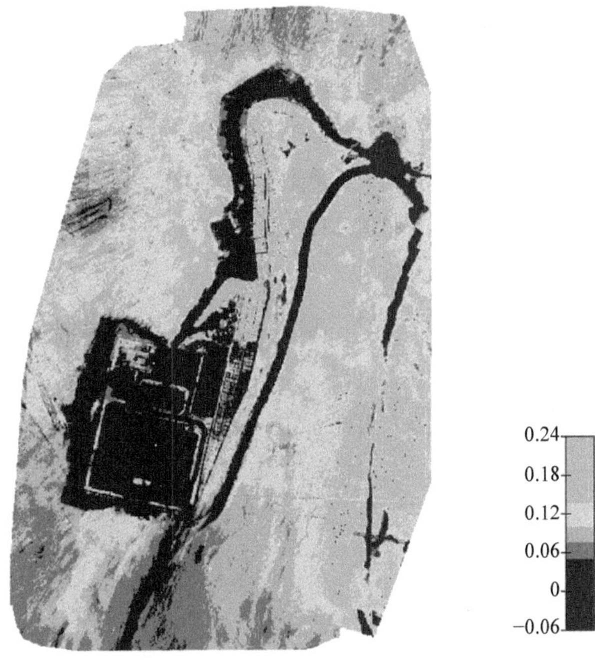

图 7 无人机遥感影像生成 VDVI 植被指数分布

4 结语

综上所述，通过无人机航拍与后期三维建模的手段，可以获取 DOM 与 DEM，在此基础上可进一步提取水土保持相关信息，如在设计阶段可用于土地利用解译与弃渣场的选址与设计，在监测阶段可用于水土保持工程量的统计、水土流失防治责任范围的量测以及堆渣量的测算等；在水土保持验收阶段可用于水土流失防治责任范围复核、弃土（渣）场、取土（渣）场防护情况以及水土保持工程措施、植物措施及临时措施工程量复核；在水土保持后评价阶段可通过计算 VDVI 指数确定植被生长状况。无人机手段不仅效率高、成本低，而且精度较高，在水电工程水土保持全过程咨询服务中得到了应用。

参考文献

[1] 孙杰，林宗坚，崔红霞. 无人机低空遥感监测系统[J]. 遥感信息，2003（1）：49-50，27.

[2] 吴波涛，冯琦. 无人机航测在大型水利工程中的应用[J]. 长江科学院院报，2017（3）：148-150.

[3] 李德仁，李明. 无人机遥感系统的研究进展与应用前景[J]. 武汉大学学报（信息科学版），2014（5）：

505-513，540.

[4] 黄慧萍. 面向对象影像分析中的尺度问题研究[D]. 北京：中国科学院遥感应用研究所，2003.

[5] 何少林，徐京华，张帅毅. 面向对象的多尺度无人机影像土地利用信息提取[J]. 国土资源遥感，2013（2）：107-112.

[6] 许燕，段福洲，段光耀. 面向对象的无人机影像分类研究[J]. 地理空间信息，2014（5）：28-30.

[7] 张雅文，许文盛，沈盛彧，等. 无人机遥感技术在生产建设项目水土保持监测中的应用——方法构建[J]. 中国水土保持科学，2017，15（1）：134-140.

[8] 汪小钦，王苗苗，王绍强，等. 基于可见光波段无人机遥感的植被信息提取[J]. 农业工程学报，2015（5）：152-159.

[9] 郭铌. 植被指数及其研究进展[J]. 干旱气象，2003，21（4）：71-75.

无人机在小水电生态环境监管中的应用

吴保见[1,2]　王龙飞[1,2]　王　琰[1,2]　滕佳华[3]　赵晓宏[1,2]
（1. 生态环境部环境工程评估中心，北京 100012；2. 国家环境保护环境影响评价数值模拟重点实验室，北京 100012；3. 生态环境部卫星环境应用中心，北京 100094）

摘　要：小水电建设在保障民生和促进经济发展等方面有着积极的推动作用，但无序和过度开发小水电容易造成河流生态环境的损害。无人机基于多种类型的传感器设备，可灵活、高效地对丘陵、山区等地形复杂区域进行遥感监测，为小水电的河流生态环境的监管和保护提供保障。以长江经济带小水电无人机调研与监管应用实践经验为基础，探讨无人机在小水电生态环境监管中应用的可行性和技术要点，在此基础上提出今后可发展的方向和应用的思考，以期丰富水利水电的环境管理的手段。

关键词：无人机；小水电；生态环境监管

Application of UAV in Ecological Environment Supervision of Small Hydropower Stations

Abstract: The construction of small hydropower stations has a positive role in promoting people's livelihood and economic development. However, the unplanned and excessive development has potential hazard to the river's ecological environment. Based on various types of sensor equipment, the Unmanned Aerial Vehicle (UAV) can perform remote sensing monitoring flexibly and efficiently in complex terrain such as hilly and mountainous areas, and be benefit to the river ecological environment supervision and protection where small hydropower stations locate on. Based on the experience of an UAV supervision application on small hydropower stations in the Yangtze River Economic Belt, this paper discusses the feasibility and technical essentials of UAV application in small hydropower station supervision, in order to provide more potential methods which are eagerly needed in water conservancy and hydropower environmental management.

Keywords： UAV；small hydropower station；ecological environment supervision

1 引言

我国对小水电的定义是指单站装机容量在 5 万 kW 及以下的水电项目[1]。小水电作为清洁的可再生资源，已成为电力事业发展中重要的组成部分。目前，大量民营资本参与到小水电的开发建设中，推动了乡村经济的发展，保障了民生用电[2]。但在各地积极发展小水电的同时，不少地区出现了小水电的无序规划、过度开发和管理滞后等问题，造成河流水文条件恶化、水生生物物种消亡、下游地区河段减水甚至脱水干涸、景观破坏等一系列生态环境问题[3-4]。审计署 2018 年第 3 号公告指出，截至 2017 年年底，长江经济带有 10 省份已建成小水电 2.41 万座，最小间距仅 100 m；7 省 6 661 座建有生态泄流设施的小水电中，86%没有生态流量在线监测，333 条河流断流长度达到 1 017 km。对于小水电的有效监管和科学化管理，是可持续发展小水电的需要，也是生态环境保护的迫切需要。

小型水电站通常建设于丘陵、山区等地形复杂、河流密集、植被覆盖度大的偏僻地区，数量众多且布点分散[3]。小水电的建设特点和分布特征，使得传统的现场实地监管效率低、成本高、难度大。由此，科学有效的监管手段是小水电可持续发展的重要保障。无人机作为一种新型的遥感技术，以无人机作为空中平台，搭载多种类型传感器设备，可灵活、快速地对监测目标进行观测与识别[5]。无人机可获取一定覆盖范围、多光谱类型、高空间分辨率的遥感监测影像，弥补传统监管手段的不足，为小水电的有效监管和科学管理带来新的契机。无人机在水利水电领域的应用已陆续开展，王新[5]、牛君瑜[6]、刘昌军[7]等从业务应用的角度，讨论了无人机在水文水资源监测、水土保持、水利工程建设、水生态保护等多个方向的应用情景和技术特点；王光彦[8]、尚海兴[9]、刘艳山[10]等讨论了无人机在水利水电工程测绘与工程建设中的应用特点和效果。目前，无人机在小水电的环境监管领域应用较少，本研究以长江经济带小水电无人机调研与监管应用实践经验为基础，探讨无人机在小水电生态环境监管中应用的可行性和技术要点，以期无人机在小水电环境监管中的实用化。

2 无人机在小水电生态环境监管中的工作流程

无人机的小水电生态环境监管，指利用无人机遥感获取小水电在规划、建设和运营等阶段的工程状态，并对小水电在全过程管理中对河流及周边生态环境产生影响的监测和评价。无人机的主要监测对象可分为小水电的工程设施和生态环境要素两类，小水电的工程设施是指小水电的拦河坝、引水渠、引水管道、压力前池和电厂厂址等，生态环境要素是指受小水电影响的河流生态与景观、周边植被等。无人机在小水电生态环境监管中的工作流程，可概括为飞行前准备、无人机现场飞行监测和内业处理与评价（见图 1）。

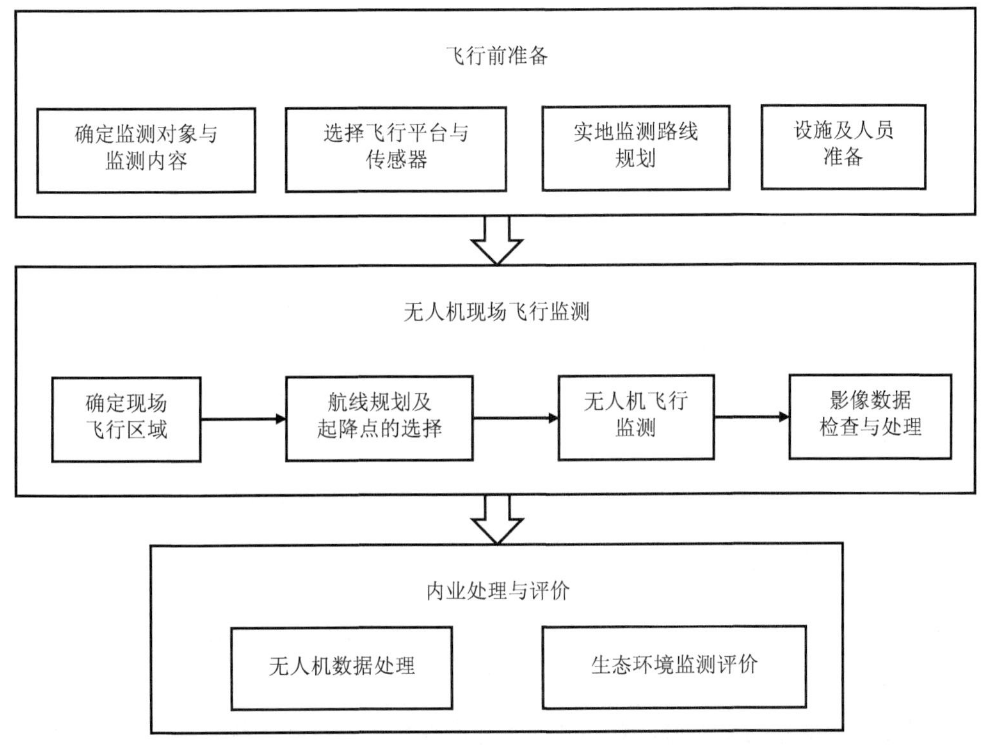

图 1　无人机在小型水电站生态环境监管中的工作流程

2.1　飞行前准备

飞行前准备主要是确定小水电的监测对象与监测内容、选择合适的飞行平台与传感器、实地监测路线的规划以及设备和人员准备等。明确监测对象与监测内容，保障无人机监测的有效性和目的性。为保障监测的效率和飞行安全，飞行平台的选择根据监测目标所处地形的特征确定，若地形复杂，可选择多旋翼无人机，若地面相对平坦，可选择固定翼无人机；传感器的选择根据监测内容和任务类型确定，可选择高精度数码相机、多光谱传感器、热红外传感器等。由于无人机续航和无线电信号传输距离的限制，无人机起飞高度和飞行半径有限，需要根据监测目标提前规划实地监测路线，以提高监测效率。为保障无人机的飞行安全，飞行现场需至少 2 人。

2.2 无人机现场飞行监测

无人机现场飞行监测是指利用无人机获取小水电及周边地区生态环境的影像、视频等资料，以便后续的分析与应用。

2.2.1 确定现场的飞行区域

根据监测目标和内容，结合现场地形地貌特征，确定现场飞行的区域，做到目标明确，提高飞行监测效率。

2.2.2 飞行前的航线规划及起降点的选择

如果监测区域较大，为提高数据获取的安全性和效率，需把监测区域分为若干测区分别进行无人机航拍监测，同时确保各测区之间的重叠度，便于后续影像的拼接。飞行前的航线规划是针对监测目标和监测区域确定无人机的飞行高度、分辨率、飞行架次、航行时长、飞行距离等相关参数，便于后续实地飞行的准备和开展。起降点（起降范围）是无人机起飞和降落的点（范围），为保障飞行安全，应选择平坦、遮挡物少的地貌，并远离水域。

2.2.3 无人机飞行监测

无人机一般不能在大雨或强风条件下航行，根据监测航行区域的天气状况以及风速情况，择机选择无雨、风力小于 5 级、光线适当的天气条件，进行现场无人机飞行的数据采集。

不同类型和型号的无人机，有不同的飞行操控规范，需严格执行相关流程操作。无人机飞行过程中需要注意以下几点：无人机设计精密简单，为保障航行顺利完成，航行前需认真做好常规检查，并安装、连接相应部件与软件；无人机起飞、降落过程中可能需要盘旋、爬坡或降坡飞行，确保飞行过程远离障碍物，避免无人机因碰撞而毁坏；无人机现场监测中，需由 2 人进行，一人操控无人机飞行，一人监测飞行状态和从旁辅助，确保飞行安全和完成监测任务。

2.2.4 影像数据检查与处理

数据采集完成后，需导出影像和航行数据，在野外直接创建基本的测图文件，而后利用后处理软件检查图像质量是否满足要求。对于质量不高的影像或者没有采集到的区域进行补拍。

2.3 内业处理与评价

内业处理与评价是指把无人机获取的影像、视频等资料，经过规范化的处理流程，得到可用于直接分析和应用的数据资料，进行小水电生态环境影响评价与监管。需要经过规范化处理形成的产品主要有正射影像、全景影像和三维模型等。基于无人机数据产品，利用目标识别与提取、遥感影像分类、变化检测等方法，获取河流水域面积、植被覆盖分类、小水电工程设施建设状态等信息。监管部门基于相关产品和信息，可对河流减水脱水状态、河流生态流量状况、小水电工程设施进展等进行分析和判断，综合评价小水电对生态环境的影响，便于后续小水电的合理规划和科学化管理。

3 长江经济带小水电无人机调研与监管案例

2018 年 5 月和 6 月，生态环境部组织了长江经济带小水电的无人机监测与调研，本文调研团队利用无人机对重庆、云南和四川 6 个县 26 个小水电的工程设施和河流生态与景观进行了监测（见图 2），采集数据约 30 GB，完成多个小水电的正射影像、全景数据产品的生产和 5 份小水电现状视频的制作，为长江经济带小水电开发利用情况评估提供了丰富的基础数据。

3.1 小水电无人机监测的技术要点

由于调研地区地形复杂，选用大疆“悟”（Inspire 2）旋翼无人机和大疆“御”（Mavic）旋翼无人机作为飞行平台，传感器选用高精度数码相机，监测对象为小水电工程设施和周边生态环境要素，实地调研监测路线提前与地方工作人员商定。由于监测对象覆盖面积不大，调研没有划分测区；飞行区域主要覆盖小水电电站厂址、拦河坝、河流等。飞行监测的气象条件为无明显降水、晴天、风力较小的天气，飞行过程采用手动操控，起降点选择在监测对象临近的平坦、无遮挡的位置。飞行过程中，确保了影像航向与旁向重叠度均在30%以上，便于后续正射影像的生产。采用 Pix4Dmapper、ArcGIS 等软件进行内业数据处理与分析。

3.2 长江经济带小水电生态环境的无人机监管的应用

长江经济带小水电生态环境的无人机监管，在河流水系分布和小水电开发利用现状调查、小水电工程设施建设状况以及对周边生态环境影响评价、小水电运营过程中对下游河道生态环境的影响监测等方面均可发挥一定的作用。此次无人机监管发现的主要问题包括：部分河流小水电开发强度较大、总体规划设计不合理；小水电运行过程未充分考虑和保障生态用水，造成下游河段减水、脱水甚至河床干涸；小水电工程周边地区存在地表裸露和水土流失的生态环境问题等。依据获取的监测信息和发现的问题，为今后小水电的生态环境保护提供决策支持。

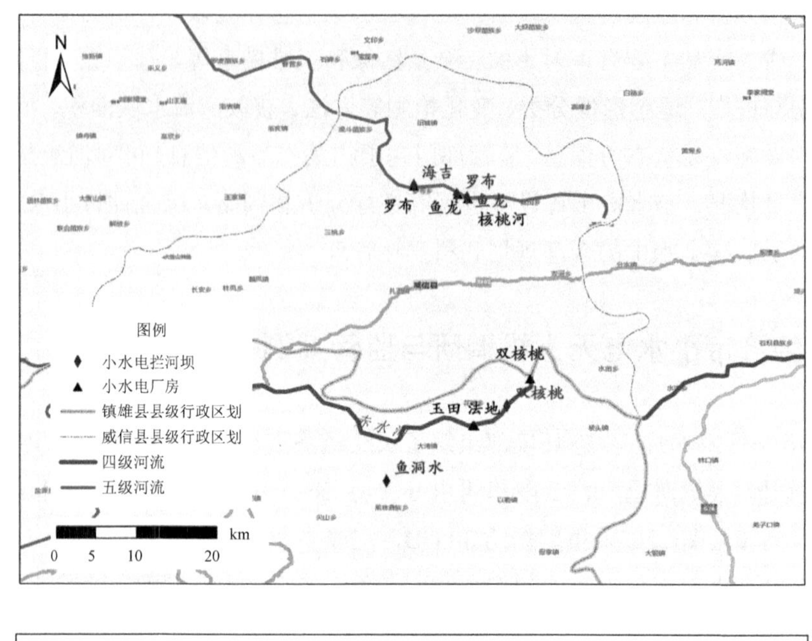

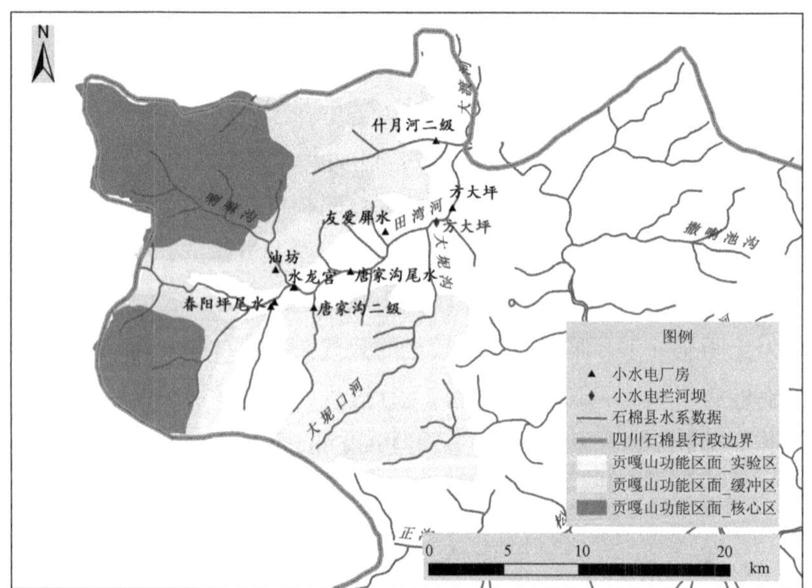

图 2 云南省（上）和四川省（下）无人机小水电监测的部分点位分布

3.2.1 河流水文信息和小水电开发利用现状的无人机调查

小水电可持续的开发和利用，需要准确的河流水文信息和小水电开发利用现状的支持。科学合理的河流流域利用规划，需要最新数据作为支撑。无人机遥感监测具有灵活高效、成本低、观测精度高等特点，是河流水文信息和小水电开发利用现状调研的重要手段。

河流水面面积作为河流水资源的重要信息，基于无人机获取的正射影像产品，利用目视解译或者其他遥感分类方法提取水体分布。本次小水电无人机监测过程中，电站所在河段的水域面积可以准确计算获得，如图3所示，水域A和水域B的水域面积分别为0.006 km^2和0.006 8 km^2。小水电的规划设计与河流水能的蕴藏量相关，水能蕴藏量的计算是基于流域面积、水流量等指标[11]而确定。河流水文信息的无人机调查，间接地支持河流小水电的规划设计。

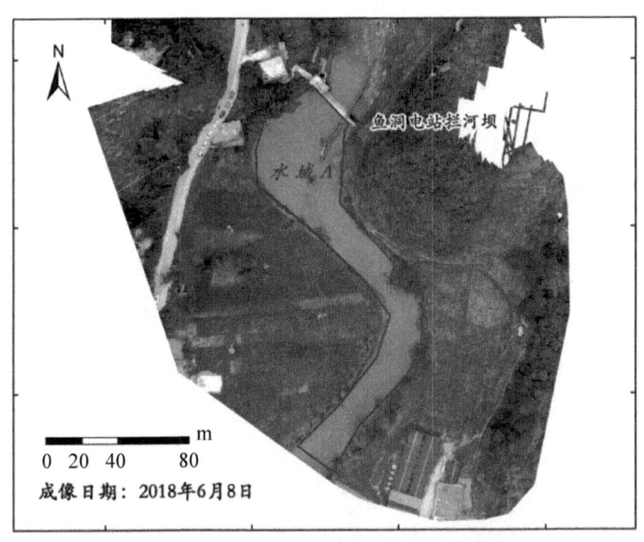

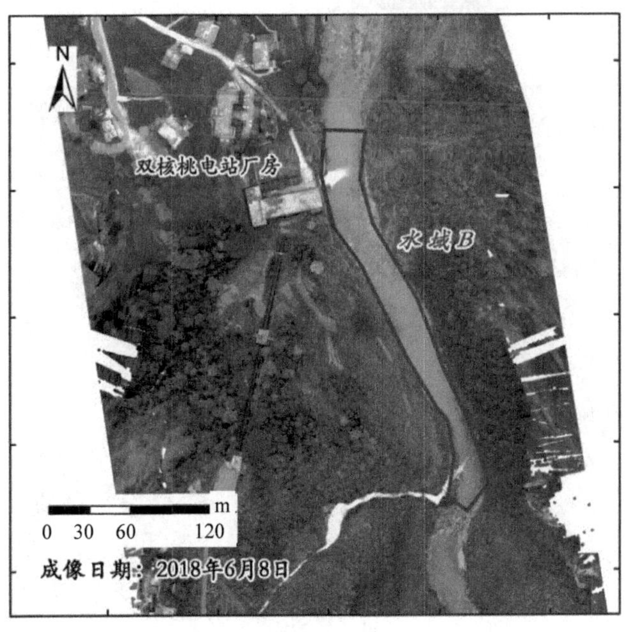

图3 河流水域面积的无人机监测

河流小水电的科学规划，同样离不开准确的小水电开发利用现状信息的支持。无人机具有的覆盖范围广、获取数据精度高等优点，可提供更为丰富和精确的小水电开发建设现状信息。云南省威信县南广河建设有多个小水电，小水电之间的工程设施间距较近。由图4可知，河流上游小水电的出水口紧邻下游下一个小水电的拦河坝，如河段C电站厂房出水口，沿河流向下81.68 m为D电站拦河坝，其中出水口与拦河坝之间的水域C的水域面积为0.002 7 km^2；D电站厂房出水口，沿河流向下127.8 m为E电站拦河坝，其中出水口与拦河坝之间的水域D的水域面积为0.001 6 km^2；E电站厂址紧邻F电站拦河坝。总体上，部分河流小水电开发强度较大并且规划设计不合理，需进一步加强监管。

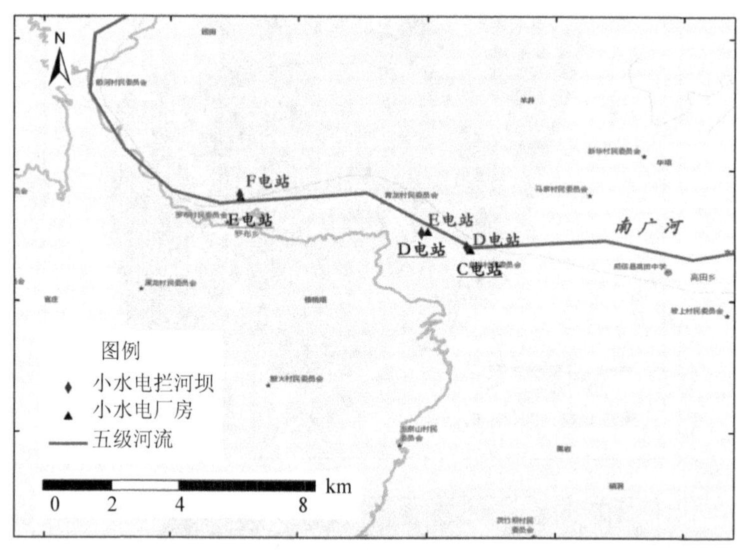

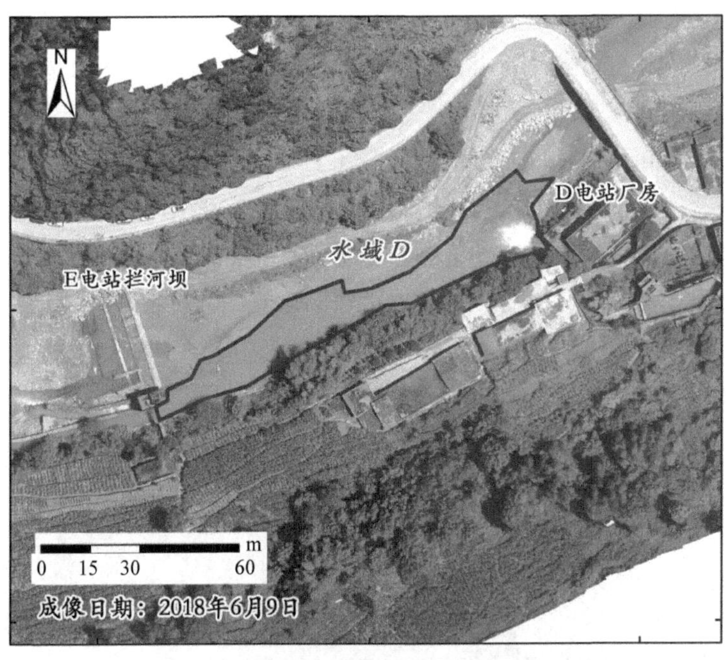

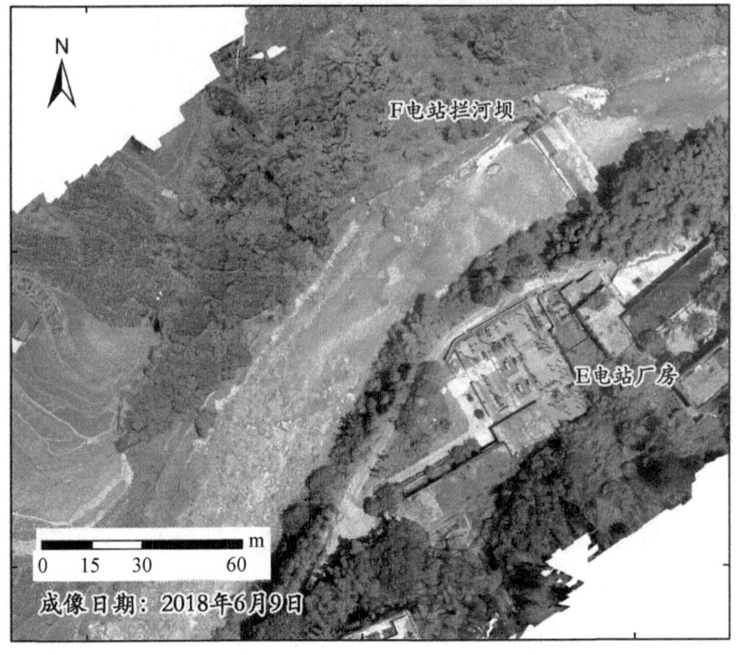

图4 小水电开发利用现状的无人机遥感监测

3.2.2 小水电的工程设施周边生态环境状况的无人机监测

小水电的工程设施建设或设施运行期间，如未落实环境保护措施，会造成周边地区植被破坏、水土流失等问题。无人机可获取小水电及周边地貌特征，辅助评价小水电的建设对周边生态环境的潜在影响。四川某电站（见图 5）周边地区存在地表裸露现象，该裸露地表由河流冲积造成，属于生态环境脆弱区，剧烈的人类活动会加剧生态环境的恶化。经统计，裸露区 A 的面积为 0.057 km^2，裸露区 B 的面积为 0.03 km^2，裸露区 C 的面积为 0.003 km^2。该电站运行过程需落实环境保护措施，与管理部门共同承担生态恢复责任，避免裸露地区面积的扩大。裸露地表面积的统计数值，是后续生态恢复的重要监测指标。王井利等[12]利用遥感归一化指数对生态环境破坏和恢复能力进行评价，后续可采用多光谱相机采集本地区数据，利用相似方法进行该电站厂址周边地区的生态恢复能力的评价。

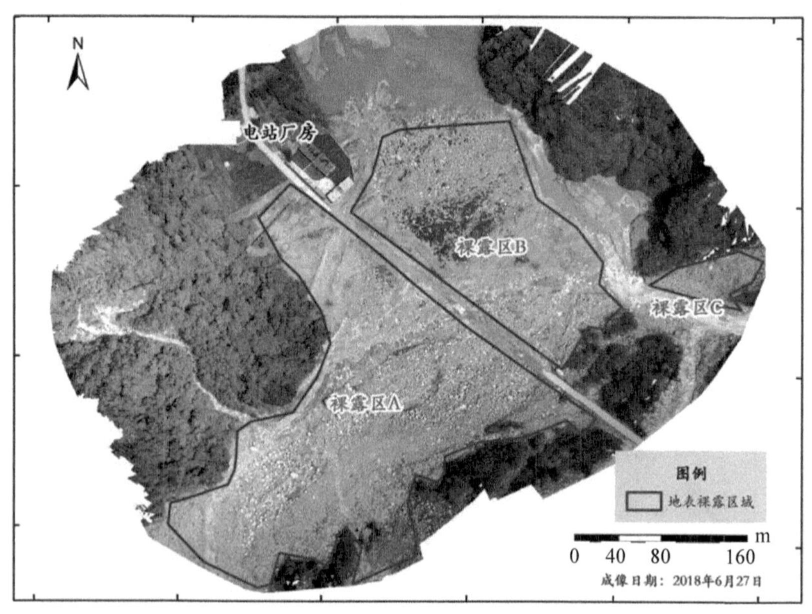

图 5　某电站厂房周边生态环境的现状

3.2.3　小水电运行期对下游河道生态环境影响的无人机监测

小水电的建设需与当地水资源条件相适应，生态流量的确定应根据当地生产、生活、生态及景观需求合理划定[13]，如果划定不合理或者未落实划定的量值进行调度，小水电的运行会造成下游河段减水、脱水甚至河床干枯，对河流生态环境造成不利影响。云南某水电站存在下游河道减水现象。如图 6 所示，电站拦河坝下游河道有两部分减水区域，分别为区域 A 和区域 B。脱水区域 A 紧靠拦河坝坝址，面积为 0.014 km^2，长度为 358 m；脱水区域 B 在电厂厂址上游，面积为 0.002 km^2，长度约 100 m。调研中可发现水电站引起了下游河道部分地区减水脱水现象，甚至连续性减水脱水现象（见图 6）。河流开发利用强度过大、生态流量划定不合理会严重破坏小水电下游河道生态环境和景观。

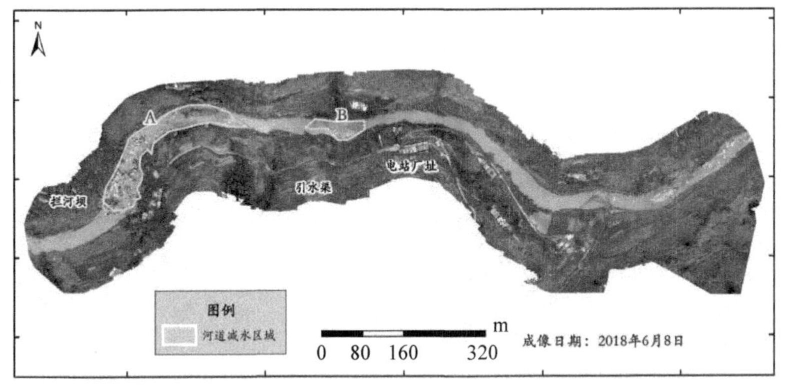

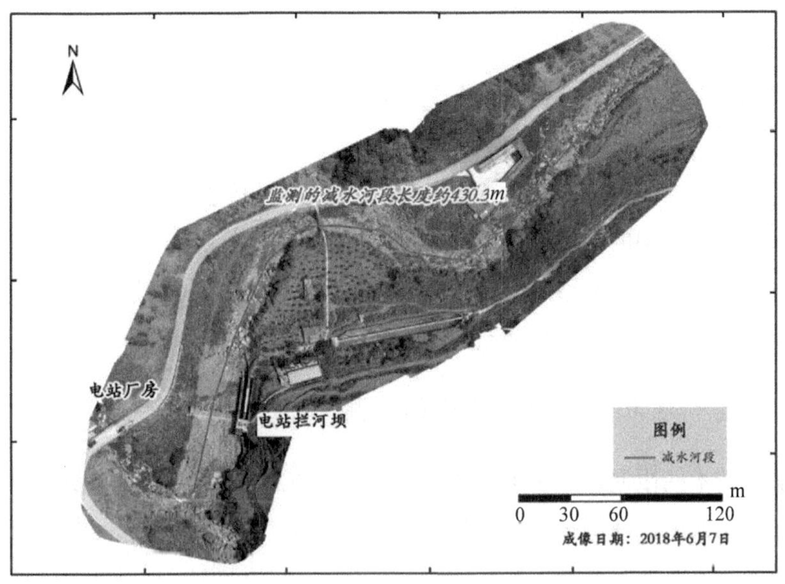

图 6　部分水电站及下游河道减水状况

3.2.4　小水电工程设施现状监测

小水电的工程设施包括拦河坝、厂房和引水渠等，图 6 直观地显示了水电站各个工程设施的连接情况，判断出水电站无其他引水渠道。为了更加形象地展示小水电工程设施现状，可利用无人机获取监测目标的全景影像、三维模型等。图 7 为某水电站的全景影像，道路、河流、厂址等空间关系更加直观，可辅助判断小水电工程设施是否落实环评审批文件要求和工程设施设计规划，以避免对生态环境潜在的不利影响。

图 7 某水电站全景影像

4 无人机在小水电生态环境监管中的应用探讨

由于无人机遥感的机动灵活、快速高效、搭载多类传感器、精细准确等优势，使其在小水电生态环境监管中的应用有着广阔的前景。依据《关于有序开发小水电切实保护生态环境的通知》（环发〔2006〕93 号）[13]要求，小水电的生态环境监管应在项目设计、工程建设和运行管理的全过程中得以重视。

4.1 无人机在小水电项目设计阶段的应用

由于早期技术的限制，许多河流水系分布、水域利用状况和水域归属界线等基础资料与当前状况存在偏差，使得小水电的规划和管理滞后。无人机的水资源调查、小水电分布调查等速度快、成本低、准确率高，使经济、快速而又科学地编制小水电资源开发利用规划成为可能。利用无人机调研小水电、河流水系与国家级自然保护区等具有特殊保护价值的地区的位置关系，确定可以建设和禁止建设小水电的区域范围。

4.2 无人机在小水电工程建设阶段的应用

无序违规的小水电开发建设，施工期间若未落实环境保护措施，造成小水电周边地区的生态破坏和水土流失。可利用无人机对小水电厂址、坝址、引水渠和管道等工程设施进行定期巡航监测、录制视频、全景影像和三维模型制作等，以跟踪工程设施建设是否落实建设位置、设施高度等环境影响评价文件的设计要求。利用无人机可航拍工程设施周边地貌，获取正射影像产品，对工程建设造成的植被覆盖变化和淹没范围等进行评价。对于违规建设工程做到及时制止，对于造成的生态破坏及时修复。

4.3 无人机在小水电运行管理阶段的应用

在小水电运行管理阶段，重点借助无人机对小水电上下游河道水文现状、河道脱水现状、生态流量执行情况等进行动态监测和比对，科学合理、因地制宜地修改和制定不同小水电生态流量下泄方案。对于违规造成生态破坏较为严重的项目，应及时严肃查处，同时对环境破坏因子进行生态修复，确保小水电建设既促进经济的发展又维护生态环境的稳定。

5 问题与展望

无人机技术的快速发展是应用于小水电生态环境监管的重要保障。由于小水电通常建设于地形复杂、气象条件多变的山区和丘陵地带，无人机在环境监管应用时需确保操作规范，以免造成无人机走失、坠落等意外情况；同时避免在禁飞区、人员密集区等地区进行飞行监测，以免造成不当后果。无人机可应用于已知小水电的生态环境监测，但对于发现违法隐匿未知的小水电，其技术可行性较低，需要结合卫星遥感和地面调研等方式，进行“空天地”一体化的遥感监测，以便更好地服务小水电的生态环境监测。

本研究以长江经济带小水电无人机调研与监管应用实践经验为基础，发现部分河流小水电开发强度过大、规划设计不合理现象，可综合评价小水电下游河道减水、脱水状况，以及明确小水电周边地区生态环境破坏程度，无人机在小水电环境监测中具有技术实现的可行性。随着无人机技术向智能化、自动化、集成化和专业化的发展，飞行安全性能和续航时间将大幅提升，会更加便于生态环境监管的应用。未来无人机数据采集完成后现场自动化处理分析和评价将会成为可能，以推动和促进小水电及其他水利水电工程全过程管理中生态环境监管方式的深刻转变。

参考文献

[1] 朱效章，潘大庆. 国际小水电资源、开发概况及与我国的比较[J]. 小水电，2004（6）：1-10.

[2] 牛运辉. 神农架林区小型水电站建设与生态环境保护[J]. 水电与新能源，2014（12）：6-8.

[3] 梁福庆. 我国小水电开发与环境保护[J]. 小水电，2010（2）：47-49.

[4] 邹体峰，王艳芳，王仲珏. 浅析我国小水电开发中的生态环境保护问题[J]. 中国农村水利水电，2008（3）：97-98.

[5] 王新，陈武，汪荣胜，等. 浅论低空无人机遥感技术在水利相关领域中的应用前景[J]. 浙江水利科技，2010（6）：27-29.

[6] 牛君瑜，孙超江. 无人机技术在水利领域应用的探讨[J]. 海河水利，2012（5）：55-56.

[7] 刘昌军，郭良，兰驷东，等. 无人机技术综述及在水利行业的应用[J]. 中国防汛抗旱，2016（3）：34-39.

[8] 王光彦，姚坚，李登富，等. 低空无人机遥感在水利工程测绘中的应用研究[J]. 测绘与空间地理信息，2016，39（5）：113-115.

[9] 尚海兴，薛绍军，雷建朝，等. 无人机低空摄影测量技术在水电工程测绘的应用[J]. 西北水电，2015（4）：18-22.

[10] 刘艳山. 无人机低空数字摄影测量技术在丘陵、山区水利水电工程勘察设计中应用探析[J]. 收藏，2018，3：61.

[11] 唐仲南. 怎样计算小河流的水能蕴藏量[J]. 农田水利，1959（11）：29-30.

[12] 王井利，马畅，张宁. 基于遥感归一化指数的生态环境破坏和恢复能力的监测与评价[J]. 沈阳建筑大学学报（自然科学版），2018，34（4）：676-683.

[13] 国家环境保护总局，国家发展和改革委员会. 关于有序开发小水电切实保护生态环境的通知（环发〔2006〕93 号）[Z]. 2006.

浅谈小水电调查中奥维互动地图的应用

步青云[1] 周家飞[2]

（1. 生态环境部环境工程评估中心，北京 100012；

2. 中国电建集团贵阳勘测设计研究院有限公司，贵阳 550081）

摘　要：小水电多位于山区，在资料不足情况下调查小水电面临点位不清、路径不熟等问题。通过小水电调查实例介绍了奥维互动地图使用情况，分析了软件应用特点，提供了一种操作简单、实用性强的调查辅助工具。

关键词：小水电；调查；奥维互动地图

A Brief Discussion on the Application of Ovid Interactive Map in Small Hydropower Survey

Abstract：Mostly small hydropower located in mountainous areas，the investigation of these hydropower faces with unclear point location and unfamiliar path under the condition of insufficient data. This paper introduced the service condition of the Ovid interactive map on hydropower survey examples，analyzed the application characteristics of the software，and provided a survey aid tool with simple operation and strong practicability.

Keywords：small hydropower；survey；Ovid interactive map

1　引言

我国水能资源丰富，理论蕴藏量 6.94 亿 kW，居世界首位，其中小水电（单站装机容量在 5 万 kW 及以下的水电站）技术可开发量约 1.28 亿 kW。小水电在一定历史时期为解决我国边远地区特别是农村地区的能源短缺问题发挥了作用，但多年开发建设也对生态环境产生了巨大破坏，引水式开发造成坝下河段减脱水甚至干涸，无序开发等问题突出，对生态环境造成了影响。在对长江经济带小水电调查中，由于小水电多处于地形较复杂，交通不发达的山区，且缺乏相关资料，野外调查面临调查范围、对象不确定，调查路线不清等问题；现场调查需定位和标记内容较多，调查结束后需逐项核对，为解决调查对象和路线问题，提高工作效率，在调查中借助奥维互动地图开展了相关工作。

2 奥维互动地图主要功能及调查需求

奥维互动地图是一种以移动端平台为载体融合多种地图，支持地图离线下载，具备精准定位、位置分享、语音导航、轨迹记录、数据标记拍照、指南针等多种功能为一体的跨平台地图浏览器[1]，适合手机终端系统、Windows、Web 等多平台应用[2]，并具有信息检索，测量距离、面积、转角等功能，在缺乏小水电空间分布资料情况下，野外调查中使用奥维互动地图初步查找已建小水电，规划调查路线，预估调查所需时间，通过定位、测距等功能绘制小水电空间分布图，测量坝址间河道距离等。

3 小水电调查应用实践

以长江流域某支流小水电调查为例，介绍使用奥维互动地图开展辅助调查的实践工作。

3.1 电站筛选及路线规划

在电脑终端的奥维互动地图上沿目标河流进行搜索，初步筛选河道内已建小水电，根据小水电空间分布及各电站间道路情况，初步确定调查电站，规划踏勘路线，据此与相关部门核对并确定调查对象、路线。

3.2 制作 KML 文件

现场调查中，利用手机终端的奥维互动地图测定电站坐标，使用标签功能对电站进行标示，对标签进行设置，填写名称或备注，保存生成 KML 文件，通过数据管理—导入导出对象—导出对象，导出文件。

3.3 测量分析

在电脑终端奥维互动地图导入产生的 KML 文件，利用软件测距功能测量相邻电站坝址或取水口之间河道距离，并根据河道长度和电站数量计算分布密度。根据测量结果，调查河流近 7 km 河段上建设了 6 座水电站，平均 1.2 km 河段内即有 1 座电站，最近距离不足 600 m，开发密度较大，与审计部门调查情况总体一致。小水电分布见图 1。

图 1　某河小水电分布及距离

4　奥维互动地图在调查中存在的优点与不足

4.1　主要优点

奥维互动地图应用于缺乏资料情况下的小水电调查，可使野外调查准备工作中对小水电空间分布有较为直观的认识，对调查路程估算更为准确，调查路线规划能够更加合理。调查结果较准确地反映小水电区域空间分布情况，测距功能可进一步分析小水电坝址或取水口间河道距离，为统计、对照、分析提供技术手段。调查过程中定位结果与审计部门发现的情况比较，测量精确性更高。

4.2 主要缺点

在调查过程中，主要发现以下问题：一是个别小水电坝址处有植被遮挡，在奥维互动地图上不易发现，容易遗漏；二是奥维互动地图依赖移动数据网络，在手机网络信号较弱或缺失情况下无法定位；三是地图坐标总体准确，但个别时候会发生位置偏移，需通过参照点进行校核；四是软件在野外通常需下载级别较高的离线地图，占用存储空间较大，软件更新容易引起数据丢失。

5 结语

小水电多位于山区丘陵，地势崎岖且交通不便，增加了野外调查和环境监督的难度。随着信息化发展，调查和监管的手段也更加丰富，本次小水电调查中，利用了奥维互动地图发现小水电，初步掌握其空间分布，这些功能能使野外调查规划路线更加合理，提高工作效率，定位结果较为准确，核实结果具有较高的可信度，该软件也可用于未批先建和事后跟踪管理，可作为水电建设项目全过程环评管理手段的有益补充。

参考文献

[1] 王江宇，吴沙，张智禹，等. 奥维互动地图移动终端踏勘选线技术的研究与应用[J]. 技术研究，2016（6）：115-116.

[2] 李海斌，陈田庆. 奥维地图在土地整治项目野外踏勘中的应用[J]. 农业与技术，2018（38）：246-247.

数字化技术在雅砻江流域环境管理中的应用

吴世勇　杜成波　申满斌　王红梅

（雅砻江流域水电开发有限公司，成都 610051）

摘　要：为实现雅砻江流域环保水保的数字化、可视化管理，运用“3S”、无人机、移动应用、物联网等多种先进技术实现数据采集，通过研发流域环保水保管理信息系统，构建起环保水保相关实体管理对象基础信息和过程动态数据的数字化管理工具，建立了以流域基础数据模型为核心的数据中心作为多层级、多源异构、多类别数据的组织管理工具，为实现基于 3D-GIS 和 BIM 融合的三维可视化展示提供数据支撑，进而设计并开发了雅砻江流域环保水保数字化管理平台，实现了包含环境背景信息、环境监测、环保水保措施（设施）、库区环境演变趋势等的三维数字化管理与展示。

关键词：雅砻江流域；环境保护管理；数字化；管理信息系统；3D-GIS；三维可视化

Application of Digital Technologies in Environmental Management of Yalong River

Abstract：In order to achieve digitalization and visualization of environmental conservation management of Yalong River，advanced technologies such as 3S，unmanned aerial vehicles，mobile applications，and Internet are used to realize data collection，a digital tool for management of basic information and dynamic process data of environmental conservation related entity management objects is built through research and development of environmental conservation management information system，and data center with basin basic data model as its core is set up and is used as an organization and management tool for data with multi-level，multi-source，heterogeneous，and multi-category features，which can provide data supports for achieving 3D visualization display based on 3D-GIS and BIM fusion. Then，a digital platform for environmental conservation management of Yalong River is designed and developed，which has realized 3D digital management and display of environmental background information，environmental monitoring，environmental protection measures（facilities），evolution trend of reservoir environment，etc.

Keywords： Yalong River；environmental conservation management；digitalization；management information system；3D-GIS；3D visualization

1 引言

环境管理是流域水电开发过程中的一项重要工作。为避免水电工程建设、运行及移民安置对生态环境带来的不利影响，需要制订科学有效的影响减免对策措施并开展环境保护全过程管理，从而充分发挥工程的经济、社会和环境效益，促进工程区及流域生态环境的可持续发展。传统的环境保护过程管理以报告、图表为主要的数据管理和展示方式，存在数据存储不集中、信息检索与统计不便捷、共享困难、展示不直观等问题。

随着“3S”、物联网、无人机、大数据等数字化采集与分析技术和 MIS（信息管理系统）、数据中心等数字化管理技术的发展，数字化技术逐步应用到环境管理并发挥重要作用。王培培[1]探讨了数字化监测系统在大气监测中的应用；王峻[2]分析了环境信息数据库、网络平台等信息技术在城市环境保护中的应用；庞换芳和郭伟[3]构建出环保设施全过程信息化管理体系，从创建良好的信息化环境论述了实现环保设施全过程信息化管理的路径；李月华[4]依托建成的贵州省基础地理空间数据库并结合贵州省环境数据中心及其他环境业务信息系统，设计实现了基于 WebGIS 的环保监管云系统平台；曾旭和陈豪[5]分析了大数据技术在四川省环境信息化建设中的作用和应用场景；朱琦等[6]通过构建跨部门互联互通监测网络、推动数据的交换和共享等信息化手段提升了长江经济带环境治理体系精细化水平。

本文主要研究雅砻江流域“一条江”水电开发的环保水保管理[7-8]，运用“3S”、无人机、移动应用、物联网等数字化信息采集技术，通过构建流域环保水保管理信息系统、数据中心等信息数字化管理工具，设计并开发了雅砻江流域环保水保三维数字化平台，实现了雅砻江流域环保水保的三维数字化管理与展示，提升了流域水电环境管理水平。

2 流域环保水保数据采集技术

为实现雅砻江流域环保水保的数字化、可视化管理，综合运用了遥感、无人机、移动应用、物联网等数据采集技术去获取流域环保水保管理相关的基础背景信息和过程信息。

2.1 遥感

遥感技术适用于大范围流域基础地理信息数据和环保水保相关基础背景信息的采集。主要用于采集流域基础地理信息数据、环保水保措施（设施）（如分层取水、过鱼设施、鱼类增殖站）面貌、重要生态环境敏感区范围、库区植被覆盖率的变化等。

2.2 无人机

通过不同时间采集的无人机影像进行对比解译分析，可以定期获取渣场、料场、库岸边坡等重点区域水土流失防治责任范围、土壤流失情况（土壤流失面积、土壤流失量等）、各类水土保持措施（数量和分布特征状况、实施和运行情况、林草覆盖度等）、水土流失违法行为（毁林、毁草开垦，违法开垦种植农作物，向江河、水库等倾倒砂、石、土、废渣，随意取土、采石、挖砂等活动）等，图 1 展示的是通过无人机采集的某料场及其实施的混凝土挡渣墙和外侧钢筋石笼护脚工程三维面貌。

图 1　无人机采集料场及其水土保持措施面貌

2.3 移动应用

移动应用能够发挥数据移动采集的优势，主要用于移动端采集环保水保监测点、环保水保措施的地理位置等。

2.4 物联网

物联网适用于满足自动化数据采集的需求，主要用于获取环保水保设施运行监控的实时采集数据，如分层取水坝前和尾水水温的监测数据、鱼类增殖站的视频影像数据。

2.5 取样检测和区域调查

对于水环境监测（含地表水、地下水、生产废水、生活污水、饮用水水源等）、环境空气监测、声环境监测等的监测数据，通过定期在现场取样后在实验室内检测获取。

对于陆生生态（含陆生植物、陆生动物、珍稀动植物等）、水生生态（含水生生态要素、鱼类种群动态及群落组成变化、鱼类产卵场、栖息地保护效果、过鱼设施效果、增殖放流效果等）相关数据通过定期调查手段获取。

3 流域环保水保管理信息系统

3.1 功能定位

为实现雅砻江流域环保水保的数字化管理，需要构建起流域环保水保管理信息系统，实现流域环境监测点、环保水保措施（设施）等管理实体的基础信息（编码、地理位置、设计信息等）和过程动态信息的管理，从而为“以实体管理对象为信息集成与展示载体的三维数字化管理”提供业务数据管理功能，同时兼具业务统计分析功能以为决策支持提供依据。

3.2 系统功能

本文设计与开发的流域环保水保管理信息系统主要包括环保水保信息管理、系统管理、综合统计分析、移动应用等核心功能。

（1）环保水保信息管理

环保水保信息管理重点包含环境监测与调查管理、环保水保措施信息管理、运行监控信息管理等模块，用于环境监测与调查数据、环保水保措施（设施）实施过程进展数据以及运行监控数据等动态信息的管理。

其中，环境监测与调查管理包括环境质量监测（包含水环境监测、环境空气监测、声环境监测）、水土保持监测、陆生生态调查、水生生态调查、水温观测、局地气候观测、移民安置区环境监测等监测数据的管理。

环保水保措施信息管理用于环保水保措施项目设计信息、计划投资、实施进展、投资进度、实施进度过程附件（图片、视频、文档）等数据的管理。

运行监控信息管理用于分层取水、过鱼措施、增殖放流等环保设施运行数据的管理。

（2）系统管理

对环境监测的监测类型、监测项目、监测指标、监测点的编码和位置等进行管理；对环保水保措施（设施）的分类层级结构和编码等进行管理。

（3）综合统计分析

综合统计分析包括流域综合统计、监测指标统计、措施（设施）投资统计、措施（设施）运行状况统计。

其中，流域综合统计包括水质、水温监测指标在流域不同电站所属区域间的对比统计，以分析出这些监测指标在流域不同位置上的沿程变化。

监测指标统计为流域各梯级电站内地表水、空气质量、噪声、水温、地下水、局地气候和移民安置区等环境监测数据指标按照监测点、监测时间的统计（见图 2）。

图 2　流域环保水保信息管理系统 PC 端

措施（设施）投资统计可以实现按照时间对环保水保措施（设施）投资金额进行统计。

措施（设施）运行状况统计可以实现包括分层取水、过鱼措施、增殖放流等的运行监控数据按照时间的统计。

（4）移动应用

通过移动端系统的开发，用户可以随时随地查看环境质量监测信息、环保水保设施运行监控信息，并通过系统对超标数据的报警，随时了解并及时处理超标问题（见图 3）。

< 关闭 水环境监测 •••

< 当前水电站：锦屏二级 切换 ∨

水环境监测 地表水

期数 2009-01地表水环境监测

查 询

查询结果

点位：子耳沟口下游0.5km

监测日期	2009-01
pH值(6-9)	7.33
总磷(≤0.1)	0.056
溶解氧(>6)	10.67
生化耗氧量(≤3)	1.3
石油类(≤0.05)	未检出
粪大肠菌群(≤2000)	3500↑
悬浮物(/)	46
总氮(≤0.5)	0.709↑
高猛酸盐指数(≤4)	0.93

点位：麻哈渡大桥

监测日期	2009-01
pH值(6-9)	7.28
总磷(≤0.1)	0.087
溶解氧(>6)	11.39
生化耗氧量(≤3)	0.9

图 3 系统移动端

4 流域环保水保三维数字化管理和展示

4.1 数据中心

（1）流域基础数据模型

除环保水保业务管理数据外，实现基于 3D-GIS 和 BIM 融合的雅砻江流域环保水保三维数字化管理，还需要流域基础地理信息数据、工程三维模型数据以及来自其他业务管理系统的数据，具有来源多、类型多、种类多等特点，需要构建起一个面向全流域多电站的环保水保实体管理对象的多层级、多主题、多源、异构数据的管理模型（即流域基础数据模型[9]）进行数据的高效组织。

服务于流域环保水保三维数字化管理的流域基础数据模型，内容主要包括流域各实体管理对象的范围与分类、层级结构关系和编码规则等。

①流域实体管理对象范围与分类

从流域水电工程建设项目全业务、全过程信息集成管理及信息向运行期传递的需求分析出发，流域实体管理对象既包含流域各水电工程建设项目的工作分解结构（WBS），又包含环境保护与水土保持等专题管理对象，以及水电站运行生产管理的 KKS（电厂标识系统）编码体系。

②流域实体管理对象层级结构设计

根据流域基础数据模型中与环保水保相关的流域实体管理对象的范围与分类，其层级结构可以从 GBS（Geography Breakdown Structure，地理分解结构）、PBS（Plant Breakdown Structure，电厂分解结构）、ABS（Administrative Division Breakdown Structure，行政区划分解结构）几个维度分别进行层级划分，即从地理空间的角度和物理实体逻辑位置关系或者构成关系的角度、行政管理区划的角度进行层级分解（见图 4）。

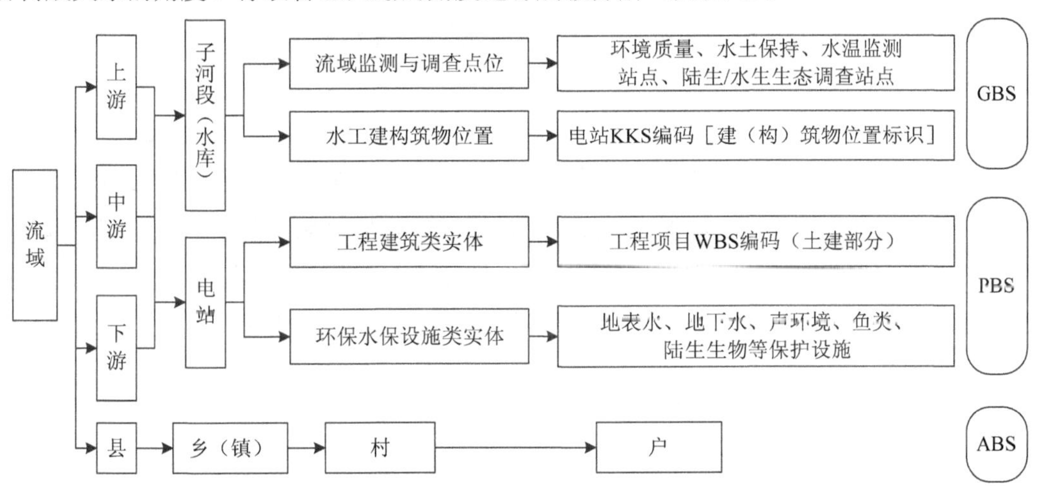

图 4　与环保水保相关的流域实体管理对象层级结构

其中，GBS 部分主要包括流域上游、中游、下游各个河段中的流域监测与调查点位、水工建（构）筑物位置；PBS 部分主要包括流域上游、中游、下游各个电站中枢纽区的工程建筑类实体、环保水保设施类实体等；ABS 部分主要包括流域水电工程项目周边范围内的县、乡（镇）、村等行政区划。

③流域实体管理对象编码规则

目前，工程项目 WBS 以及电站 KKS 等编码体系已广泛使用，然而已有的编码体系尚不具备满足全寿期信息管理及关联的条件。综合考虑上述问题，流域实体管理对象编码规则须充分考虑已有编码体系在各源应用系统的使用，尽量保持与原编码体系的兼容性，在原编码体系的基础上进行补充，形成满足全流域全层级全周期管理需要的流域对象编码规范。

a. 对于尚未有规范的系统编码规则的对象：流域实体管理对象的编码规则为：前缀+类别码+流水码（数字流水码）。

b. 对于已有明确规范的系统编码规则的对象，如工程项目 WBS 以及电站 KKS 等编码对象：流域实体管理对象的编码规则为：前缀+类别码+实例码（如 WBS 编码或 KKS 编码）。

上述两种情况中，前缀为父级对象实例编码，类别码为上级类别码+本级类别补充码，如属于流域监测点位下的环境空气监测站，则其类别码为 RRBM-AR，两河口水电站环境空气测站 001 的编码为 YLR-M-RRB-LHHP-RRBM-AR-001[即雅砻江流域-中游-子河段（水库）-两河口水电站-流域监测与调查点位-环境空气测站-001 号]。

（2）数据中心的设计

面向雅砻江流域环保水保三维数字化管理需求的数据中心，需要包含流域基础地理信息数据库、工程三维模型数据库、结构化数据库、非结构化数据库和实时数据库等五大部分。

其中，流域基础地理信息数据库用于存储遥感、无人机获取的流域基础地理信息；工程三维模型数据库用于存储通过三维数字化设计构建的工程三维模型数据；结构化数据库用于存储流域环境监测点、环保水保措施（设施）等管理实体的基础信息，以及通过取样检测和专题调查获取的监测和调查数据；非结构化数据库用于存储各类文档、图片附件和视频影像数据；实时监测数据库用于存储通过物联网技术获取的环保水保设施运行监控的实时采集数据。

4.2 三维数字化管理与展示

（1）流域环保水保三维数字化管理平台总体架构

流域环保水保三维数字化管理平台总体架构在流域水电云基础设施的基础上，由数据管理层、业务应用层和三维展示层组成（见图 5）。

其中，数据管理层是以流域基础数据模型为核心且包含空间地理数据仓库、三维模型数据仓库和业务主题数据仓库的企业级数据中心；业务应用层是环保水保管理信息系统；三维展示层是用于统一开展流域环保水保信息三维管理和展示的三维可视化信息集成与展示平台，包含 PC 端、大屏、移动端等多种三维数字化展示媒介。

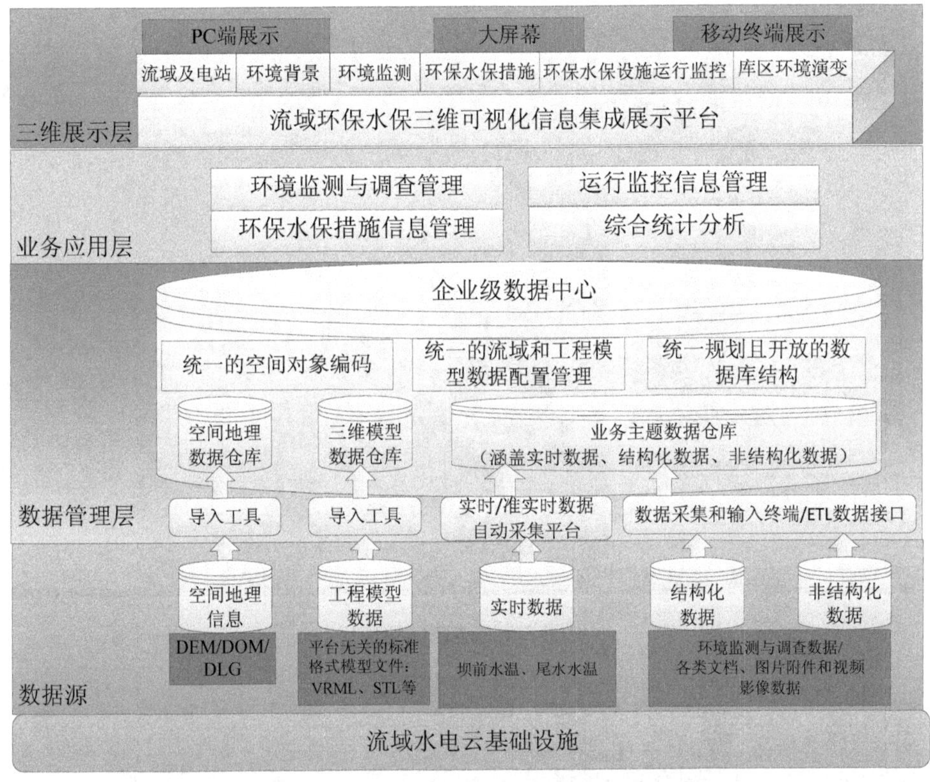

注：ETL 为数据从来源端经过抽取（extract）、转换（transform）、加载（load）至目的端；DEM/DOM/DLG 为数字高程模型/数字正射影像图/数字线划地图；VRML 为虚拟现实建模语言；STL 为标准模板库。

图 5　流域环保水保三维数字化管理平台总体架构

（2）三维数字化展示

①流域及电站信息

此功能包含三维展示流域面貌及电站位置、基础信息及面貌等（见图 6）。

②环境背景信息

此功能包含三维展示气候气象、流域支流（见图 7）、生态保护区（见图 8）、环境质量现状等。

③环境监测

此功能包含三维展示环境质量监测（见图 9）、水温监测、地下水监测等的监测点位分布和监测数据。

④环保水保措施

此功能包含三维展示环保水保措施的位置分布、面貌、设计与实施信息（见图 10）。

图 6 流域及电站信息

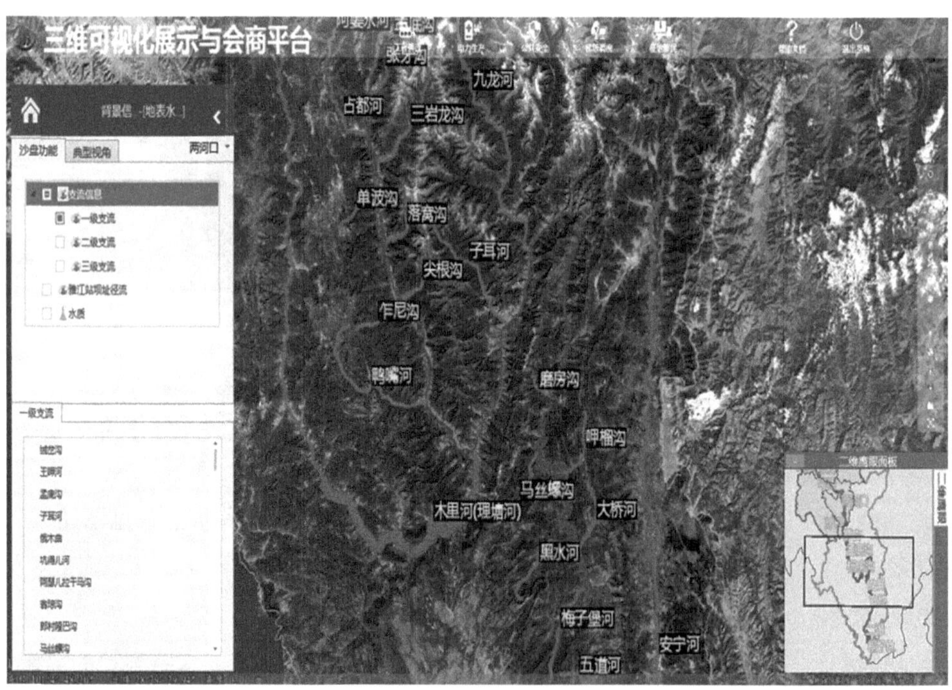

图 7 流域支流分布

图 8　重要生态环境敏感区

图 9　生产废水监测位置

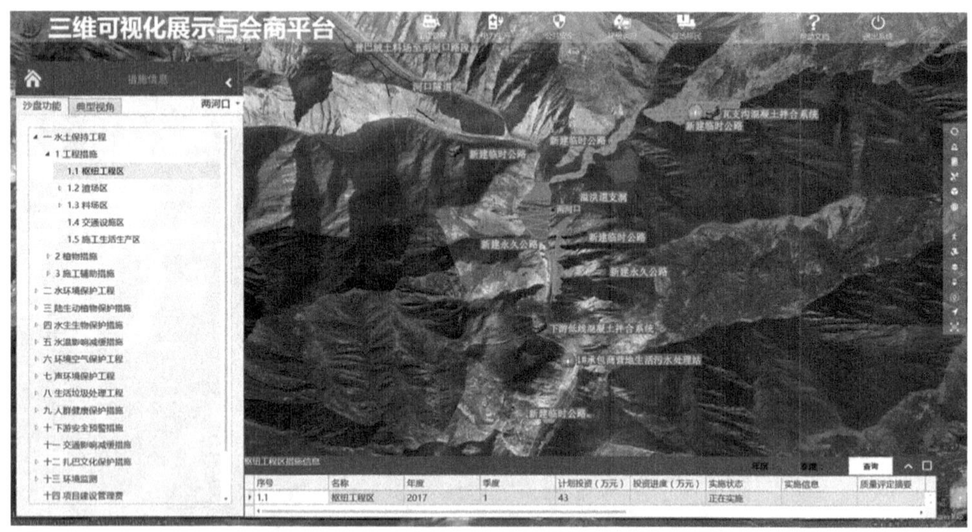

图 10　地表水环境保护措施

⑤环保设施运行监控

此功能包含三维展示分层取水（见图 11）、鱼类增殖站（见图 12）等的环保设施的运行监控信息。

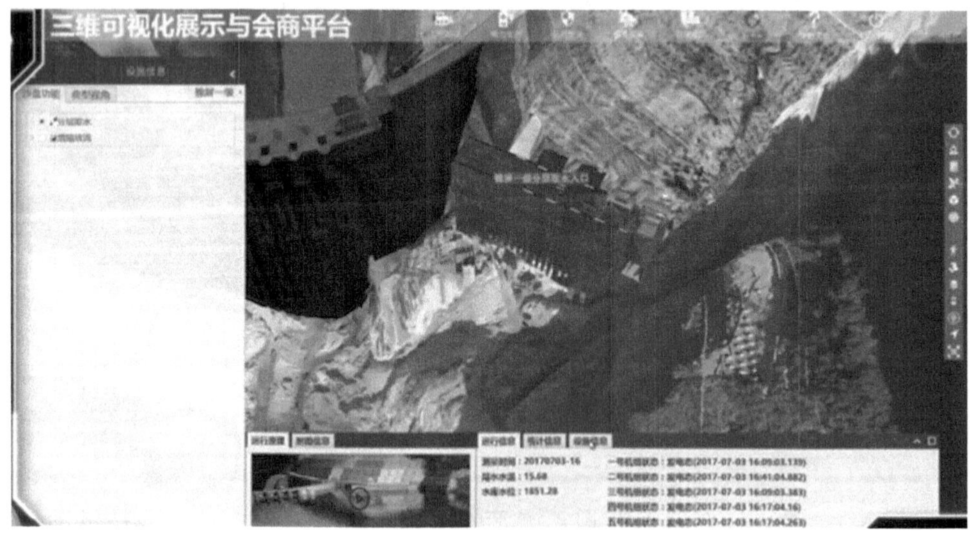

图 11　分层取水设施运行监控信息

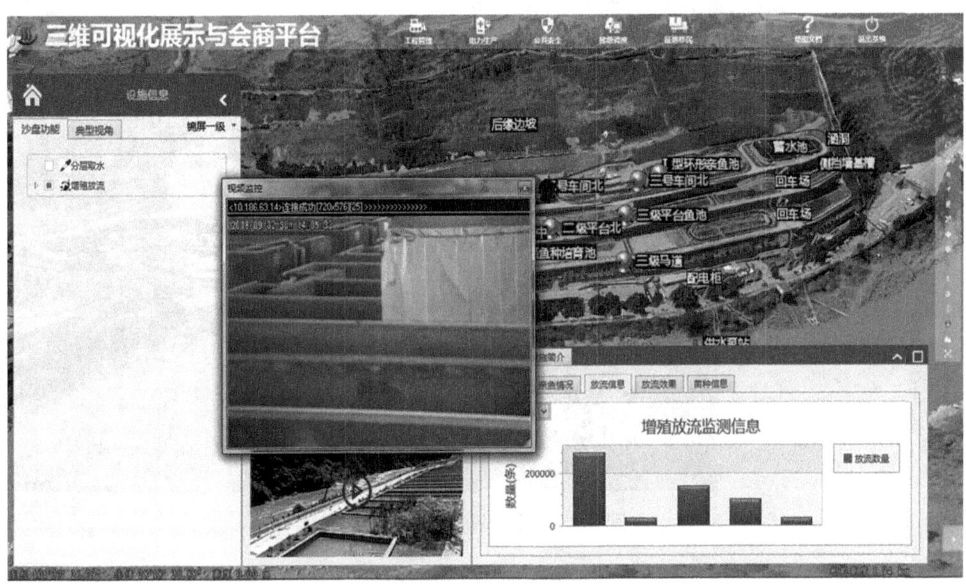

图 12　鱼类增殖放流设施运行监控信息

⑥库区环境演变趋势展示

此功能包含三维展示库区植被覆盖率的变化（见图 13 和图 14）。

图 13　库区植被覆盖度变化一

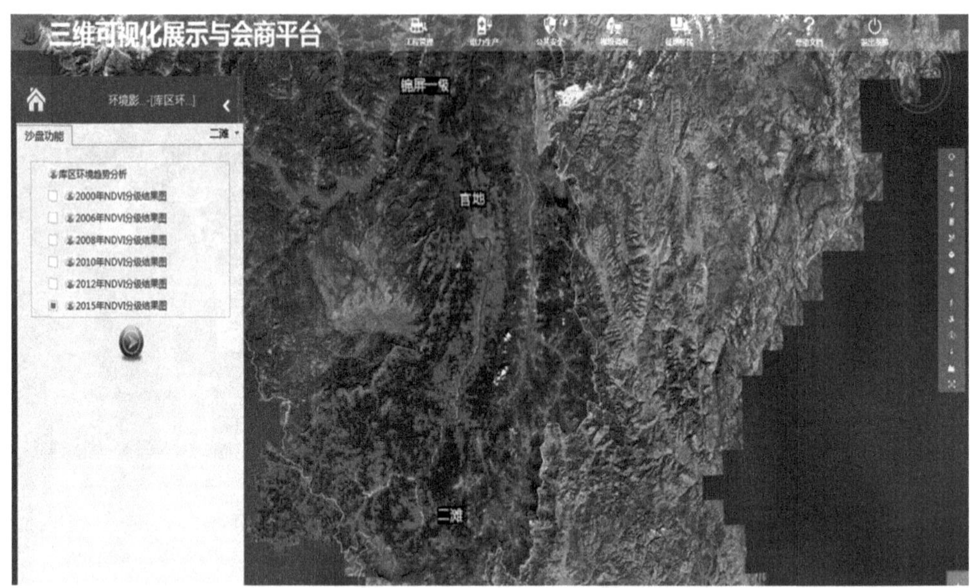

图 14 库区植被覆盖度变化二

5 结论与展望

本文分析了遥感、无人机、移动应用、物联网等多种先进的数据采集技术在环保水保相关数据采集中的应用，设计并建立了流域环保水保管理信息系统作为环保水保相关实体管理对象基础信息和过程动态信息的数字化管理工具，建立了以流域基础数据模型为核心的数据中心作为多层级、多源异构、多类别数据的组织管理工具，设计并开发了基于 3D-GIS 和 BIM 融合的雅砻江流域环保水保数字化管理平台，并开展了三维数字化管理示范应用。工程应用表明，上述数字化技术的应用能够有效改善数据存储不集中、信息检索与统计不便捷、共享困难、展示不直观等问题，有效提升了流域环境管理的水平。

同时，未来应该进一步加强遥感、无人机、移动互联、图像识别分析等技术在环保水保领域的深化应用。如利用遥感图像数据自动对比分析区域水质的变化，利用无人机采集图像数据自动快速对比分析水土保持措施的进展和效果的改变，以及利用移动互联随时随地上传现场环保水保监督检查的图像等。

参考文献

[1] 王培培. 数字化监测系统在大气监测中的应用[J]. 环境与可持续发展，2015，40（5）：67-68.

[2] 王峻. 试论信息技术在环境保护领域的具体应用及信息化建设现状[J]. 科技风，2016（22）：77.

[3] 庞换芳，郭伟. 基于环境治理目标的环保设施全过程信息化管理实现路径研究[J]. 天津城建大学学报，2017（4）：291-295.

[4] 李月华. 基于 WebGIS 的环境监管云平台设计与建设[J]. 测绘与空间地理信息，2017（1）：121-124.

[5] 曾旭，陈豪. 大数据环境下四川省环境信息化建设的思考[J]. 四川环境，2018，37（1）：129-131.

[6] 朱琦，周军，宋旭娜. 以信息化手段助推长江经济带环境管理精准化的思考[J]. 环境保护，2018，46（5）：47-50.

[7] 陈云华. “一条江”的水电开发新模式[J]. 求是，2011，30（4）：32-33.

[8] 吴世勇，王红梅. 加速雅砻江流域水电开发 促进地区环境与经济协调发展[J]. 水力发电，2011，37（4）：5-8.

[9] 吴世勇，杜成波，申满斌，等. 基于流域基础数据模型的水电项目数字化管理[J]. 计算机工程与设计，2018，39（6）：1795-1801.

流域水电工程生态环境保护管理信息化技术应用研究

徐劲草　孙大东　詹晓敏　周湘山　周　杰

（中国电建集团成都勘测设计研究院有限公司生态环保工程分公司，成都 611130）

摘　要：随着国家对生态环境保护工作的日益重视，在云计算、大数据、物联网等信息技术飞速发展的背景下，采用信息化手段实现流域水电工程生态环境保护管理十分有必要。以某流域信息化系统为例，探讨了无人机三维建模、卫星遥感、在线监测等新技术以及“三同时”管理、环境应急、智能预警等新型管理方式在流域水电工程生态环境保护信息化管理中的应用。通过上述技术的应用，实现数据信息化、决策智能化、管理可视化，满足流域环境保护工作的实时监控与智能管控要求，进一步发挥流域环境保护信息管理效能。

关键词：流域；水电工程；环境保护；信息化

Application Study on Information Technology of Eco-environmental Protection Management in River Basin Hydropower Project

Abstract：With China's increasing emphasis on eco-environmental protection，in the context of the rapid development of information technology such as cloud computing，big data，and Internet of Things，it is necessary to use information technology to realize eco-environmental protection management of river basin hydropower projects. Taking a basin information system as an example，this paper discusses the application of new technologies such as UAV three-dimensional modeling，satellite remote sensing，on-line monitoring，and new management methods such as "three simultaneous" management，environmental emergency，intelligent early warning in the eco-environmental protection information management of river basin hydropower projects. Through the application of these new technologies，data informatization，decision-making intellectualization and management visualization can be realized to meet the requirements of real-time monitoring and intelligent management of watershed environmental protection，and these new technologies will further develop the effectiveness of environmental protection information management in river basins.

Keywords： river basin；hydropower project；environmental protection；informatization

1 引言

党的十八大以来，党中央提出了系列治国理政新理念、新思想、新战略，要求加大创新力度，加快推进能源革命，以绿色低碳为方向，分类推动技术创新、产业创新、商业模式创新。国家层面大力推动信息化引领全面创新，构筑国家竞争新优势，在“十三五”规划中提出建设“美丽中国信息化”。另外，行政主管部门对环保的监督检查日趋严格，中央环保督查力度前所未有，环评审批不再作为项目前置条件，环保水保行政验收改为业主自验，企业环保责任和风险增大，水电开发企业急需创新环保管理手段，以全面、高效地做好环保管理工作。

流域水电工程具有范围广、分布分散、生态环境影响范围较大等特点，传统监管手段难以有效实施监管。随着云计算、大数据、物联网、移动终端、人工智能、虚拟现实、增强现实等一大批新兴技术层出不穷，建设风险识别自动化、决策管理智能化的新型管理模式的智慧企业成为可能，应该以信息化技术手段的革新去满足社会机构和广大群众对环境质量不断改善和提高的需求。

2 流域水电工程生态环境保护管理信息化系统介绍

流域水电工程生态环境保护管理信息化系统通过对流域环境监测、管控数据的采集、存储、分析与管理，实现流域内水电工程规划阶段、（预）可研阶段、建设阶段、运行阶段及后评价阶段的全生命周期管理，满足流域环境保护工作的实时监控与智能管控要求，实现数据信息化、决策智能化、管理可视化，提高流域全方位管理的能力。

2.1 系统架构

流域水电工程生态环境保护管理信息化系统由前端感知层、基础设施层、数据接口层、数据存储层、业务支撑层、业务应用层、智慧展现层组成，系统架构见图 1。

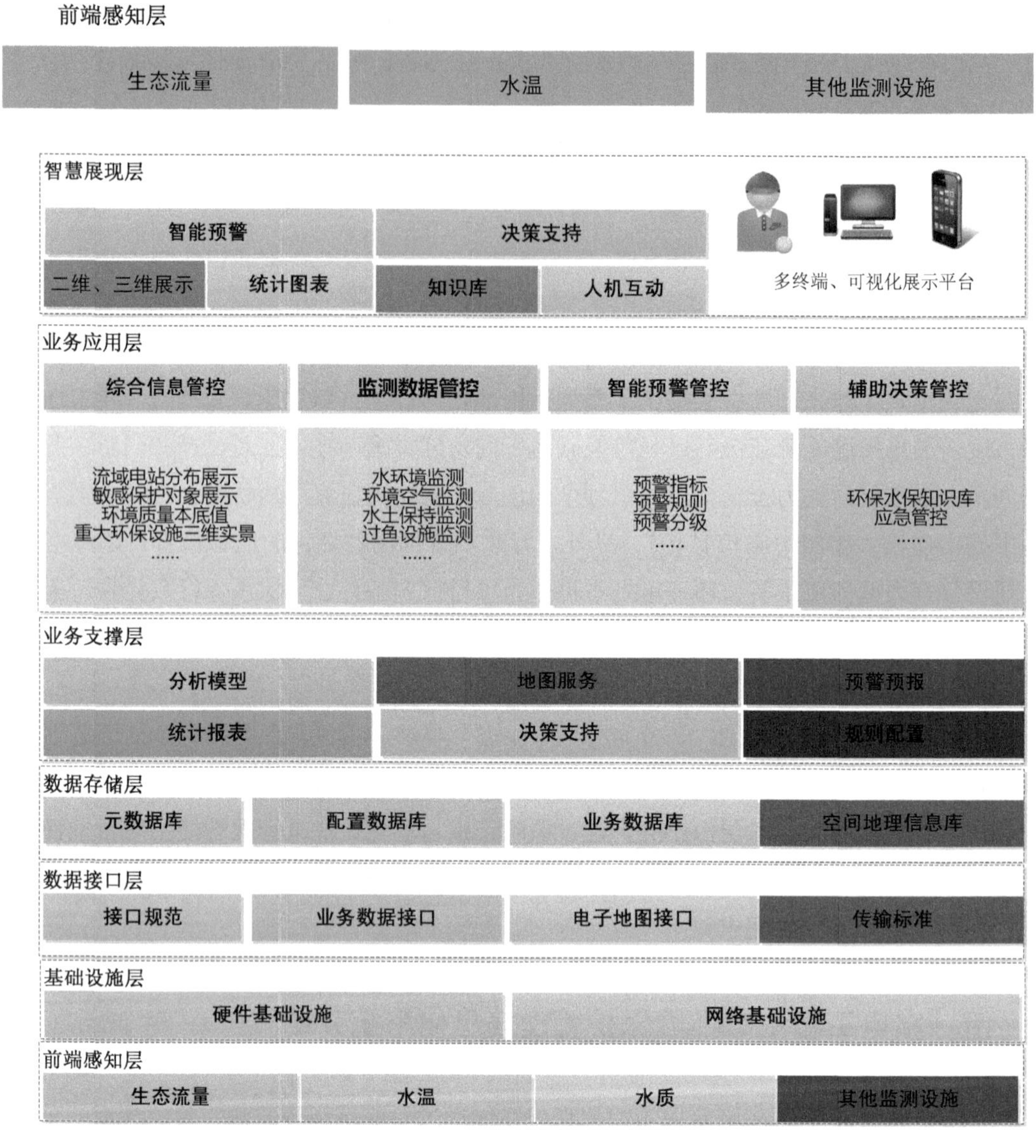

前端感知层

生态流量　水温　其他监测设施

智慧展现层
智能预警　决策支持
二维、三维展示　统计图表　知识库　人机互动
多终端、可视化展示平台

业务应用层
综合信息管控　监测数据管控　智能预警管控　辅助决策管控
流域电站分布展示 敏感保护对象展示 环境质量本底值 重大环保设施三维实景 ……
水环境监测 环境空气监测 水土保持监测 过鱼设施监测 ……
预警指标 预警规则 预警分级 ……
环保水保知识库 应急管控 ……

业务支撑层
分析模型　地图服务　预警预报
统计报表　决策支持　规则配置

数据存储层
元数据库　配置数据库　业务数据库　空间地理信息库

数据接口层
接口规范　业务数据接口　电子地图接口　传输标准

基础设施层
硬件基础设施　网络基础设施

前端感知层
生态流量　水温　水质　其他监测设施

图 1　流域水电工程生态环境保护管理信息化系统总体架构

流域水电工程生态环境保护管理信息化系统借助物联网、云计算、大数据等前沿信息技术，以数据为中心，通过前端感知层实现对生态流量、水温等环保数据的获取，并通过数据接口层实现流域内其他信息系统的数据接入和交换，经过业务支撑层对数据的分析和处理，实现业务应用层的各业务最终采用地图、统计报表、三维 GIS 等展示方式在智慧展现层进行表现。系统架构内各层级功能组成如下：

（1）前端感知层：借助物联网及智能传感技术，实现对电站运行期水温、生态流量及施工期水环境、大气环境、噪声等环境要素的监测，将数据接入本系统。

（2）基础设施层：包括硬件基础设施和软件基础设施，如服务器、操作系统等。

（3）数据接口层：通过统一数据接口层获取各类数据，包括流域内其他信息系统业务数据、各建设项目的业务数据、地图应用的数据等。

（4）数据存储层：包含元数据库、空间数据库、业务数据库等。

（5）业务支撑层：通过引用分析模型、地图服务、预警预测、决策支持等系统功能组件，对实现系统功能与完成相关业务提供支撑。

（6）业务应用层：实现综合信息管控、监测信息管控、智能预警管控、辅助决策管控等系统业务。

（7）智慧展现层：依靠统计报表、地图查询、GIS 平台展示等功能的运用，通过分级预警预测和决策支持，建立支持多终端、可视化的管控平台。

2.2 系统功能

根据流域水电工程生态环境保护特点与管理需求，将系统功能划分为综合信息管控、监测数据管控、智能预警管控与辅助决策管控 4 个模块。各模块功能见表 1。

表 1 流域水电工程生态环境保护管理信息化系统功能描述

序号	功能模块	功能描述	功能项
1	综合信息管控	管理流域环境概况、环境敏感对象、重要生态环境保护措施分布等信息	（1）流域电站梯级分布 （2）敏感保护对象与工程占地区的区位关系 （3）环境质量本底值 （4）重点区域视频监控展示 （5）重点区域实景三维模型展示 （6）危险废弃物信息综合展示 （7）环境保护、水土保持变更情况 （8）行政部门监督检查情况 （9）相关税、费缴纳情况 （10）工程环保水保文档资料库
2	监测数据管控	（1）统计分析相关环境保护监测数据 （2）管控环保水保措施“三同时”落实情况	（1）水环境监测 （2）环境空气监测 （3）声环境监测 （4）水土保持监测 （5）过鱼设施、鱼类增殖站监测 （6）陆生、水生生态监测 （7）重点项目“三同时”实施进度监测

序号	功能模块	功能描述	功能项
3	智能预警管控	对“三同时”实施进度和生态环境监测数据进行预警，可设置预警方式、预警规则和报警联系人等信息，对各管控指标预警信息进行分级推送	（1）监测数据预警 （2）“三同时”预警 （3）趋势预警
4	辅助决策管控	（1）建立环境保护知识库 （2）为环境保护智能管控及环境突发事件提供决策参考	（1）环保水保知识库 （2）环境应急管理

2.2.1 综合信息管控

综合信息管控模块主要实现以下功能：

（1）流域电站梯级分布情况及各电站基本信息查询展示；

（2）珍稀保护动植物、自然保护区、风景名胜区、水源保护地、重要文物保护单位、生态红线以及工程区河段鱼类“三场”分布等数据的查询展示；

（3）重要生态环境保护措施实景三维模型展示及重点区域视频监控展示；

（4）工程环保水保文档资料、环保水保变更情况、上级检查情况等信息展示与管理。

展示功能是综合信息管控模块的重点。展示功能基于二维、三维 GIS 界面，在地图上整合流域电站各种信息。其中，流域电站梯级分布、敏感保护对象等信息均在 GIS 底图上以图形的形式叠加显示，通过点击相应图形或标签，可弹出相关图片、文字、视频及统计数据、图表等。对已建成的重要环境保护、水土保持措施或环保水保工作亮点，采用无人机倾斜摄影技术及三维重建软件，建立实景三维模型，以 WebGL 网页形式展示，具备旋转、缩放及长度、面积测量功能。

2.2.2 监测数据管控

监测数据模块主要包括水环境、环境空气、声环境保护措施、生活垃圾及固废处理措施、水土保持措施、过鱼设施、鱼类增殖站、陆生生态和水生生态等环保水保措施的落实情况及运行效果查询展示，以及重点项目“三同时”实施进度管控。

以水环境监测为例，该功能在流域电站梯级分布图的基础上，展示该梯级的水环境监测断面和点位的数量和分布，并对某梯级电站具体的地表水质监测断面、污染物排放监测点位、生态流量监测点位和水温监测点位进行详细展示，对各断面的监测数据以图形和表格方式进行展示，实现水环境监测数据的统计分析和历史监测数据的查询等功能。

2.2.3 智能预警管控

对预警项目（生态环境监测数据和“三同时”实施进度）、预警方式、预警规则和报警联系人等信息进行设置和管理，对各管控指标预警信息进行分级推送。

（1）预警指标

结合环保水保相关法律法规、政策文件及项目特点，设计预警指标，包括水环境、环境空气、声环境、水土保持等监测数据是否超标、“三同时”滞后项、环境事件数量等。

（2）预警规则

本系统采用分级预警机制，按超出预警阈值的指标项，根据超出阈值的程度，划分预警等级：白、黄、橙、红 4 级预警。对“三同时”实施进度和生态环境监测数据，分别采用不同的预警标准和模式，其预警标准采用国家标准值，或按各项目设置实际预警标准。

（3）预警方式

系统预警方式有平台界面通知、短信通知、微信通知等，通过不同的预警方式及预警级别，将预警信息第一时间送达相关责任人。

2.2.4 辅助决策管控

该模块主要包括环境保护知识库及应急管控功能，提供环保水保法律法规、技术标准、政策文件、典型做法及经验教训等信息查询以及环境应急预案、环境风险源、应急资源等应急信息查询展示，为水电工程日常环境管理和环境应急管控提供决策支持。

3 高新技术应用及研究

在流域水电工程生态环境保护管理信息化系统建设中，采用了多项新技术及新管理手段，如卫星、无人机的新型数据获取方式，二维、三维融合的展示方法以及“三同时”管理等新管理手段，通过新技术的应用，增强了系统功能，提升了管理能力。

3.1 数据获取技术方法研究

3.1.1 卫星及无人机 GIS 基础数据获取

基础数据的实现主要体现在空间数据的获取、三维数据的建模和三维数据管理方面。为实现三维信息化平台的开发和建设，平台采用了大尺度范围以遥感卫片和数字高程模型为底图（遥感卫片贴合于数字高程模型上），核心研究区域采用无人机倾斜摄影三维重建模型，经过控制、纠正、数据转换等工作后融合于地理信息底图大模型之中的方式。

这样的优势体现在，核心研究区域三维模型精度更高，三维模拟效果更好，浏览展示的视觉效果更突出。

3.1.2 多源监测数据集成

系统可接入水温、生态流量等在线监测数据，也可录入人工监测数据。对于在线监测数据，系统可通过 GSM（Global System for Mobile Communications，全球移动通信系统）、GPRS（General Packet Radio Service，通用分组无线服务技术）、3G/4G、卫星等方式，直接接收前端监测设备的监测数据，也能以接口的方式与已建在线监测系统对接。对于人工监测数据，系统提供录入界面或数据导入功能。系统对接入、录入或导入的数据进行数据清洗，对数据中的缺失值、异常值进行分析校验，并进行自动修正和人工修正。清洗后的“干净”数据存入数据库。

针对可能出现的数据录入错误与监测数据存在的缺失、异常值，在数据清洗过程中，通过数据分析，制订相应的数据清洗转换规则，可将大部分的错误、缺失、异常值转换和处理至符合要求。如某个探头，一年 365 天的温度值都是同一个值，则通过数据清洗规则的制订，可发现此异常，并按相应规则进行处理。在制订好数据清洗转换规则后，大部分数据清洗由系统自动完成，无须人工干预。少数无法自动处理的数据，由系统提示，人工进行处理和修正。监测数据处理流程见图 2。

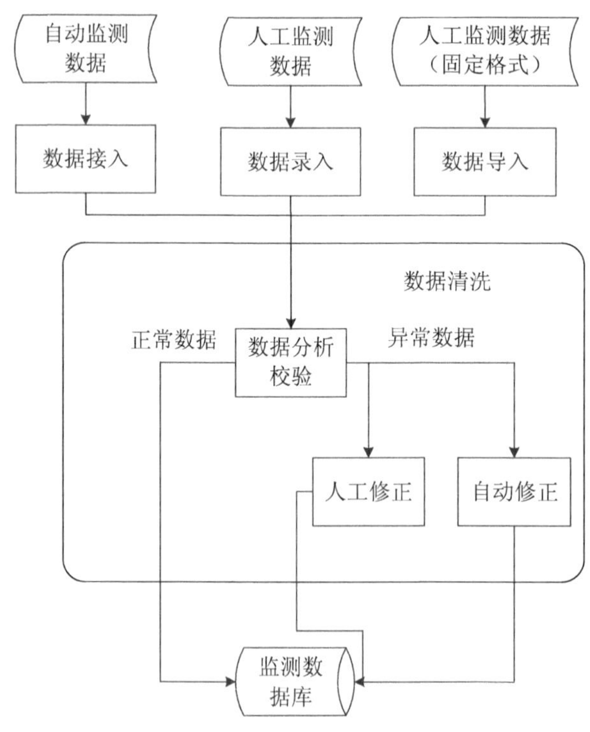

图 2 监测数据处理流程

3.1.3 生态调查与动态监测

系统构建了陆生植被生态环境监测数据库，集成了遥感定量反演模型和算法，为陆生植被动态监测提供技术支撑。

建立不同植被种类的监测指标体系，利用高精度无人机遥感进行高光谱影像和高分辨率影像的数据采集，实现高空间分辨率、高光谱分辨率、高时空分辨率的观测能力，结合特定植被监测指标进行不同植被类型的遥感定量反演模型和算法的探索，建立自主研发的模型和算法，并通过深度学习完善影像分类、解译技术，实现陆生植物监测的自动化、精准化、实时化。

同时根据生态敏感区陆生植物的动态变化情况，需要获取多频次、长时序的监测数据，利用高精度无人机遥感技术开展多期监测，分类、解译获取陆生植物特定种类的数量、分布和覆盖度等指标，结合实景三维模型、资料收集和野外实地调查，开展生态敏感区陆生植物动态监测，定量分析陆生植物的动态变化情况。

3.2 二维、三维融合展示方法研究

常规地理信息系统主流方式是采用二维数据构架的。二维展示是基于点、线、面的抽象符号，不能自然立体地呈现出表达效果。而本系统则采用二维、三维数据融合的构架。可以自由在二维和三维浏览方式或界面之间切换。

采用三维数据构架后最突出的问题是：三维地理数据的多语意性、多时空性、多尺度性、获取手段多样性、存储格式的不同、数据模型与数据结构的差异性等方面被放大，导致多元数据的产生，给数据的集成和信息共享带来困难。而三维信息化数据平台的开发，最大的数据处理工作量就是二维、三维数据的融合。

本系统把依附在二维构架的卫星影像、地形、矢量数据、在线监测传感器数据、在线视频数据和文本数据等全部统一转换为三维数据格式或者采用三维表达方式进行展现，同时融入了倾斜摄影三维地理重建数据和三维设计构建的模型数据。使得全部数据可以逼真、流畅地加载和运行。

3.3 创新管理手段研究

3.3.1 基于“三同时”的环水保工程管理

将水电工程环保水保重点项目的施工进度明细数据（包括工程部位、施工类型、施工单位、开工完工时间、投入运行时间等），与环评报告、水保方案报告及行政主管部门要求的进度节点进行对比分析，对“三同时”实施情况与进度进行管控。功能设计见表 2。

表 2 “三同时”实施进度管控功能设计

序号	功能点	功能说明
1	水生、陆生保护措施建设进度及运行管理信息查询	统计环保水保重点项目的水生、陆生保护措施建设进度数据，显示对应的施工类型、施工单位、开工完工时间、投入运行时间等信息，包括文本、数据表格和图片等展示形式
2	污废水处理措施建设进度及运行管理	统计环保水保重点项目的污废水处理措施建设进度数据，显示对应的施工类型、施工单位、开工完工时间、投入运行时间等信息
3	统计分析结果展示	展示各类环保工程和环保措施实施进度及运行管理等信息与环评报告、水保方案报告及行政主管部门要求的进度节点进行对比分析的结果

3.3.2 环境应急管理

系统对应急预案、环境风险源、应急资源、应急预案演练等信息进行数字化管理。在环境突发事件发生时，能以人机交互的可视化方式及时调阅事件发生地附近的应急资源及相应联系人、应急响应流程、应急处置措施等信息，形成环境应急辅助决策能力。功能设计见表 3。

表 3 环境应急管控功能设计

序号	功能点	功能说明
1	应急预案及演练信息查询与浏览	梯级电站环境突发事件应急预案、风险评估报告、应急资源调查报告及备案手续、演练记录的查询和浏览
2	环境风险源查询展示	展示梯级电站环境风险源分布情况，包括风险源类型、最大储量、是否属于重大危险源等
3	应急资源查询展示	展示梯级电站内、外部应急资源的分布情况，点击应急资源储备点，可弹出气泡窗口，展示应急资源种类、数量等信息
4	应急负责人	展示应急负责人的应急职责、姓名、企业职位、联系方式等信息

环境应急管理采用真三维界面，在日常管理中，可以在三维风险源专题图中查询风险源名称、最大储量、是否重大危险源、事故处置方式等信息。环境突发事件发生时，可在三维界面中查询事件发生地附近的应急资源、应急处置措施等信息，以利于有效决策与及时处置。

3.3.3 智能预警管控

（1）监测数据预警

系统对监测数据采用分级预警机制，预警分级设定白色、黄色、橙色、红色 4 级，其预警值主要采用国家标准值或按实际项目情况进行设置。在环境监测数据达到或超过相应阈值时，系统自动发出预警信息，并通过本系统界面通知及短信、微信等方式通知相关责任人员及时处理。各预警信息按不同级别分层发送，不同层级的预警信息发送给对应部门和责任人。通过分级预警机制，可第一时间发现监测值可能的超标状况，将可能发生的环境污染事故消灭在萌芽状态。

（2）“三同时”预警

“三同时”预警采用分级预警机制，根据“三同时”实施进度与进度计划之间的偏差，将预警分级设定为白色、黄色、橙色、红色 4 级，不同层级的预警信息发送给对应部门和责任人（见表 4）。分级预警机制可保证环保工程措施的实施进度，落实环保措施。

表 4 “三同时”预警分级标准及预警信息发送方式

预警级别	分级标准	预警信息发送方式
白色预警	实际实施进度滞后计划进度，或关键节点实际进度滞后，出现偏差，但偏差值小于最大允许延误值	所在电站相关管理机构和责任人
黄色预警	关键节点实际进度滞后，出现偏差，但偏差值超过最大允许延误值但小于总时差，或偏差值超过黄色预警标准	所在电站相关管理机构和责任人
橙色预警	关键节点实际进度滞后，出现偏差，偏差接近总时差，或偏差值超过橙色预警标准	所在电站相关管理机构、流域管理机构和相关责任人
红色预警	关键节点实际进度滞后，出现偏差，偏差超过总时差，或偏差值超过红色预警标准	所在电站相关管理机构、流域管理机构和相关责任人

（3）趋势预警

系统定期对数据库内的环境监测数据、“三同时”实施数据进行分析，当发现一段时间内某监测指标有恶化趋势（如某项污染物指标虽未超标，但近几次监测值有增加趋势），或“三同时”实施进度可能发生偏差（如某环保工程进度虽未超出设定阈值，但明显偏慢），系统将自动向预设的机构和人员发送预警信息，便于提前采取措施，避免发生超标情况。趋势分析方法存放于规则库中，可进行编辑、修改。

3.3.4 智能辅助决策

系统采用环境知识库的方式构建环境问题辅助决策系统。知识库基于环境问题的典型案例及处理方法，并整合本流域及其他流域水电工程环境问题处理的案例。知识库按环境问题—处理方式—处理效果的结构进行构建，以交互式方式向用户展现。

当发生某个环境问题时，用户可在知识库中对环境问题进行查询，系统可自动搜索与用户问题最接近的案例，并向用户展示，便于用户找到类似问题的处理方式和处理效果，为处理当前问题做出参考。环境问题处理完毕后，用户可以向知识库中增加当前案例。经过一段时间的运行，知识库日渐丰富，将大大提升环境问题辅助决策能力。

4 展望

在云计算、大数据、物联网等信息技术飞速发展的背景下，采用信息化手段实现流域水电工程生态环境保护管理，并引入卫星、无人机、物联网等新技术及创新管理手段，不仅能够提升水电工程业主的生态环境保护管理水平，减缓水电工程开发对生态环境的影响，还能服务于环保水保监管部门，支撑流域水电工程生态环境保护工作事中、事后监管，提升流域环境监测与管控能力。信息化系统的建设符合当前流域生态环境保护形势和要求，具有广阔的应用前景。

多维动态数据采集融合及三维模拟技术与应用

——以黄河某水利工程环境影响评价为例

申景芳[1] 张 迪[1] 田开迪[1] 秦 奋[2] 王海鹰[2] 潘自武[2] 王珏璠[2]

（1. 黄河水资源保护科学研究院，郑州 450003；2. 河南大学环境与规划学院，开封 475000）

摘　要：多维动态数据采集融合及三维模拟技术能有效提升水利工程环境影响评价的效率和精度。利用无人机 LiDAR 及光学遥测技术、探地雷达、全数字摄影测量系统和激光三维扫描仪等，建立了支撑黄河地质地貌环境数据采集、交换和传输技术体系，实现了多源、异构数据的多维动态采集、传输和汇集。在此基础上，结合三维可视化建模分析技术，完成了高精度三维地貌景观构建、水位淹没、泥沙淤积等三维动态模拟，精确、直观地模拟分析了水利工程对地质地貌景观环境的影响程度。将本技术应用于黄河某水利工程环境影响评价，研究结果表明：该三维可视化模拟技术效果直观逼真、环境影响评价精确，为水利工程环境淹没影响研究提供了辅助决策和分析平台。

关键词：环境影响评价；多维动态；数据采集融合；三维可视化

Multidimensional Dynamic Data Acquisition Fusion and 3D Simulation Technology and Application

— An Example on the Environmental Impact Assessment of a Water Conservancy Project in the Yellow River

Abstract: Multi-dimensional dynamic data acquisition fusion and 3D simulation technology can effectively improve the efficiency and accuracy of environmental impact assessment of hydraulic engineering. This paper uses the drone LiDAR and optical telemetry technology, ground penetrating radar, all-digital photogrammetry system and laser 3D scanner, established a technical system for collecting, exchanging and transmitting geological environment data of the Yellow River, realizing multi-dimensional dynamic collection, transmission and collection of multi-source and heterogeneous data. On this basis, combined with the three-dimensional visual modeling and analysis technology, the three-dimensional dynamic simulation of high-precision three-dimensional landscape construction, water level submersion and sedimentation is completed, and the impact degree of hydraulic engineering on the geological environment is analyzed accurately and intuitively. Apply this technology to an environmental impact assessment of the Yellow River Conservancy Project. The results show that the three-dimensional visualization effect of this technology is intuitive and realistic, and the environmental impact assessment is accurate. It provides an auxiliary decision-making and analysis platform for the study of the impact of the flooding environment.

Keywords: environmental impact assessment; multidimensional dynamic data; acquisition fusion; 3D visualization

1 引言

多维动态数据采集融合是行业管理应用的不断深化，对信息化提出了更高的要求，需要空间位置、属性和表现形式直观丰富的多媒体数字图像等多源数据融合，应运而生的数据采集融合技术体系，在移动 GIS（地理信息系统）数据采集系统[1]和中国北斗卫星导航系统（BeiDou Navigation Satellite System，BDS）[2]中，已有一定程度的应用。随着近年来数据外业采集手段和方法日益增多，设备和技术原理各不相同，所采集的数据内容和质量也有较大差别[3]，因地制宜地采用多源数据融合技术，加强数据采集效率，以保障工程建设顺利推进和高效运行。

三维模拟可视化是地理信息系统和虚拟现实技术相结合的研究，是目前的热点和前沿方向之一。它是用于描述和展示地下及地面诸多地理空间现象特征的一种工具，广泛应用于地学领域。一些开发成熟的平台，比如海洋环境模拟系统[4]、城市规划系统等都已经取得了相当不错的效果。足以看出，三维模拟可视化是描绘和理解模型的一种手段，是数据体的一种表征形式，可为三维淹没分析提供技术支撑。三维 GIS 的研究是当前 GIS 领域的研究热点和难点，国内外许多专家学者纷纷在三维地形可视化、三维建模技术、三维海量数据传输技术等方面进行了不同程度的研究。张峰等[5]提出基于 OpenGIS WebService 的地理信息共享模式，解决分布式、多源、异构的地理信息共享问题，有效避免重复建设和信息孤岛的形成，实现服务的互操作、集成、融合与共享，并将促进网络环境下分布式、异构、多源的空间信息资源，不同的 GIS 应用系统，各个异构分布式数据库之间的地理信息共享。陈建平等[6]在 2014 年以二维地质调查成果与经验为基础，依托三维可视化技术，综合地质、物理、地球化学、遥感等多元信息，进行三维地质建模，建立准确形象的三维地质模型，从而更有效地进行地质研究和找矿预测。武艺等[7]运用了 GIS 和遥感技术（RS），以 Skyline 为三维 GIS 平台，Super-Map 为二维 GIS 平台，在.NET 环境中设计并实现了基于三维场景的流域—河口生态安全评价系统，为沿海地区生态安全评价数据的获取与处理、生态安全评价结果的表达提供了新思路。

大型水利工程是国家重点基础建设工程，针对自然界的地表水进行调节和控制，达到除害兴利的目的。在水利工程项目建设中，会对地表环境造成一定的破坏，而我国地表环境复杂多样，也给水利工程建设带来了诸多困扰[8]。对于一些重要环境敏感区的影响，需要在多维动态数据采集融合技术支撑下，利用三维动态模拟技术直观明显地表示。在总结前人研究技术方法的优缺点基础上，本文做了以下研究：（1）建立了支撑地质环境数据采集、交换和传输技术体系，实现了多源、异构数据的多维动态采集、传输和汇集。（2）结合三维可视化建模分析技术，完成了高精度三维地貌景观构建、水位淹没、泥沙淤积等三维动态模拟，准确、直观地模拟分析水利工程对地质地貌环境的影响程度，为重大水利工程环境影响评价提供辅助决策和分析平台。

2　多维动态数据采集融合技术

2.1　多维动态采集技术

2.1.1　LiDAR 技术

LiDAR（Light Detection And Ranging，光探测与测量）是一种主动式对地观测系统，具有能够提供密集的点阵数据（点间距可以小于 1 m）、能够穿透植被的叶冠、不需要或很少需要进入测量现场、可同时测量地面和非地面层、数据的绝对精度在 0.30 m 以内、迅速获取数据的能力等特点，是复杂地区较好的地形测量手段。其中，机载 LiDAR 是由西方国家发展起来并成功投入商业化应用的一门新兴技术。它集成激光测距技术、计算机技术、惯性测量单元（IMU）/DGPS 差分定位技术于一体，在三维空间信息的实时获取方面产生了重大突破，为获取高时空分辨率地球空间信息提供了一种全新的技术手段。由于研究区内地貌复杂，区内一些地方交通不便，通视条件较差，地形起伏落差较大，常规测量手段难以对全区进行大比例尺地图测量。因此，选取机载激光雷达技术进行大比例尺地图测量。

2.1.2 无人机遥感技术

无人机遥感（Unmanned Aerial Vehicle Remote Sensing）是利用先进的无人驾驶飞行器技术、遥感传感器技术、遥测遥控技术、通信技术、GPS 差分定位技术和遥感应用技术，具有自动化、智能化、专用化快速获取国土、资源、环境等空间遥感信息，完成遥感数据处理、建模和应用分析的应用技术。无人机遥感系统由于具有机动、快速、经济等优势，已经成为世界各国争相研究的热点课题，现已逐步从研究开发发展到实际应用阶段，成为主要航空遥感技术之一。

2.1.3 探地雷达技术

探地雷达是近几十年发展起来的一种探测地下目标的有效手段，是一种无损探测技术，与其他常规的地下探测方法相比，具有探测速度快、探测过程连续、分辨率高、操作方便灵活、探测费用低等优点，在工程勘察领域的应用日益广泛。

2.1.4 全数字摄影测量系统

全数字摄影测量系统能够直接从数字影像中获得测绘信息，该摄影解决方案具有高智能化、功能齐全与全软件设计的特点，能够提供完整的空中三角测量到测绘地形的作业流程。该数字摄影测量系统的开放式的数据交换形式和图形测量软件、图像处理软件以及 GIS 软件有利于实现数据共享。且该数字测量系统中的可视化的三维立体景观，能够真实地将三维场景再现，进而能够实现为再现现实、虚拟现实提供数据。

2.1.5 激光三维扫描仪

三维激光扫描技术是一种基于自动化的高精立体扫描技术，其与传统单点测量法之间最大的区别便在于，该技术不仅可通过高速激光来对地址予以全面的扫描，且所获取的三维坐标数据不仅有极高的分辨率，且可同时测量的范围也较之早前有了大幅提升。此外，在三维激光扫描技术的支撑下，还可快速建立出被测量物体的三维影响模型，如此一来，不仅将使数据获取过程更加直接，且省时又省力，这是传统测量手段所无法企及的。

2.1.6 全景数据采集

LiDAR 数据包括数字地形图、遥感影像图等，基本上可以反映区域的地形地貌状况，但是由于研究区地形起伏大，陡坡地形很难真实地表现出来，因此，项目采用街景地图制作技术，采集了核心景区淹没范围的全景图像，为项目区景观淹没分析与可视化奠定了良好基础。全景图像制作包括外业数据采集、图像处理、全景图制作、数据发布等过程，数据采集采用 720 云台+鱼眼镜头相机，全景图制作软件为 PTGui10.0。

2.2 多维数据融合

2.2.1 数据融合处理过程

水利工程影响区及其周边地区涉及的数据是一个庞大、多维、动态、复杂变化而又相互关联的时空关系集合。如何有效地采集和管理这些涉及诸多学科和领域的复杂数据，是一项巨大的工作。本文利用无人机 LiDAR 及光学遥测技术、探地雷达、全数字摄影测量系统和激光三维扫描仪及全景数据采集等，建立了支撑黄河地质环境数据采集、交换和传输技术体系，实现了多源、异构数据的多维动态采集、传输和汇集（见图 1）。

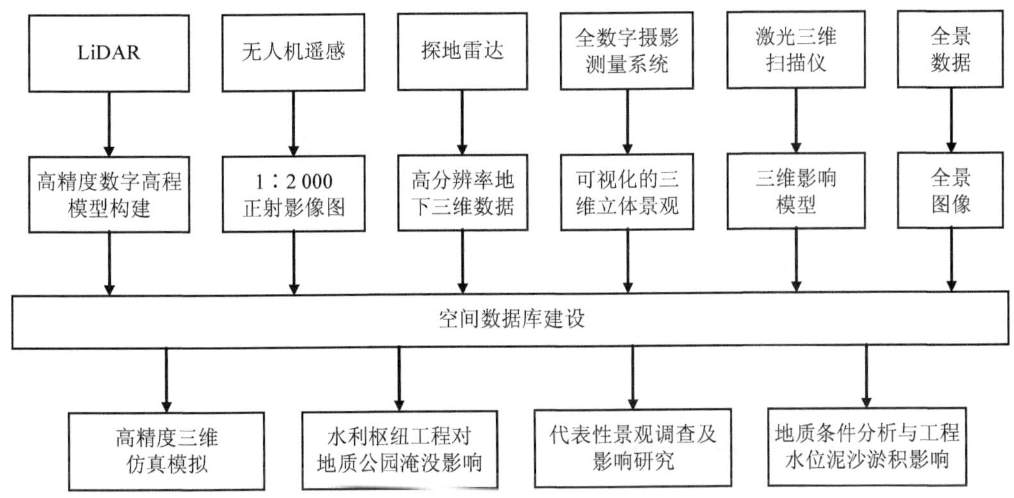

图 1 多维动态数据采集融合技术流程

主要从 3 个方面来处理：数据组织结构标准化、数据模型构建、构建时空动态模型。首先，在统一坐标系统和高程基准的基础上，对数据进行标准化处理，建立统一的存储格式，并消除空间数据的二义性以及因空间数据模型、物体的分类分级和几何位置的精度等引起的差异，提高数据的准确性。其次，为提高数据的可重用性和标准化，对得到的最新数据进行统一规范并采用统一图例符号，形成统一编码和图式图例。然后，选用构建合适的空间关系模型、三维空间模型和时空动态模型，从时态拓扑关系、空间对象维度关系、语义信息关系等方面，构建三维 GIS 数据模型。最后，根据数据来源和数据结构特性，在数据组织结构标准化的基础上，构建影响区范围内的空间数据库。

2.2.2 数据库建设

研究区交通不便，通视条件较差，地形起伏落差较大，常规测量手段难以对全区进行大比例尺地图测量，因此，选取机载激光雷达技术进行大比例地图测量。将得到的数据，经过数据组织结构标准化，建立起数据模型构建、构建时空动态模型。

其中，在机载 LiDAR 符合数字高程模型相对于野外控制点的高程中误差、数字正射影像图相对于野外控制点的平面中误差、成图比例尺要求以及 CH/T9008.1、CH/T1011 等相关标准的规定的标准误差的情况下，得到数据成果（见表 1）。利用这些数据成果，将逐步建立和完善项目区的空间数据库，为评价和决策提供平台提供数据支撑。

表 1　数据成果

序号	内容	说明
1	数字线划图（DLG）	1∶1 000 数字线划地形图数据 1∶1 000 数字线划地形图
2	数字高程模型（DEM）	1 m 格网间距数字高程模型
3	正射影像图（DOM）	0.1 m 分辨率数字正射影像图
4	激光点云数据	1∶1 000 高精度激光点云数据
5	控制点成果	平面坐标为国家 2000 高斯直角坐标，中央子午线经度为 105°（35 带），高程为 1985 国家高程基准

3 景观三维可视化系统构建

3.1 系统总体设计

景观三维可视化系统涉及 GIS、VR、计算机、数据库、系统集成等多种技术，系统信息量庞大，数据格式众多，其实施过程是一项复杂的软件系统工程。因此，在进行系统设计时，应遵循完整性、先进性、经济性等原则，不仅要考虑系统功能完整性、满足各种系统功能和基础数据信息，更应尽量从经济的角度进行考虑，有效地控制开发成本。系统应用设计时，要认真分析系统需求，做到功能实用，界面友好，操作方便。系统采用了数据服务层、业务逻辑层和应用表现层三层结构，数据服务层负责三维地形场景和业务数据管理。业务逻辑层用于支撑三维模拟系统和空间数据管理分析模块的业务逻辑和对象类（见图 2）。应用表现层支持系统各功能模块的管理和展示。系统建设完成，除了在研究区域发挥作用，还要能对黄河其他河段的分析和模拟起到推广示范作用，推进数字黄河的信息化进程。

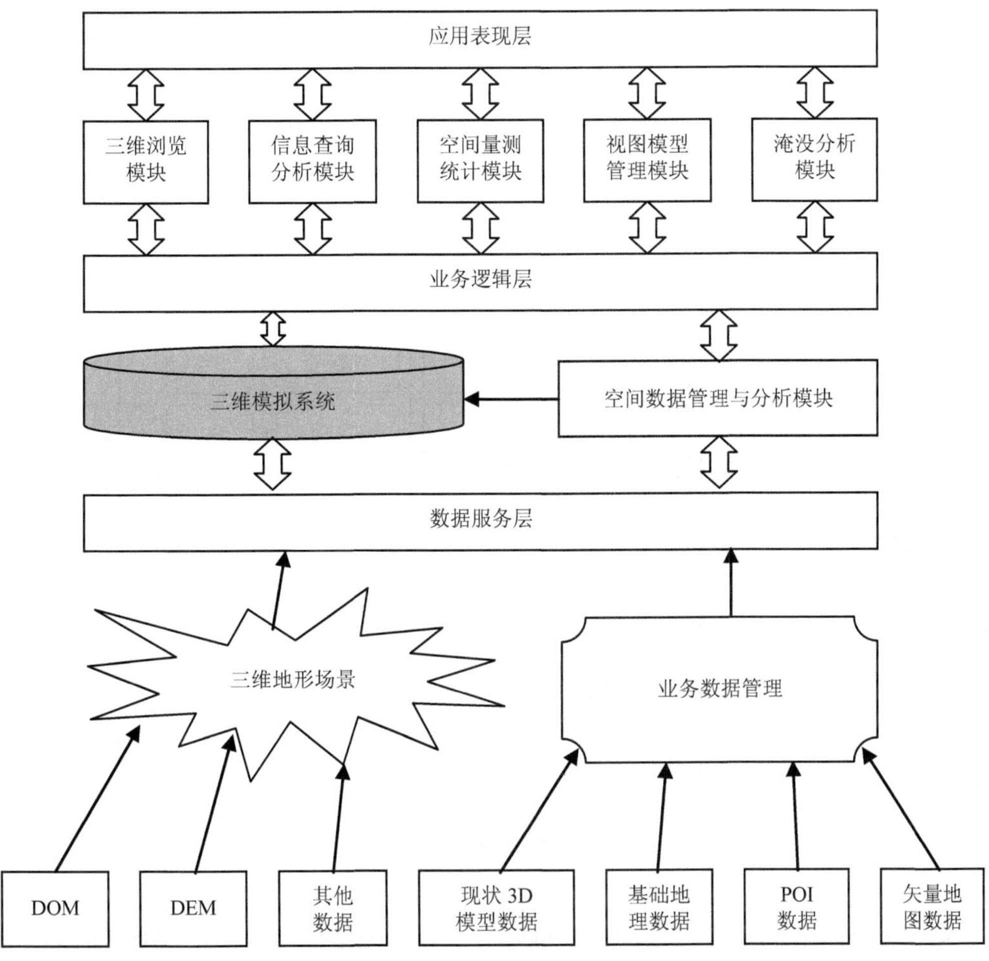

注：POI（Point of Interest，兴趣点）。

图 2　系统结构框架

3.2　系统平台搭建

三维淹没分析与模拟系统的设计开发过程包括以下 3 个部分（见图 3）。

第一部分：利用 Terra Builder 构造真实世界的地形模型，并将道路、河流、湖泊等自然及人文景观叠加到 MPT（Merkle Patricia Tree）地形中，统一生成三维地形模型。使用三维建模工具 Multigen Creator 和 Sketchup 构造真实世界的地物模型。

第二部分：在.NET 平台上，利用三维 GIS 软件 Skyline 系统软件开发环境，建立系统的三维显示框架程序。在此基础上完成景观和整体景观实时缩放、旋转、视点变换、漫游，设定飞行路径、视点方向，调整飞行位置、高度、俯视角，以及修改光照和阴影效果等功能模块。

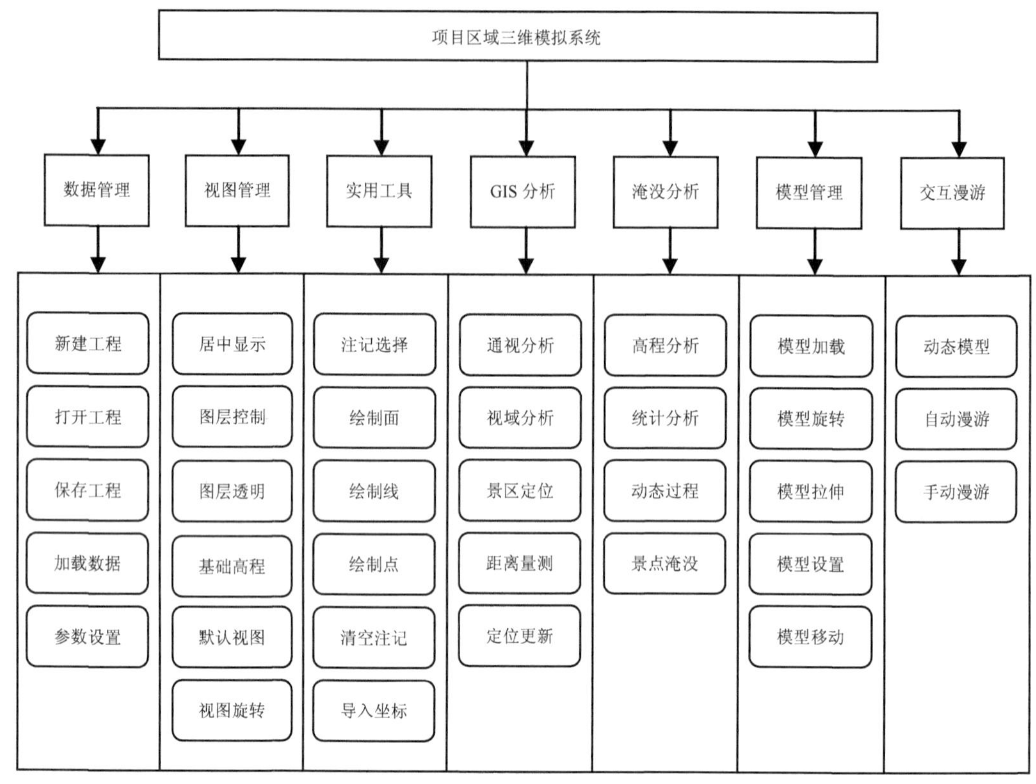

图 3 功能结构框架

第三部分：在.NET 平台上，利用 Skyline 二次开发组件接口和 ArcGIS Engine 组件实现二维地图与三维场景的互响应查询分析，开发三维浏览漫游、空间信息查询、空间测量、淹没分析等功能。

3.3 系统功能搭建

系统主要设计以下几方面的功能：

（1）数据管理

项目区分析与模拟系统含有庞大的模型数据和场景数据，要使得系统能够良好地运行就必须含有对这些数据进行管理的功能。数据管理模块包括：新建工程、打开工程、保存工程、加载数据、系统参数的设置和退出系统功能。有了这些功能就能够对系统的数据进行管理，从而实现了使该系统应用于其他地质公园，使系统具有使用的普遍性。

（2）场景管理

用户在视图浏览过程中可能需要对某些特征地点做一些标记符号，可以设置一些绘图工具以及对视图操作的小工具。包括场景缩放、浏览、标记和导航等基本功能。

（3）空间分析

三维淹没分析与模拟系统具备一些简单的 GIS 分析工具，以便对环境影响评价和决策起到一定的帮助。如通视分析、视域分析、景区定位、距离量测等。

（4）交互漫游

对于一个虚拟的漫游系统来说，交互性是它的核心。通过动态模拟和漫游系统，使人性化的交互工具为系统赢得用户的青睐。

（5）水位淹没模拟

利用现实性强、分辨率高的遥感影像和 DEM 数据与 Skyline 软件相结合，构建地质公园三维场景，可以直观生动地再现地质公园景观。在此基础上，设置不同水位，实现对地质公园的三维淹没模拟场景和三维淹没动态模拟。

（6）水位淹没分析

根据水动力模型计算的结果，采用面向对象的编程语言 C#，结合 ArcEngine 组件库开发，实现计算淹没面积、淹没体积等功能。并结合 Skyline 组件模拟不同运行时段水库淹没范围的变化情况，从而为水库淹没影响范围和程度提供快速、准确和直观有效的预测手段，为地质公园及地质遗迹保护提供科学依据。

（7）三维输出

视频输出：将事先录制的飞行路径输出为视频文件，如 AVI 或一系列帧文件；3D 视窗中的快照功能及影像文件输出功能；图像截屏输出、打印：提供方便的三维场景截图工具，并可保存成 BMP 或 TIFF 等常见图像格式，也可实现对当前场景的打印输出功能。

4 黄河某水利工程的环境影响评价应用

4.1 高精度三维仿真模拟

以该地区的高精度数字高程模型数据和高分辨率的无人机影像数据为基础数据，在三维构建平台 Terra Builder 中叠加处理，创建三维地貌模型，将其与相关矢量图层在三维浏览平台 Terra Explorer 中叠加处理，生成三维场景文件。基于.NET 平台和 C#编程语言，利用 Terra Explorer 和 ArcGIS 二次开发平台 ArcGIS Engine 接口进行二次开发，建立景观三维地貌模拟系统。利用前一步获取的基础数据创建项目区范围内的三维地形模型，通过导入相关系统平台加工整合，完成地质公园景观高精度三维地貌仿真模拟（见图 4）。

图 4　三维地貌仿真模拟

4.2　分析水利枢纽工程对地质公园淹没影响

该水利工程的工程量大，工期较长，主要采用逐步抬高主汛期水位拦沙和调水调沙运用方式。根据水库拦沙和调水调沙运用特点，将水库运用分为 3 个时期，即拦沙初期、拦沙后期和正常运用期。不同时期水库淹没情况不同，且随工程不同调度运行方案，库区水位年内也存在不同变化。

利用项目区地质公园 1 m 格网数字高程模型、0.1 m 分辨率正射影像图、项目区地质公园规划资料、GPS 数据，针对不同时期淹没水位完成特征水位的淹没模拟，对不同时期不同水位淹没模拟结果进行分析，确定影响范围、影响面积以及淹没高程等信息。绘制了不同运行水位情况下，典型地质遗迹的淹没情景图和三维模拟展示（见图 5）。

4.3　代表性景观调查及影响研究

通过遥感、航拍和实地勘测等方式，调查地质公园主要保护景观的地理坐标、高程、保护对象分布等信息，提出代表景观保护对象、景观功能、景观布局和地质构造保护的特征与要求。同时，在黄河上游寻找与项目区地质及景观类似区域进行实地调查，重点对淹没前后该地区地质塌方程度、淹没对于区域景观的影响程度等进行评价，并与该地区进行类比。

采集了多个国家级地质公园 360°全景数据，为研究人员提供第一手全景可视化资料。采用多种技术手段展示、分析地质条件，采集了矿物、岩石标本，拍摄大量景观相片，为模拟分析提供数据保障。并利用 HTML 格式无缝嵌入三维虚拟场景中，为三维可视化提供极为逼真的虚拟场景和沉浸式体验。

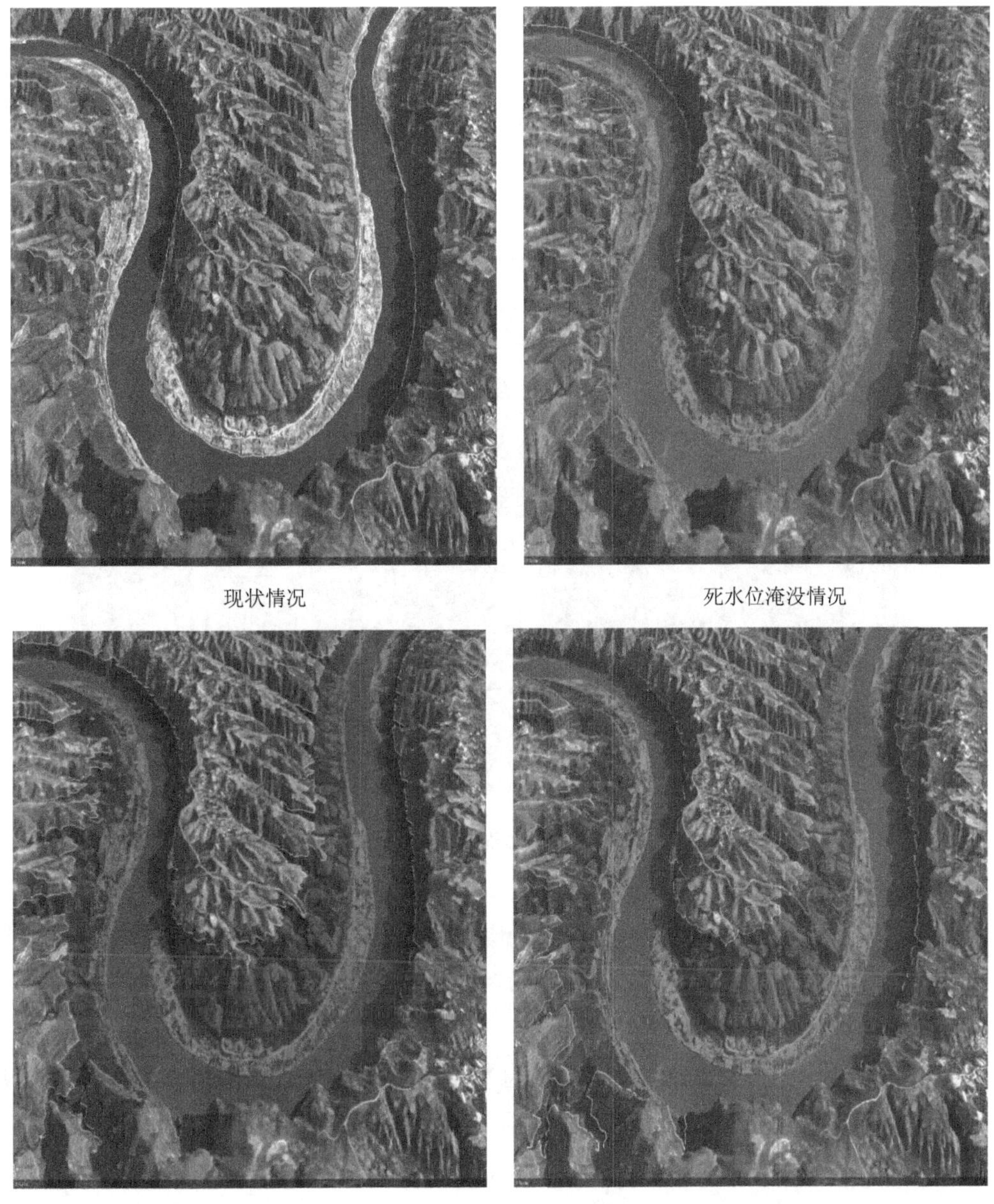

现状情况　　死水位淹没情况

汛期限制水位淹没情况　　正常蓄水位淹没情况

图 5　三维模拟不同水位淹没影响

4.4　工程水位泥沙淤积对地质公园的影响

结合地质公园景观高精度三维地貌仿真模拟系统，利用无人机遥感技术取得的高精度地形数据，预测计算水利枢纽工程库区拦沙初期、拦沙后期与正常运用期的断面淤积形态，根据库区淤积情况分别模拟展示正常运用期地质公园受泥沙淤积影响情况。

根据泥沙淤积的理论预测数据，结合工程坝址起算点，在GIS平台中计算拟合河道不同位置泥沙淤积高度。将模拟数据导入三维建模软件，生成泥沙淤积形态三维模型。结合三维地貌仿真模拟系统，统计地质公园地质遗迹景观点受泥沙淤积影响情况。重点模拟了研究区内典型地质遗迹受库区泥沙淤积影响情况，直观地展示了淹没后的三维景观形态，为制订相应的保护措施提供了有效的参考（见图6）。

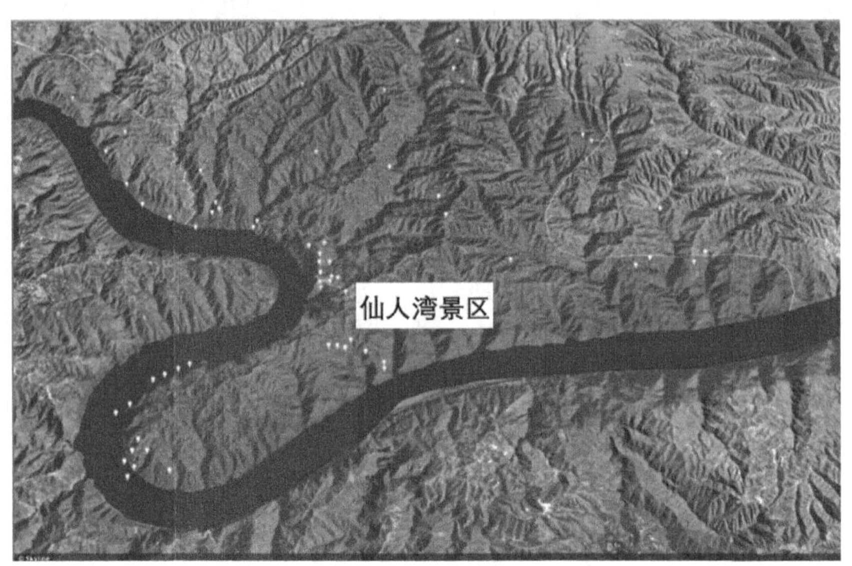

图6 受库区泥沙淤积影响三维模拟图

5 结论

本文充分考虑了大范围高精度地理信息数据采集更新中存在的多重技术问题，采用多维动态数据采集融合的新体系，提高了数据采集效率，确保了工程建设顺利推进和高效运行，使工程经济效益与社会效益实现最大化，为项目外业数据采集提供了一种技术体系。并结合三维模拟技术，为复杂地形区水库淹没环境影响评价提供技术支撑。

基于无人机航空摄影测量技术构建了涵盖研究区范围1∶2 000比例尺的数字高程模型（DEM）、正射影像图（DOM）以及数字线划图（DLG）等高质量、高精度数据成果。同时，结合了全数字摄影测量系统和激光三维扫描仪的多维动态数据采集融合技术体系，实现了快速高效的多源、异构数据的多维动态采集、传输和汇集，数据完全达到了质量标准，满足了项目研究与应用需要。基于三维模拟可视化技术构建的高度逼真的三维虚拟场景，能够实现不同时期、不同水位的淹没影响情况展示与分析，为项目水利工程对项目区域的淹没影响研究提供了辅助决策和分析平台。

将本技术应用于黄河某水利工程环境影响工作中表明，效果直观明显，为不同方案对研究区环境影响研究提供了辅助决策和分析平台，有效提升了环境影响评价效率，丰富了环评工作方法、内容，大大减少了工程人力、物力消耗。

参考文献

[1] 李文闯. 基于 Android 的移动 GIS 数据采集系统研究[D]. 北京：首都师范大学，2013.

[2] 武军郦，王孝青，陈明，等. BDS 与 GIS 融合数据采集技术应用研究[J]. 测绘科学，2017，42（5）：165-169.

[3] 林思群，王梦旭. 水利信息化综合集成服务平台及应用模式[J]. 中国新技术新产品，2018（15）：39-40.

[4] 王想红. 基于三维虚拟地球的海洋环境数据动态可视化研究[D]. 阜新：辽宁工程技术大学，2013.

[5] 张峰，刘金，李四海. 数字海洋可视化系统研究与实现[J]. 计算机工程与应用，2011，47（35）：177-179.

[6] 刘金，姜晓轶，李四海. 数字海洋水体模型建立与三维可视化技术研究[J]. 海洋通报，2010，28（4）：144-146.

[7] 武艺. 基于三维 GIS 的流域—河口生态安全评价系统的设计与实现[D]. 大连：辽宁师范大学，2011.

[8] 王权. 地理信息系统在现代水利行业的应用研究[J]. 水利发展研究，2017，17（12）：63-64，67.

河流与水库水华的防控技术综述

吴兴华[1] 米 闯[1] 李 媛[1] 闪 锟[2] 李 翀[1]

（1. 中国长江三峡集团有限公司，北京 100038;

2. 中国科学院重庆绿色智能技术研究院，重庆 400714）

摘 要：针对天然河流发生的水华与水利工程改变河流状态后在水库易发水华的情况，梳理了国内外广泛针对河库水华发生的预防预警生态模型，主要包括静态模型、水动力模型与算法模型三大类，并以实际案例分析了这些模型针对不同河库情况在实际研究中的优缺点和决策差异；在此基础上，也综述了水华发生后，广泛采用的物理、化学等控制方法。

关键词：水库；水华；生态模型；富营养化

Review of Prevention and Control Techniques for River and Reservoir Water Blooms

Abstract：Aiming at the situation of water blooms occurrence frequently in natural river and reservoir formed by water conservancy projects，this paper summarizes the ecological models for preventing and early warning of reservoir blooms at home and abroad，which mainly include static models，hydrodynamic models and algorithm models. The advantages and disadvantages of these models and the differences in decision-making for reservoir conditions are analyzed with practical cases. On the basis of this，the physical and chemical control methods widely used after the occurrence of blooms are also reviewed.

Keywords：reservoir；water blooms；ecological model；eutrophication

1 引言

近年来，我国的多地河流与水库面临着严峻的水环境问题。三峡水库从 2003 年以来上游多条支流的富营养化趋势显著，支流硅藻、隐藻、甲藻与蓝藻“水华”频发。而汉江中下游从 20 世纪 90 年代至今，冬春季硅藻“水华”频发；2004 年 7—8 月富春江水库以及钱塘江（杭州段）100 多 km 水面暴发了严重的有毒蓝藻铜绿微囊藻的“水华”，这些都对流域生态环境造成了极大的威胁。在澳大利亚 Murray－Darling 流域，由于大坝和围堰的兴建，水流的减缓、较高的营养盐浓度以及良好的气候条件，在 Murrumbidgee 河上常常暴发有害的鱼腥藻“水华”[1]。流域性的水华发生时，经常沿河几公里乃至几十公里河道都被覆盖，色泽或绿或褐，严重影响水体景观，伴随着水华的发生，水体中溶解氧急剧耗尽，导致大量鱼虾死亡，破坏水域生态的平衡，有些流域水库兼具水源地功能，也影响居民饮用水；更遑论部分水华藻类具肝毒素、鱼毒素或异味次生代谢物，对人类与水生生物产生更严重的健康威胁。随着大江大河上水利工程的兴建，河流及其水库的富营养情况加剧了，水华频发促使流域生态的深入研究，针对水华防控技术的研究一直未曾停止。

河流与水库水华发生的影响因素，通常认为是水文、营养盐和气象因素。水利工程的建设使得河流水体向湖泊水体特征转化，使得库区水体的滞留时间被延长，坝前水位的升高，库区表层水温升高、温度跃层的出现，水体搅动的减少，透明度的增加，尤其是颗粒的减少和搅动的减少，使得光照条件得到进一步的改善[2-3]。这种对天然河流水动力水文条件的改变，也改变了库区水体的营养盐浓度和比例[4-6]。这些改变使得水华更容易发生了。而春夏季适宜的光照和温度，也促使了水华的暴发。

针对水华的预防技术，一般使用生态模型进行监测和预警。由于水华的本质是富营养化，是水体中水文、水质与水生生物过程及其之间的相互作用导致的，因此通过对水生态过程认识的基础，以模型的方式展现这些演化过程，可以为水华的预防和控制提供决策方案。水华发生后，对水华藻类的控制通常有物理、化学以及水利调控等方法。

2 与水华预防预警相关的生态模型

2.1 静态模型

最经典的水体富营养化与水华预防模型是基于总磷和叶绿素 a 关系的经验模型[7]和基于总磷负荷和总磷浓度的输入-输出模型[8]。Chapra[9]首次把这些静态模型通过质量守恒方法用于湖泊和水库模型中，之后又有许多修订的模型，其参数来源于多个水体参数数据的

到亚热带水体特点引入杂食性鱼作为状态变量。但 IPH-ECO 并非完全继承 PCLake，它考虑了水平面上每个网格上的空间异质性，并且在垂直面上考虑了一些状态变量（如水温、水密度、营养盐、浮游植物和浮游动物）的分层。IPH-ECO 可以免费获取，并拥有友好的用户界面（GUI），并有非结构化混合网格的生成模块。

2.3 算法模型

（1）人工神经网络（Artificial Neural Networks，ANN）

人工神经网络是一种应用类似于大脑神经突触链接的结构进行信息处理的数学模型[25]。使用最为广泛的前馈人工神经网是误差反向传播（Back-propagation，BP）神经网。BP 学习算法能够实现前馈神经网络权值调节，一般的多层前馈网络也指的是 BP 神经网络。人工神经网络广泛应用于工程领域，而直到 20 世纪 90 年代 Colasanti[26]发现人工神经网络与生态系统间的相似性，神经网络模型才作为一种生态模型工具被慢慢应用于生态环境研究。人工神经网络主要用于两种类型的生态数据分析中，一种是利用截面数据（cross-section data）来预测生态系统中不同状态变化，如 Lek[27]通过 BP 网络建立溪流中物理指标与褐鳟产卵密度的预测模型，Walley 与 Fontana[28]利用溪流中物理指标建立起基于底栖动物群落结构预测模型，Scardi[29]利用神经网络对 Harding 初级生产力经验模型进行重新拟合；另一种是利用连续时间序列数据来预测连续性生态系统行为，如 Rechnagel[30]利用 12 年连续的环境变量作为输入变量，构建了神经网络模型分别对 4 个湖泊中藻类的生物量进行预测。从这些文献结果中可以看出，前馈型人工神经网络相对于多元线性回归模型对预测结果准确度上有一定优势，但是人工神经网络不能提供一个具体的数学公式来表达出输入和输出间相互关系，许多学者尝试通过灵敏度分析和情景分析来甄别对预测结果影响最大的输入变量[31]。反馈式人工神经网络非常适合时间序列数据的分析，因为通过反馈能够为前一状态的系统提供额外的训练信息。Recknagel[32]利用反馈神经网对韩国的 Nakdong 河中微囊藻实现了提前 4 天预测。自组织特征映射网络（Self-organizing Feature Map，SOM）是应用最为广泛的无监督学习网络，能够实现复杂的非线性数据排序、聚类和作图。

（2）杂交演化算法（Hybrid Evolutionary Algorithms，HEA）

杂交演化算法是一种灵活的计算工具，专门被设计用来利用时序数据构建多元函数和规则集进行计算。首先用遗传操作程序（Genetic Programming，GP）构建及优化规则集结构，Mitchell 使用遗传算法对规则集进行参数优化[33]。Banzhaf 的遗传操作程序是遗传算法的延伸[34]。不同结构和大小的计算机程序构成了遗传算法的基因种群。在典型的遗传操作程序中，计算机程序可以用解析树表示，其中每个分支节点代表函数集中的一个元素（算子、逻辑运算符、至少包含一个引用数据/因变量的初等函数），叶节点代表终端集合（变量、常数、不包含引用数据/因变量的函数）中的元素。然后再用实测案例数据对这些程序进行评估。选择适应性更好的程序，通过遗传运算，如交叉和变异进行重组构建下一代算法集合，重复此过程构建直到满足期望的终止条件。通常利用遗传算法完善规则集中的随机变量。HEA 算法模型已被成功应用于鱼类、河流中的无脊椎动物群落以及浮游植物时间序列预测中；HEA 最为普遍的应用是对藻类实现提前数天不等的预测，甚至被证明短时间可以用来预测微囊藻毒素的含量[35]。最近 HEA 模型在太湖蓝藻水华中得到应用，Zhang[36]利用太湖多个空间点位数据进行 HEA 预测，Recknagel[32]利用 HEA 甄别出蓝藻水华暴发生态阈值。

3 水华控制技术

水华发生后，各国也在不断地探索水库、湖泊和河流“水华”控制技术[37-39]，湖泊和水库富营养化控制技术主要有以下多种技术。

3.1 化学凝聚沉淀技术

向湖中加入铁盐或铝盐，将湖水中溶解的无机磷转化不溶性磷酸化合物沉淀，从而抑制湖中生物的生产力。美国 BraaKman 水库，利用该方法，向湖水中加入 7 mg/L 的二价铁离子后，蓝藻消失。美国 Horseshoe 湖，利用该方法，在水面下 60 cm 处加入 10 mg/L 的铝盐后，总磷年平均质量浓度由 250 μg/L 降低到 50 μg/L，低水温层磷的质量浓度降低幅度更大，且在冬季溶解氧增加。美国 Snake 湖，向湖水中加入 12 mg/L 的铝盐和铝酸钠溶液，处理一年半后，总磷质量浓度由 0.115～0.15 mg/L 降低到 0.103～0.113 mg/L，且冬季溶解氧增加。该方法不论水中溶解氧含量高低，都能除去水中的磷，且不会因加入凝聚剂而产生毒性或破坏环境。但凝聚剂的使用会改变水体的 pH 值，且沉淀后的不溶性磷酸盐会受有机藻类的影响再次溶出，成为湖内负荷，故不适合于浅水湖。

3.2 稀释移除营养盐技术

向湖中加入营养盐含量低的水，置换营养盐含量高的湖水，冲洗出浮游植物，降低湖水中营养盐含量，抑制生物的生产力。美国 Green 湖，向湖中加入自来水后，磷、硝酸盐氮、绿藻含量都降低。美国 Snake 湖，用水泵将地下水抽入湖中，2 个月后，总磷年平均质量浓度由 600 μg/L 降低到 200 μg/L。加拿大 Buffalo Pound 湖，向湖水中加入营养盐含量低的水稀释，湖中优势种由绿藻转化为大型水生植物。该方法由于会排放出营养盐含量高的湖水，所以将加重下游受纳水域的污染。

3.3 选择水层排放技术

在湖水停滞期，将含营养盐丰富的深层水排放，以降低营养分解层厚度，增加营养生产层厚度，减少深水层中的有害物质，降低营养盐含量，除去低溶解氧水层。美国 Mauensee 湖、Wilersee 湖、Klopein 湖、Kraig 湖及日本寺内水库水质利用该方法，均使水质富营养化现象得到了改善[40]。该方法仅适用于水位较深的、较小的湖泊。排放出深层水后，深层部的水温升高，溶解氧的消耗速度会加快。

3.4 底层曝气补氧技术

在产生水温跃层的水域底层曝气以补充溶解氧，不破坏成层，维持夏季停滞期内底层的好气性，防止磷从底泥中溶出和硫化氢、甲烷等气体的产生。德国 Wahnbach 水库利用该方法，将夏季停滞期内水库底层的溶解氧维持在 3 mg/L 的水平，锰离子质量浓度由 3 mg/L 降低到 0.12 mg/L，磷酸根离子质量浓度由 80 μg/L 降低到 20 μg/L。但是该方法的设施管理费用较高[41]。

3.5 全层曝气技术

全层曝气技术是通过人工循环、全层曝气、成层、改善水质、抑制藻类的方法，这也是目前使用较多的一种水动力控制库、湖藻类“水华”的方法。在夏季成层期，底层的溶解氧不足，通过人工循环，进行上下混合，能防止底泥中的营养盐溶出，避免藻类长时间滞留在有光层，从而抑制其生产性。在有光层浅的湖泊，溶解氧增加后，铁、锰、氢氧化物能吸附磷而沉降。美国 Vesuvius 湖，利用该方法，每天循环水量 52 000 m^3，8 d 内成层消失；美国 Indianbrook 水库，在水深 2.3 m 处用压缩机以 415 m^3/min 的速率通入空气，使成层完全破坏，整个水域的溶解氧增加；美国 Wohlford 湖，在距湖底 115 m 处用压缩机以 6.0 m^3/min 的速率通入空气，6 d 后，湖泊的全体成层破坏，溶解氧增加。在荷兰的 Nieuwe 湖，采用人工混合水层的方法使得原本微囊藻占优势转变为栅藻、中心硅藻和甲藻为优势群体[42]。该方法在德国的一些小水库也进行了运用，在使用该法过程中还加入氧化亚铁以降低磷的含量，达到控制微囊藻“水华”目的[43]。在非洲马拉维的 Mudi 水库，利用底部曝气的方法打破水分层去除蓝绿藻取得了较好的效果[44]。但采用打破分层方法存在的问题是成层破坏后，底层水温的上升、营养盐溶出速度的加快和对有光层营养盐的供给会加快藻类生产，而且对控制藻类“水华”也不是都很有效，McAuliffe 和 Rosich[45]对澳大利亚 52 个水库的人工打破分层的效果进行评估，发现有超过 60%的例子表明用该法控制藻类“水华”的效果不佳。

3.6 水库预筑坝技术

韩国和德国在一些大坝前修筑预坝（pre-dam）[46-47]，即在水库前面修筑在水库上游地区或支流上建前置坝蓄污水，在其水质得到改善以后才排放出去。这种系统曾在欧洲广泛使用。但是使用前置坝来改善水质的效率相对来说不高，且建设费用不低。日本一些研究人员则在水库采用了围栏技术控制“水华”，围栏高度超过温越层，以阻止藻类和营养盐向坝下游的输送，该方法取得了较好的效果[48]。

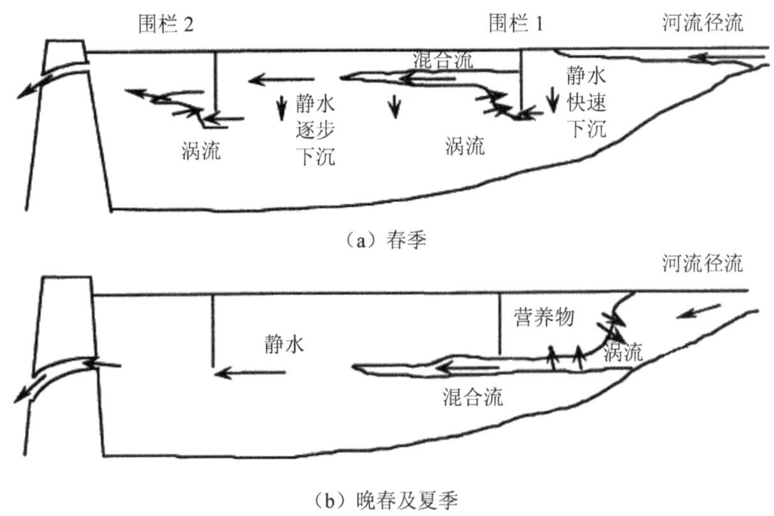

图 1 在早春（a）和晚春及夏季（b）应用围栏去除藻类和营养盐的示意

3.7 水利生态调控

欧洲的莱茵河、北美的圣劳伦斯河“水华”问题的解决主要是从全流域水环境的总体改善着手。澳大利亚的 Murray-Darling 盆地的河流常常暴发有毒的鱼腥藻“水华”，研究人员发现通过调节大坝的出水量，打破水体的热分层，同时减少水体的滞留时间，可以有效地消除有毒的鱼腥藻“水华”，改善水库的水质[1]。科研人员采取的管理策略是：采用数学模型来模拟水库的温度和水流状况，通过和实际的原位测定值来校正模型（温跃层模型）。通过这一模型以测定不同的控制手段对混合区域和滞留时间的影响，这些工作是在 Weir 水库进行的，但将用于其他水库的水质控制上。澳大利亚在对 Murray-Darling 河的研究中将水文动力学与藻类生态学结合方面进行了成功的尝试[49-50]。通过水利调度优化，控制河流流量达到相应阈值，以控制有害“水华”的发生，该方法对环境影响小，简单经济易行。

4 结论

4.1 水华预警模型

近 20 年来，水华预警模型得到了很大发展：状态变量由最初的几个发展到几十个；

水体维数由一维稳态发展到多维动态；研究角度由简单的营养盐吸收发展到对生态系统分析模拟；研究对象由单一的藻类生长模拟发展到综合考虑水体的动力学、热力学及生物动态过程等。但是，在建模过程中仍缺乏统一详细的水体水化学方面的数据，这给模型的校正、验证造成很大困难，降低了水华预警模型的可靠度和适用性；现有模型的模拟对象主要是营养盐的循环、浮游植物的生长和死亡的动态过程，水华预警模型在整个生态系统中非常独立，没有形成一整套水体管理决策支持体系。

因此，为提高水华预测预警模型的实用性和准确性，一些新的研究思路和技术也逐渐应用起来：①不同模型的联合应用。有效利用各个模型的优点，通过智能算法率定数学模型中的各个参数，使生态动力学模型对水体指标的分析和模拟过程更趋于合理化，同时能够增强处理非线性问题的能力。②多学科间互相渗透。联合遥感卫星数据，直观实时获取水华发展情况，结合气象相关指标（风速、风向、降雨和气温），增加初始条件和边界条件数据，提高预测精度。

4.2 水华控制技术

水华控制技术虽有上述发展，但仍不能普及。对水华的控制，先要厘清历史与现状中土地利用与水资源利用的关系，水污染源的分析，营养盐在水中的赋存形态和分布，需具体研究营养物的内循环，水华自身的生化与物理特征，水华种群的演替规律；在此基础上，再根据系统论和生态系统理论的原理，从外环境和内环境两条基本途径去控制富营养化引起的水华。加强水源管理，监测巡查，截断外源负荷，做好内源防治，单独或同时使用上述水华控制技术，着眼于恢复水体原有的水生态系统，维护生态系统动态平衡，从而控制水华。

参考文献

[1] Webster IT，Sherman BS，Bormans M，et al. Management strategies for cyanobacteria blooms in an impounded lowland river[J]. Regulated Rivers-Research and management，2000，16：513-525.

[2] Negro AI，Hoyos CD，Veda JC. Phytoplankton structure and dynamics in Lake Sanabria and Valparaiso reservoir（NW Spain）[J]. Hydrobiologia，2000，424：25-37.

[3] Gomes LC，Miranda LE. Hydrologic and climatic regimes limit phytoplankton biomass in reservoirs of the Upper Parana River Basin，Brazil[J]. Hydrobiologia，2001，457：205-214.

[4] Komarkova J，Hejzlar J. Summer maxima of phytoplankton in the Rimov reservoir in relation to hydrobiologic parameters and phosphorus loading[J]. Arch. Hydrobiol，1996，136：217-236.

[5] Snow GC，Adams JB，Bate GC. Effect of River flow on Estuarine Microalgal Biomass and Distribution[J]. Estumarine，Coastal and Shelf Science，2000，51：255-266.

[6] Bukaveckas PA，Williams JJ，Hendricks SP. Factors regulating autotrophy and heterotrophy in the main channel and an embayment of a large river impoundment[J]. Aquatic Ecology，2002，36：355-369.

[7] Sakamoto M. Primary production by phytoplankton community in some Japanese lakes and its dependence on lake depth[J]. Arch. Hydrobiol.，1966，62：1-28.

[8] Vollenweider R A. Scientific fundamentals of the eutrophication of lakes and flowing water，with particular reference to nitrogen and phosphorous as factors in eutrophication[C]. OECD，Paris，1986.

[9] Chapra S C. Comment on 'An empirical method of estimating the retention of phosphorus in lakes' by WB Kirchner and PJ Dillon[J]. Water Resources Research，1975，11（6）：1033-1034.

[10] Harper D. Eutrophication of freshwaters：principles，problems and restoration[M]. London：Chapman & Hall，1992.

[11] Wallace B B，Hamilton D P. The effect of variations in irradiance on buoyancy regulation in *Microcystis aeruginosa*[J]. Limnology and Oceanography，1999，44（2）：273-281.

[12] Cole T M，Wells S A. CE-QUAL-W2：two-dimensional，laterally averaged，hydrodynamic and water quality model，version 3.6[M]. Portland：Department of Civil and Environmental Engineering，Portland State University，2008.

[13] Bowen J D，Hieronymus J W. A CE-QUAL-W2 model of Neuse Estuary for total maximum daily load development[J]. Journal of Water Resources Planning and Management，2003，129（4）：283-294.

[14] Cerco C F，Tillman D，Hagy J D. Coupling and comparing a spatially-and temporally-detailed eutrophication model with an ecosystem network model：an initial application to Chesapeake Bay[J]. Environmental Modelling & Software，2010，25（4）：562-572.

[15] Benndorf J，Recknagel F. Problems of application of the ecological model SALMO to lakes and reservoirs having various trophic states[J]. Ecological Modelling，1982，17（2）：129-145.

[16] Walter M，Recknagel F，Carpenter C，et al. Predicting eutrophication effects in the Burrinjuck Reservoir（Australia）by means of the deterministic model SALMO and the recurrent neural network model ANNA[J]. Ecological Modelling，2001，146（1）：97-113.

[17] 郭静，陈求稳，李伟峰. 湖泊水质模型 SALMO 在太湖梅梁湾的应用[J]. 环境科学学报，2012，32（12）：3119-3127.

[18] Chen Q，Zhang C，Recknagel F，et al. Adaptation and multiple parameter optimization of the simulation model SALMO as prerequisite for scenario analysis on a shallow eutrophic Lake[J]. Ecological Modelling，2014，273：109-116.

[19] Los F J，Wijsman J W M. Application of a validated primary production model（BLOOM）as a screening tool for marine，coastal and transitional waters[J]. Journal of Marine Systems，2007，64

水质深度处理技术在水电水利工程中的应用

李倩倩[1] 金 弈[2] 马 壮[1]

（1. 中国电建集团建筑规划设计研究院有限公司，北京 100024；

2. 中国电建集团北京勘测设计研究院有限公司，北京 100024）

摘 要：水电水利工程项目，尤其是抽水蓄能电站项目建设及运行，经常受到水资源匮乏的制约。采用超滤、反渗透等技术对污水或海水进行深度处理，去除水中对工程影响较大的氮、磷、可溶性盐类等物质，处理后的水用于水电水利工程项目运行，是一种技术可行、经济、合理的技术方案。研究得出，超滤、反渗透技术可以有效地处理可溶性盐类等溶解性物质，降低污水或海水对工程建筑材料的腐蚀，延长设备使用年限，保障水电水利工程的有效运行。

关键词：水电水利工程；水资源；水质深度处理；再生水利用；海水淡化

Application of Advanced Water Treatment Technology in Hydropower and Water Conservancy Project

Abstract: Hydropower and water conservancy projects are frequently constrained by water scarcity, especially pumping storage power station projects. Nitrogen, phosphorus and soluble salts are the main indicators of sewage and seawater. These can be removed by advanced water treatment technology such as ultrafiltration and reverse osmosis. It is a feasible, economical and reasonable technical scheme that the treated water is used in the operation of hydropower and water conservancy projects. It is concluded that ultrafiltration and reverse osmosis technology can effectively treat soluble substances such as salt, reduce the corrosion of engineering building materials by sewage or seawater, extend the service life of equipment, and ensure the effective operation of hydropower and conservancy engineering.

Keywords: hydropower and conservancy project; water resources; advanced water treatment; reuse of reclaimed water; seawater desalination

1 引言

水电水利工程开发、利用水资源，但是其建设运行也受到水资源的制约，如抽水蓄能电站在天然水资源缺乏地区难以选点建设、水环境治理和水景观工程缺乏补水水源难以达到效果。目前，在水电工程建设运行中主要以河湖、水库或地下水为水源，采取污水再生利用和海水淡化，是解决地表水资源匮乏的有效途径。根据水利部公布的《2016 年中国水资源公报》，2016 年全国废污水排放总量 765 亿 t；若可以重复利用处理后的废污水，水资源短缺的矛盾将得到有效缓解。而海水占全球水量的 97.47%，海水资源极其丰富[1]；若是充分利用海水资源，在可能的领域，采用淡化处理的海水代替淡水，也可以有效地缓解淡水资源不足的问题。

2 水质指标对水电水利工程的影响

再生水和海水作为替代水源，水质指标情况决定其应用范围。《城市污水再生利用 工业用水水质》(GB/T 19923—2005)与《城镇污水处理厂污染物排放标准》(GB 18918—2002)相比，较为明显的是增加了溶解性总固体（TDS）≤1 000 mg/L（相当于 1 g/kg 再生水）的要求；而海水中对水电水利工程具有腐蚀作用的水质指标为盐度，海水的平均盐度是 35‰，即每千克海水中的含盐量为 35 g。因此，再生水和海水对水电水利工程产生明显影响的指标主要为溶解性总固体（TDS）。

2.1 溶解性总固体（TDS）对钢材的影响

常见的无机盐溶液对金属的腐蚀性[2]（见表 1）。

表 1 无机盐溶液的腐蚀特性

种类			腐蚀阴极反应	腐蚀性
非氧化性盐	中性盐	$NaCl$、KCl、Na_2SO_4、K_2SO_4、$LiCl$	氧去极化	腐蚀性随氧浓度增大而增大
	酸性盐	NH_4Cl、$(NH_4)_2SO_4$、$MgCl_2$、$MnCl_2$、$FeCl_2$、$NiSO_4$	氢去极化+氧去极化	腐蚀性接近相同 pH 值的酸溶液
	碱性盐	$NaNO_3$、Na_2SiO_3、Na_2S、Na_3PO_4、$Na_2B_2O_7$	氧去极化	相当于稀碱溶液，腐蚀性较弱，磷酸盐、硼酸盐有缓蚀作用
氧化性盐	中性盐	$NaNO_3$、$NaNO_2$、K_2CrO_4、$K_2Cr_2O_7$、$KMnO_4$	氧化性阴离子的还原	可促使钢铁钝化
	酸性盐	$FeCl_3$、$CuCl_2$、$HgCl_2$、NH_4NO_3	高价金属阳离子还原为低价离子	有强烈氧化性，腐蚀性很强
	碱性盐	$NaClO$、$Ca(ClO)_2$	氧化性阴离子的还原	腐蚀性较强

合金元素中 Si、Cu、P、Mo、W 和 Ni 等元素能改善钢在海水飞溅区和全浸区的耐蚀性；Cr 和 Al 主要提高全浸区的耐蚀性，Cr、Al 和 Mo、Si 同时加入可使耐蚀效果更佳。为避免长时间使用水源中 TDS 对金属的侵蚀，建议对钢材采取一定的防腐措施，提高合金耐蚀性的可能途径见表 2。

表 2　提高合金耐蚀性的可能途径

特征	提高合金耐蚀性的机理	实例
减少体系热力学不稳定性	提高合金的热力学稳定性	用金使铜合金化，铜使镍合金化，镍使铬钢合金化
增大阴极控制	减少合金阴极区的面积	提高 Zn、Al、Mg、Fe 及其他金属的纯度、以增加它们在 HCl、H_2SO_4 中的稳定性。对 Mg 而言，在 NaCl 中的稳定性也得到了提高
		使合金中的阴极性杂质转入固溶体，如硬铝的淬火等
		工业锌的汞齐化。用镉使工业锌合金化。用锰使镁及镁合金合金化，砷使黄铜合金化
增大阳极控制	提高合金阳极可钝性的合金化在合金中添加活性的阴极元素（在能钝化的条件下）	铬使铁、镍或铁镍合金的合金化，钛、铌、钽使不锈钢合金化加入少量的铜、钯、铂使不锈钢合金化。在低合金钢中加入铜、钯、铂或钌使钛及其合金的合金化，铂使铌及镁铝合金的合金化，钯使铅及其合金的合金化
创造具有比较完整的保护性产物覆盖膜的合金	引入能促进在合金表面形成较为紧密的保护膜的组分	铜中加入铝的合金化，铜中加入锌的合金化，不锈钢中加入钼以调高稳定性，在铁中加入铬、铝、硅等元素

2.2　溶解性总固体（TDS）对混凝土的影响

水工混凝土结构应根据所处的环境条件满足相应的耐久性要求，其所处的环境条件可分为五个类别（见表 3）。

表 3　水工混凝土结构所处的环境类别

环境类别	环境条件
一	室内正常环境
二	室内潮湿环境；露天环境；长期处于水下或地下的环境
三	淡水水位变化区；有轻度化学侵蚀性地下水的地下环境；海水水下区
四	海上大气区；轻度盐雾作用区；海水水位变化区；中度化学侵蚀性环境
五	使用除冰盐的环境；海水浪溅区；重度盐雾作用区；严重化学侵蚀性环境

由表 3 可知，根据不同的环境条件、蓄能电站的水工混凝土结构所处的环境类别，可以选择混凝土保护层最小厚度，以提高其耐久性。混凝土保护层最小厚度见表 4。

表 4　混凝土保护层最小厚度　　单位：mm

项次	构件类别	环境类别				
		一	二	三	四	五
1	板、墙	20	25	30	45	50
2	梁、柱、墩	30	35	45	55	60
3	截面厚度不小于 2.5 m 的底板及墩墙	—	40	50	60	65

2.3　溶解性总固体（TDS）对土工布的影响

土工布主要材料为聚乙烯，根据《材料的耐蚀性和腐蚀数据》，聚乙烯的分子结构由—CH_2—构成，化学稳定性较好。其耐腐蚀性与硬聚氯乙烯相近，常温下能耐一般的酸、碱、盐的腐蚀；在 60℃以下能耐 50%硫酸、40%硝酸、浓盐酸和各种浓度的盐类、碱类溶液的腐蚀。因此，溶解性总固体（TDS）对土工布没有影响。

2.4　小结

TDS 的存在主要对钢材、混凝土产生影响，但对土工布无影响。为避免长时间使用水源中 TDS 对金属、混凝土的侵蚀，可以采取以下措施：（1）对钢材、混凝土采取一定的防腐措施，以抵抗水体中盐度的侵蚀；（2）对 TDS 进行去除，使其达到可耐受的标准。

3　水质深度处理技术

利用再生水或海水补充淡水资源的匮乏，需对污水或海水进行深度处理。随着社会经济的发展，人们对水质的要求越来越高，水质深度处理技术成为国家水处理研究的重点。目前，水质深度处理技术主要有蒸馏法、离子交换法、超滤、纳滤、反渗透法、电渗析法、电吸附法等技术，各方法比较见表 5，考虑处理效果与造价，超滤和反渗透成为水质深度处理工程中实际运用的主流技术。

表 5　水质深度处理方法比较

项目	蒸馏法	离子交换法	超滤	纳滤	反渗透法	电渗析法	电吸附法
膜类型	—	离子交换树脂	压力活性膜	低压反渗透膜	不对称膜，复合膜	离子膜	无分离膜

项目	蒸馏法	离子交换法	超滤	纳滤	反渗透法	电渗析法	电吸附法
透过物	水	盐	水、小分子溶质	水	水	盐	盐
截留物	盐	水	大分子溶质	小分子物质	盐	水	水
除盐率	≥95%	出水含盐量＜1×10^{-6}	低	40%～90%	80%～95%	60%～90%	70%～95%
经济回收率	—	88%	≥95%	12%～15%	60%～75%	45%～70%	75%～95%
工作温度/℃	＞40	0～60	0～90	0～45	4～40	5～40	＞0
盐透过量变化	小	较大	小	小	较大	小	小
能耗/kW·h	高	32	低	低	1～2	1～2	0.5～2
运行成本/（元/m^3）	极高	1.5～2	低	2～5	3～6	2～3	≤1.5
维护保养	简单	复杂	频繁、简单	频繁、复杂	频繁、复杂	频繁、复杂	无须特别保养
预处理要求	简单	简单	简单	复杂	复杂	简单	简单
寿命/年	长	5～8	＞5	2～3	2～3	—	≥8

3.1 超滤

超滤是指采用加压膜分离技术去除水中杂质的技术，一般采用压力活性膜，其微孔孔径在 0.05 μm～1 nm，超滤膜以压力为推动力，操作压力 0.1～0.5 MPa[3]。超滤膜在外界推动力的作用下，截留水中胶体、颗粒和分子量相对较高的物质，水分子和较小的溶质透过膜流出，达到净化水质的目的[4]。超滤膜按照膜的外形可以分为平板式、管式、毛细管式、中空纤维式和多空式；按照膜材料可以分为有机膜和无机膜。超滤技术能除去水中大部分的杂质，也能够将溶液净化、分离、浓缩，其处理程度较为彻底，在水处理工艺中，超滤处理是水质深度处理的主要技术之一[5]。

3.2 反渗透

反渗透又称逆渗透，是一种以压力差为推动力，从溶液中分离出溶剂的膜分离操作，与自然渗透的方向相反[6]。反渗透法利用模拟生物半透膜制成人工半透膜，依据不同物料具有的不同渗透压，达到分离、提取、纯化和浓缩的目的。反渗透能截留水中的各种无机离子、胶体物质和大分子溶质，从而达到深度处理的目的。由于反渗透的过程简单、能耗低，近 20 年来得到迅速发展，现已大规模应用于海水和苦咸水淡化、锅炉用水软化和废水处理[7-10]。反渗透用于预除盐处理也取得较好效果，能够使离子交换树脂的腐蚀减轻 90%，树脂的再生剂用量也可减少 90%[11]。

3.3 超滤-反渗透技术

综合考虑超滤与反渗透的特性，超滤膜使用过程中，由于被截留的杂质在膜表面不断累积，会产生浓差极化现象，当膜面溶质浓度达到某一极限时会产生凝胶层，使得膜的透水性能急剧下降，限制超滤的效果。因此，将超滤作为反渗透的预处理方式，超滤与反渗透技术结合使用，既可以提升水质处理效果，又可以减轻反渗透的处理压力，将达到最优的处理效果[12]。

4 污水深度处理应用案例分析

4.1 概述

以埃及阿塔卡抽水蓄能电站为例，项目所在地没有可利用的天然地表水源，只能利用苏伊士城污水处理厂的出水，经监测，污水处理厂出水中 TDS 浓度为 2 660 mg/L。据《城市污水再生利用　工业用水水质》（GB/T 19923—2005），污水处理厂处理后的再生水，作为工业用水时水中 TDS 的浓度上限为 1 000 mg/L。鉴于 TDS 对抽水蓄能电站的影响研究还缺乏专题研究成果，因此对阿塔卡抽水蓄能电站用水中的 TDS 指标进行严格控制，浓度上限为 500 mg/L。

4.2 水质预测分析

若直接将污水处理厂出水应用于电站中，即水质中 TDS 为 2 600 mg/L，直接运输至水库中用于电站运行，同时仅考虑每年补充蒸发、渗漏损失水量 178 万 m^3，经预测，从第 1 年至 100 年，水库水体中的 TDS 逐年增加，增速略有减缓，第 100 年浓度为 21 430 mg/L，大于控制浓度 500 mg/L。

采用深度处理技术，即超滤预处理加反渗透除盐方法，将污水处理厂出水达到标准，依据反渗透的处理效果，处理率取 95%，为保障抽水蓄能电站的安全运行，适当考虑换水的情况。当处理率 95%同时考虑 5%的换水，则原污水处理厂出水中 TDS 为 2 600 mg/L，经深度处理后浓度为 130 mg/L；同时考虑每年补充蒸发、渗漏水量 178 万 m^3，补水中 TDS 为 130 mg/L。

经预测，从第 1 年至 40 年，水库水体中的 TDS 逐年增加，增速略有减缓，至第 40 年起基本保持稳定，稳定浓度达到约为 468.10 mg/L，小于控制浓度 500 mg/L，符合既定目标要求。

4.3 深度处理方案分析

经对水质深度处理工艺分析，蒸馏法、离子交换法、电渗析法、电吸附法均对除盐有较好的效果，但对 BOD、SS、氨氮等没有效果；蒸馏法存在能耗高，设备笨重，防腐要求高，热交换器易结垢等缺点。反渗透膜法不仅能有效除盐，同时还能去除一定的污染物，选择采用反渗透技术进行除盐。

经超滤-反渗透处理后，脱盐率 95%以上，产水中 TDS 可降至 133 mg/L。对有机物、氨氮、细菌、重金属离子等均能达到 90%以上，对总磷也有很好的去除效果，可达 80%以上，确保出水水质达到使用要求。

经测算，水质深度处理厂建设的吨水投资为 4 000 元/（$m^3 \cdot d$），吨水处理运行费为 2.68 元/m^3，使电站增加的投资不到 0.5%。因此，利用再生水作为抽水蓄能电站水源从技术上和经济上都是可行的。

5 海水淡化技术处理案例分析

海水资源极其丰富，增加海水的利用是节约陆地淡水资源的有效途径。2003 年，日本的冲绳海水抽水蓄能电站投入运行。为了有效抵制海水的腐蚀，目前的海水抽水蓄能电站主要是通过提升电站建筑材料、机电设备防腐能力的方法。通过提升钢材、混凝土等建筑材料的耐腐蚀性，降低海水中的可溶性盐类对建筑材料的影响来保障抽水蓄能电站的寿命[13]。

建筑材料包括钢材、混凝土、土工布的防腐蚀能力提升，可以采用多种方式防腐蚀（见表 6）。

表 6 建筑材料防腐蚀措施比较

项目	方法	造价	可行性
钢材	除锈	较低	包括物理除锈、化学除锈，对钢材损伤大，可行性差
	阴极保护法	较高	虽然对钢材损伤小，但持续耗电且消耗保护材料，造价高，可行性较差
	锻造时加入耐腐蚀元素	较低	使钢材本身提升抗腐蚀能力，后期维护费用低，可行性高[14]
	表面预处理法（镀层）	较低	在钢材表面镀锌等金属，隔绝钢材与空气、水的接触，但镀层破损时也会造成钢材腐蚀，可行性较高[15]
混凝土	硅烷浸渍	较低	利用硅烷与水泥反应生成的聚硅氧烷互穿结构，使混凝土表面具备憎水性，预防混凝土腐蚀，可行性高[16]
	涂料	较低	将树脂、橡胶、沥青、水玻璃等耐腐蚀材料涂抹在混凝土表面，隔绝混凝土与空气和水的接触，达到防腐目的，可行性较高[17]
	塑料板类	较高	聚氯乙烯板等塑料板作为保护材料，隔绝混凝土与腐蚀性物质接触，但塑料板易遭到破坏，后期维护不便且费用较高，可行性较差

与现在通行方法不同的是，可以将海水深度处理作为抽水蓄能电站的水源，不对电站建筑材料、机电设备进行防腐处理，是建设海水抽水蓄能电站建设更为经济可行的方法。

海水深度处理技术也称海水淡化技术，是指将海水中多余的盐分和矿物质去除的工艺，依据目的不同，海水深度处理的程度也不相同[18]。下面针对某海水抽水蓄能电站，进行防腐技术和海水淡化技术的经济指标对比分析。采用防腐技术的某海水抽水蓄能电站的指标见表 7。

表 7　采用防腐技术的某海水抽水蓄能电站指标

序号	项目	单位	指标	备注
1	装机容量	MW	50	—
2	上水库正常蓄水位以下库容	万 m^3	122	—
3	下水库	—	—	海水
4	静态投资	万元	109 031	—
5	单位千瓦静态投资	元/kW	21 806	—

上述同规模的抽水蓄能电站如采用海水淡化技术，上、下水库正常蓄水位以下的库容和可以按 122 万 m^3 的 2 倍计算，蓄水时间按 180 天考虑，考虑 30%的蒸发、渗漏损失，则海水淡化厂的规模为 1.8 万 m^3/d，海水淡化厂的建设成本按 8 000 元/（$m^3 \cdot d$）计，则海水淡化厂投资为 1.44 亿元；海水淡化产水成本按 6 元/m^3 计，初期蓄水所需水量的海水淡化费用为 1 903 万元；海水淡化厂及初期蓄水产水费用为 1.63 亿元，折合单位千瓦投资为 3 260 元/kW；常规抽水蓄能电站单位千瓦投资按 6 500 元/kW 考虑，则采用海水淡化技术的抽水蓄能电站投资为 9 760 元/kW（常规抽水蓄能电站+海水淡化厂），与采用防腐技术的海水抽水蓄能电站单位千瓦投资 21 806 元/kW 相比，有较为明显的经济性。因此，建设海水抽水蓄能电站，应优先采用将海水淡化后作为水源的方案。

6　结论

研究认为，再生水、海水深度处理利用，能使水电水利工程遇到水资源短缺问题时得到根本解决，可以使缺乏地表水源的抽水蓄能站点起死回生，可以大幅降低海水抽水蓄能电站的造价，可以为水环境治理工程和水景观工程提供充足水源，其技术和经济上都是可行的。将再生水和海水深度处理，充分利用于水电水利工程或其他方面，有助于减少淡水资源的用量，节约水资源。

参考文献

[1] 张夏卿，王琪. 2015—2016 全球海水淡化概况（译文）[J]. 水处理技术，2017（1）：12-16.

[2] 左禹，熊金平. 工程材料及其耐蚀性[M]. 北京：中国石化出版社，2008.

[3] 华耀祖. 超滤技术与应用[M]. 北京：化学工业出版社，2004.

[4] 李书国. 超滤膜的污染原因及清洗方法[J]. 食品科学，1999，20（2）：28-30.

[5] 李圭白，杨艳玲. 超滤-第三代城市饮用水净化工艺的核心技术[J]. 供水技术，2007，1（1）：1-3.

[6] 张葆宗. 反渗透水处理应用技术[M]. 北京：中国电力出版社，2004.

[7] 高从堦，周勇，刘立芬. 反渗透海水淡化技术现状和展望[J]. 海洋技术学报，2016，35（1）：1-14.

[8] 连坤宙，陈景硕，刘朝霞，等. 火电厂脱硫废水微滤、反渗透膜法深度处理试验研究[J]. 中国电力，2016，48（2）：148-152.

[9] 曹凤英，许普，李永吉，等. 超滤膜分离和反渗透技术在企业水处理中的实际应用[J]. 当代化工，2016，45（7）：1471-1473.

[10] 彭巧玲，曹顺安，郑观文. 超滤和反渗透技术在电厂中水回用中的应用[J]. 应用化工，2017，46（1）：199-202.

[11] 刘红维. 反渗透在除盐预处理技术改造中的应用[C]//全国火电大机组. 2009.

[12] 宋华. 超滤作为反渗透预处理在首钢污水回用中的应用研究[D]. 北京：北京工业大学，2006.

[13] 李晓伟. 浅谈抽水蓄能电站工程建设甲供材料管理[J]. 水能经济，2016（4）：328.

[14] 颜孔明. 浅谈钢结构建筑的防腐技术[J]. 大科技，2012（5）：285-286.

[15] 欧俊，夏勇，杨玲. 表面预处理对建筑钢材防腐性能的影响分析[J]. 价值工程，2013（20）：134-136.

[16] 袁鹏. 硅烷浸渍混凝土防腐蚀处理方法的应用[J]. 科技经济导刊，2016（4）：95-96.

[17] 徐子英. 混凝土防腐蚀[J]. 科技创新导报，2014（11）：94.

[18] 王世昌，周清，王志. 海水淡化与反渗透技术的发展形势[J]. 膜科学与技术，2003，23（4）：162-165，171.